Schwingungsunterstützte Zerspanung von faserverstärkten Kunststoffen

Vibration Assisted Machining of Fiber Reinforced Plastics

Von der Fakultät für Maschinenwesen
der Rheinisch-Westfälischen Technischen Hochschule Aachen
zur Erlangung des akademischen Grades eines
Doktors der Ingenieurwissenschaften
genehmigte Dissertation

vorgelegt von

Gregor Josef Smyczek

Berichter/in:

Univ.-Prof. Dr.-Ing. Thomas Bergs
Prof. Dr.-Ing. Wolfgang Hintze

Tag der mündlichen Prüfung: 14. November 2024

INNOVATIONS IN
MANUFACTURING TECHNOLOGY

Gregor Josef Smyczek

Schwingungsunterstützte Zerspanung von faserverstärkten Kunststoffen

Herausgeber:
Prof. Dr.-Ing. T. Bergs

Band 8/2025

MTI | RWTH AACHEN UNIVERSITY

Fraunhofer
IPT

Bibliografische Information der Deutschen Nationalbibliothek
Die Deutsche Nationalbibliothek verzeichnet diese Publikation in der Deutschen Nationalbibliografie; detaillierte bibliografische Daten sind im Internet über https://portal.dnb.de abrufbar.

Gregor Josef Smyczek:

Schwingungsunterstützte Zerspanung von faserverstärkten Kunststoffen

1. Auflage, 2025

Gedruckt auf holz- und säurefreiem Papier, 100% chlorfrei gebleicht.

Wissenschaftsverlag des Instituts für Industriekommunikation und Fachmedien an der RWTH Aachen
Steinbachstr. 25, 52074 Aachen, Deutschland
Internet: www.apprimus-verlag.de, E-Mail: info@apprimus-verlag.de

Druck: CPI Druckdienstleistungen GmbH
Ferdinand-Jühlke-Straße 7 | 99095 Erfurt | Deutschland

ISBN 978-3-98555-301-3

D 82 (Diss. RWTH Aachen University, 2024)

Zusammenfassung

Die ultraschallunterstützte Drehbearbeitung mit geometrisch bestimmter Schneide und einer in Schnittrichtung orientierten Werkzeugschwingung hat sich als innovatives Fertigungsverfahren zur Bearbeitung von spröden Werkstoffen und unterschiedlichen Stahllegierungen innerhalb diverser Industriezweige und hier vor allem der Optikindustrie etabliert. Aufgrund fehlender Schwingungssysteme zur Erzeugung einer in Schnittrichtung orientierten und damit torsional gerichteten Ultraschallschwingung, konnte das Potenzial dieser speziellen Fertigungstechnologie jedoch bislang nicht für Fräsbearbeitung mit rotierenden Werkzeugen erschlossen werden. In diesem Zusammenhang gilt die mechanische Zerspanung von spröd-harten kohlenstofffaserverstärkten Kunststoffen (CFK) als mögliches zukunftsträchtiges Anwendungsgebiet.

Im Rahmen dieser Arbeit soll daher die Bearbeitung eines CFK-Werkstoffes mit einer Schnittrichtung orientierten Schwingung anhand eines Orthogonalprüfstandes fundamental untersucht werden. Das primäre Ziel der Untersuchungen ist die Ergründung der bei einer hochfrequenten Wechselbelastung der Fasern zu Grunde liegenden Wirkmechanismen und die daraus resultierende Erschließung des Potenzials zur Steigerung der Leistungsfähigkeit im Vergleich zum konventionellen Zerspanprozess.

Auf dem Weg zu einer ganzheitlichen Prozessanalyse werden zunächst die kinematischen Gegebenheiten beim ultraschallunterstützten Orthogonalschnitt erarbeitet und anschließend auf die Fräsbearbeitung übertragen. Über die Analyse des Spanbildungsprozesses, der Zerspankraft und der generierten Oberflächenqualität für die Zerspanung bei unterschiedlichen Fasertrennwinkeln, werden anschließend Potenziale und Grenzen des Prozesses identifiziert und der Einfluss einzelner Stellgrößen auf die Zerspanmechanismen herausgearbeitet. Unter Anwendung eines mechanistischen Zerspankraftmodells, der Verknüpfung mit der kinematischen Beschreibung sowie den zuvor erarbeiteten Wirkzusammenhängen wird abschließend eine anwendungsorientierte Richtlinie für die Prozessauslegung generiert und damit eine fundierte Basis zur Steigerung der Wirtschaftlichkeit der mechanischen Endbearbeitung von CFK-Werkstoffen geschaffen.

Abstract

The ultrasonic-assisted turning with a geometrically defined cutting edge and a tool vibration oriented in the cutting direction has established itself as an innovative manufacturing process for the machining of brittle materials and steel alloys within various industries, especially the optics industry. However, due to the lack of vibration systems for generating a torsionally directed ultrasonic vibration, the potential of this specific manufacturing technology has not yet been harnessed for milling operations with rotating tools. In this context, the mechanical machining of brittle-hard carbon fiber-reinforced plastics (CFRP) is considered a potential and promising application area.

Therefore, this study aims to fundamentally investigate the machining of a CFRP material using an ultrasonic vibration oriented in the cutting direction, using an orthogonal test rig. The primary goal of the investigation is to understand the underlying mechanisms when subjected to high-frequency cyclic loading of the fibers, and consequently, unlock the potential for enhancing performance compared to conventional machining processes.

In pursuit of a comprehensive process analysis, the kinematic conditions of ultrasound-assisted orthogonal cutting will be initially developed and then applied to milling operations. Through the analysis of chip formation process, cutting forces, and surface quality generated during machining at different fiber cutting angles, the potentials and limitations of the process will be identified, and the influence of individual control parameters on the cutting mechanisms will be determined. By employing a mechanistic cutting force model, integrating it with the kinematic description and the previously established cause-and-effect relationships, an application-oriented guideline for process design will be generated, thereby providing a basis for enhancing the cost-effectiveness of the mechanical finishing of CFRP materials.

Inhaltsverzeichnis

Table of Contents

Formelzeichen und Abkürzungen

Symbols and Abbreviations

Große Buchstaben

3D	[-]	Dreidimensional
A	[%]	Bruchdehnung
A_m	[%]	Bruchdehnung der Matrix
A_{II}	[%]	Bruchdehnung des UD-Laminats in Faserrichtung
$A_{II,f}$	[%]	Bruchdehnung der Faser in Faserrichtung
$A_{\perp}$	[%]	Bruchdehnung des UD-Laminats quer zur Faserrichtung
A_0	[µm]	Schwingungsamplitude
$A_{0,max}$	[µm]	Maximale Schwingungsamplitude
$A_{0,real}$	[µm]	Reale auf Kreisbogen befindliche Schwingungsamplitude
A_{α}	[-]	Freifläche der Werkzeugschneide
A_{γ}	[-]	Spanfläche der Werkzeugschneide
C_D	[m/s]	Schallgeschwindigkeit der Dehnwelle
D_W / D	[mm]	Werkzeugdurchmesser
E	[N/mm²]	Elastizitätsmodul (E-Modul)
$E^{(+)}{}_m$	[N/mm²]	E-Modul der Matrix
$E^{(+)}{}_{II}$	[N/mm²]	E-Modul des UD-Laminats in Faserrichtung
$E^{(+)}{}_{II,f}$	[N/mm²]	E-Modul der Faser in Faserrichtung
$E^{(+)}{}_{\perp}$	[N/mm²]	E-Modul des UD-Laminats quer zur Faserrichtung
E_{vc}	[µm]	Energieäquivalent
$E_{vc,T}$	[m/s]	Kontaktzeitbezogenes Energieäquivalent
$E_{n\_vc,T}$	[-]	Normiertes kontaktzeitbezogenes Energieäquivalent
ED_{rel}	[%]	Relative Eingriffsdauer
F_c	[N]	Schnittkraft
$F_{c,c}$	[N]	Werkstoffabhängiger Anteil der Schnittkraft
$F_{c,e}$	[N]	Werkzeugabhängiger Anteil der Schnittkraft
F_{cn}	[N]	Schnittnormalkraft

$F_{cn,c}$	[N]	Werkstoffabhängiger Anteil der Schnittnormalkraft
$F_{cn,e}$	[N]	Werkzeugabhängiger Anteil der Schnittnormalkraft
F_p	[N]	Passivkraft
F_{res}	[N]	Resultierende Kraft
F_x / F_y	[N]	Kraft in x-Richtung / Kraft in y-Richtung
F_Z	[N]	Zerspankraft
$F_{Z,m}$	[N]	Mittlere Zerspankraft
G_M	[-]	Gerade durch Schneidenpostion und Zykloidenmittelpunkt
$GF_{vc,ein}$	[-]	Geschwindigkeitsfaktor der WZG-Eintrittsgeschwindigkeit
$K_{c,c}$	[N/mm^2]	Spezifischer Kraftkoeffizient der Schnittkraft
$K_{c,e}$	[N/mm]	Spezifischer Kraftkoeffizient der Schnittkraft
$K_{cn,c}$	[N/mm^2]	Spezifischer Kraftkoeffizient der Schnittnormalkraft
$K_{cn,e}$	[N/mm]	Spezifischer Kraftkoeffizient der Schnittnormalkraft
L_A	[m]	Bearbeitungshöhe beim Analogieversuch
L_c	[mm]	Schnittlänge
L_F	[m]	Bearbeitungslänge beim Fräsen
L_{RF}	[mm]	Rückfederungslänge
M_{zyk}	[-]	Mittelpunkt der Zykloide
$M_{x,zyk}$	[-]	x-Koordinate des Zykloidenmittelpunktes
$M_{y,zyk}$	[-]	y-Koordinate des Zykloidenmittelpunktes
$P_{zyk,aktuell}$	[-]	Punkt auf der Zykloide des aktuellen Schnitts
$P_{zyk,vor}$	[-]	Punkt auf der Zykloide des vorangegangenen Schnitts
$R^{(+)}_m$	[N/mm^2]	Zugfestigkeit Matrix
$R^{(+)}_{\parallel}$	[N/mm^2]	Zugfestigkeit des UD-Laminats in Faserrichtung
$R^{(+)}_{\parallel,f}$	[N/mm^2]	Zugfestigkeit der Faser in Faserrichtung
$R^{(+)}_{\perp}$	[N/mm^2]	Zugfestigkeit des UD-Laminats quer zur Faserrichtung
Ra	[µm]	Mittenrauwert
Rz	[µm]	Rautiefe
S_{max}	[mm]	Max. Werkzeug-Werkstück-Abstand
Sa	[µm]	Mittlere arithmetische Höhe

SPx	[mm]	Funktion für die x-Koordinate der Schneidenposition
SPy	[mm]	Funktion für die y-Koordinate der Schneidenposition
Sq	[µm]	Mittlere quadratische Höhe
T_k	[s]	Kontaktdauer
T_s	[s]	Schwingungsdauer
T_u	[s]	Unterbrechungsdauer
VF_{vc}	[-]	Verstärkungsfaktor der Schnittgeschwindigkeit
Wa	[µm]	Arithmetische mittlere Welligkeit
W_k	[J]	Bei konventioneller Zerspanung verrichtete Arbeit
W_{us}	[J]	Bei US-Bearbeitung verrichtete Arbeit

Kleine Buchstaben

a_e	[mm]	Schnittbreite beim Fräsen
a_p	[mm]	Schnitttiefe beim Fräsen
a_{us}	[m/s²]	WZG-Beschleunigung bei der US-Bearbeitung
$b_{sp,or}$	[mm]	Schnittbreite beim Orthogonalschnitt
f	[mm]	Vorschub pro Werkzeugumdrehung
f_s	[Hz]	Schwingungsfrequenz
f_z	[mm]	Zahnvorschub
h_p	[mm]	Profilhöhe am Analogie-Prüfstand
h_{sp}	[mm]	Spanungsdicke
$h_{sp,or}$	[mm]	Spanungsdicke beim Orthogonalschnitt
$h_{sp,or,real}$	[mm]	Spandicke beim Orthogonalschnitt
$h_{sp,max}$	[mm]	Maximale Spanungsdicke
$k_{c.1.1}$	[N/mm²]	Hauptwert der Schnittkraftberechnung
l_k	[mm]	Kontaktlänge
$l_{sp,or}$	[mm]	Schnittlänge beim Orthogonalschnitt
m_c	[-]	Steigung der Geraden zur Schnittkraftberechnung
n	[1/min]	Werkzeugdrehzahl
n_{zyk}	[-]	Anzahl der Zyklen für gegebene Schnittlänge L_c
m_{ED}	[-]	Steigung der Isolinien für die relative Eingriffsdauer

r_β	[µm]	Schneidkantenradius, -verrundung
t	[s]	Zeit
t_a	[s]	Austrittszeitpunkt aus dem Werkstück
t_e	[s]	Eintrittszeitpunkt in das Werkstück
t_L	[mm]	Laminatdicke
t_{min}	[s]	Zeit beim Erreichen von S_{max}
v_c	[m/min]	Schnittgeschwindigkeit
$v_{c,us}$	[m/s]	WZG-Geschwindigkeit bei der US- Bearbeitung
$v_{c,us,eff}$	[m/s]	Effektiv wirksame v_c des Werkzeuges
$v_{c,us,ein}$	[m/s]	Schnittgeschwindigkeit beim Wiedereintritt
$v_{c,us,max}$	[m/s]	Max. Schnittgeschwindigkeit bei der US-Bearbeitung
$v_{c,us,min}$	[m/s]	Min. Schnittgeschwindigkeit bei der US-Bearbeitung
$v_{c,us,x}$	[m/s]	Effektiv wirksame Schnittgeschwindigkeit in x-Richtung
$v_{c,us,y}$	[m/s]	Effektiv wirksame Schnittgeschwindigkeit in y-Richtung
v_f	[m/min]	Vorschubgeschwindigkeit
x	[-]	x-Richtung
x_k	[mm]	Werkzeugposition bei der konventionellen Bearbeitung
x_s	[mm]	Werkzeugposition bei reiner Werkzeugschwingung
$x_{us:}$	[mm]	WZG-Position bei der US-Bearbeitung
y	[-]	y-Richtung
z	[-]	Anzahl der Schneiden bzw. Zähne / z-Richtung

Griechische Buchstaben

α	[°]	Freiwinkel der Werkzeugschneide
β	[°]	Keilwinkel der Werkzeugschneide
γ	[°]	Spanwinkel der Werkzeugschneide
Δ_A	[µm]	Unterschied zw. Linear- und Kreisbogen-Amplitude
ε	[%]	Dehnung
λ	[°]	Drallwinkel
λ_S	[mm]	Schallwellenlänge

ρ	[kg/m³]	Werkstoffdichte
ρ_F	[kg/m³]	Dichte der Verstärkungsfaser
ρ_M	[kg/m³]	Dichte der Matrix
Φ	[°]	Fasertrenn- bzw. Faserschnittwinkel
σ	[N/mm²]	Spannung
φ	[%]	Relativer Faservolumenanteil
φ_A	[rad]	Winkelamplitude
φ_{eff}	[°]	Effektiver Rotationswinkel
φ_n	[°]	Eingriffswinkel, Spindelrotationswinkel
φ_{us}	[°]	Ultraschallbedingter Rotationswinkel
φ'_{eff}	[]	Änderungsrate des effektiven Rotationswinkels
ψ	[°]	Faserorientierungswinkel

Abkürzungen

A/D	Analog-Digital
AVK	Industrievereinigung Verstärkte Kunststoffe
CFK	Kohlenstofffaserverstärkter Kunststoff
CFRP	Carbon Fiber Reinforced Polymer/Plastic
CO_2	Kohlenstoffdioxid
E-Modul	Elastizitätsmodul
EP	Epoxidharz
FVK	Faserverstärkter Kunststoff
FEM	Finite Elemente Methode
FVW	Faserverstärkter Werkstoff
FOW	Faserorientierungswinkel
FTW	Fasertrennwinkel
GFK	Glasfaserverstärkter Kunststoff
LiMi	Lichtmikroskop
LT	Längs-Torsional
REM	Rasterelektronenmikroskop

SKV	Schneidkantenverrundung
STV	Schnitttiefenverhältnis
SU	Schnittunterbrechung
UD	Unidirektional
US	Ultraschall
WZG	Werkzeug

1 Einleitung und Motivation

Introduction and Motivation

Der Leichtbau mit kohlenstofffaserverstärkten Faserverbundkunststoffen, auch CFK-Werkstoffe genannt, stellt ein probates Mittel zur Senkung des Energieverbrauchs im Transportsektor dar, wodurch den aktuellen Entwicklungen auf politischer und technologischer Ebene zu einer nachhaltigen Wirtschaft Rechnung getragen wird. CFK-Werkstoffe gelten daher als einer der Schlüssel zur effizienteren Treibstoffnutzung sowie zur Reduzierung des CO_2-Ausstoßes. Folglich wird der steigende Anteil an faserverstärkten Kunststoffen insbesondere im Luftfahrtsegment sowie der Automobilbranche als wesentlicher Wachstumstreiber für die nächsten Jahre erachtet [ELMA15, SIEB14, TOOZ18].

Gemäß dem jährlich erscheinenden Marktbericht der Composites United e.V. hat sich der globale Bedarf an CFK-Werkstoffen seit 2010 verdreifacht. Die Prognosen für die kommenden Jahre gehen von einer Fortsetzung dieser signifikanten Steigerung in allen volkswirtschaftlich relevanten Industriesektoren (Luft- und Raumfahrt, Automobilindustrie, Energiesektor, Medizintechnik, Konsumgüterindustrie) aus [SAUE22].

Derart hohe Wachstumsraten können nur erreicht werden, wenn zeitgleich die Herstellungskosten für CFK-Komponenten deutlich gesenkt werden. Aktuell entfällt nahezu die Hälfte der gesamten Bauteilkosten auf die Fertigung, bestehend aus unterschiedlichen Formgebungsverfahren sowie der Endbearbeitung. Für eine wirtschaftlich sinnvolle und nachhaltige Substitution konventioneller metallischer Werkstoffe durch CFK muss der Kostenanteil von aktuell 50 % auf etwa 30 % reduziert werden. Ein nicht unerheblicher Anteil der Fertigungskosten entfällt hierbei auf die Erzeugung der finalen Bauteilgeometrie durch die Endbearbeitung, welche vorwiegend mit spanabhebenden Fertigungsverfahren, wie Bohren und Fräsen, durchgeführt wird [LAES12].

Für einen qualitativ hochwertigen Schnittvorgang eines Verbundwerkstoffs mit einer textilen Faser, ist grundsätzlich ein scharfes Werkzeug erforderlich. Solange das Werkzeug eine hohe Schneidenschärfe aufweist, ist die bearbeitete Bauteiloberfläche bei richtiger Prozesseinstellung frei von Schädigungen. Beim kontakt- und damit reibungsbehafteten Schnittvorgang der hochfesten Faser kommt es jedoch zu einem schnellen Verschleißfortschritt an der Werkzeugschneide, wodurch sowohl die mechanische als auch thermische Belastung im Prozess zunimmt. Überschreitet die stetig ansteigende Schneidenbelastung die Festigkeit der Kunststoffmatrix, steigt die Gefahr für prozessinduzierte Bauteilschädigungen signifikant an [SCHU14].

Die Endbearbeitung von Faserverbundwerkstoffen stellt den letzten Prozessschritt innerhalb der gesamten Fertigungskette der Komponente dar. Folglich besitzt das Bauteil zum Zeitpunkt der finalen Geometrieerzeugung einen hohen finanziellen Wert, der bei einer irreparablen Schädigung der Komponente zum maximalen Wertverlust für das Unternehmen führt. Die Vermeidung von prozessinduzierten Bauteilschädigungen und damit die Vermeidung von zusätzlichen Nachbearbeitungskosten zur Behebung der Schäden bzw. der Generierung von Ausschussteilen während der Endbearbeitung ist daher das wichtigste Ziel des letzten Prozessschrittes [KLOC17].

Um dieses Ziel zu erreichen, werden die Werkzeuge in der Regel aus Sicherheitsgründen vorsorglich ausgetauscht. Die Werkzeugkosten stellen dadurch den größten Kostenfaktor für die Endbearbeitung dar. Soll die Faserverbundbauweise in stärker preisgetriebene Bereiche der Industrie vorrücken, müssen daher neue Ansätze zur Steigerung der Wirtschaftlichkeit gefunden werden. Nach aktuellem Stand der Technik existieren hierzu unterschiedliche prozess- und werkzeugseitige Ansätze, wobei der Einsatz von hoch-harten diamantbasierten Schneidstoffen in Kombination mit einer speziellen auf eine Wechselbelastung der Fasern zielende Schneidengeometrie zum bislang größten Fortschritt beigetragen haben. Das Prinzip der Wechselbelastung führt dazu, dass einmal initiierte Mikro-Bauteilschädigungen nicht durch einen gleichgearteten nachfolgenden Schnitt aufgeweitet und verstärkt werden. Stattdessen belastet die nachfolgende Schneide das Laminat auf andere Weise und eliminiert hierdurch die zuvor entstandene Schädigung wieder. Im Vergleich zu standardmäßig aufgeführten Werkzeugen, lässt diese Werkzeugvariante einen größeren Werkzeugverschleiß zu, so dass eine insgesamt größere Standzeit erreicht werden kann. Nachteilig ist in diesem Zusammenhang der deutlich höhere Werkzeugpreis zu nennen, wodurch die Wirtschaftlichkeit weiterhin beschränkt bleibt [KLOC17].

Von Vorteil wäre in diesem Zusammenhang eine anlagentechnische, in Richtung der Wechselbelastung von Fasern zielende, Lösung, welche nur einmalig beschafft werden muss. Die vibrationsunterstützte Bearbeitung bietet an dieser Stelle großes Potenzial, was bereits in positiver Weise für die Bohrbearbeitung mit einem in Längsrichtung schwingendem Werkzeug nachgewiesen wurde [DAHN16, SAND16]. Um die Vorteile in ähnlicher Weise bei der Fräsbearbeitung nutzbar zu machen, müsste die Schwingung in Schnittrichtung des rotierenden Werkzeuges orientiert sein und damit als deutlich komplexere Torsionsschwingung ausgeführt werden.

Nach aktuellem Stand der Technik existieren aktuell lediglich erste Ansätze zur Umsetzung einer Torsionsschwingung bei rotierenden Werkzeugen. Aus diesem Grund liegt derzeit auch kein fundiertes Wissen zu den, bei einer derartigen schwingungsunterstützten Bearbeitung von stark abrasiven kohlenstofffaserverstärkten Faserverbundwerkstoffen, vorherrschenden Wirkmechanismen. Mit Hilfe von grundlegenden Untersuchungen bei unterschiedlichen prozess- und schwingungstechnischen Randbedingungen soll diese Lücke geschlossen und die Wirkungsweise der zusätzlich aufgebrachten Ultraschallschwingung modellbasiert erläutert sowie anschließend in Form einer Prozessgestaltungsrichtlinie nutzbar gemacht werden.

2 Grundlagen und Stand der Technik

Basics and State of the Art

2.1 Herausforderungen bei der Zerspanung von CFK-Werkstoffen

Challenges for Machining of CFRP Materials

Bauteile aus faserverstärkten Kunststoffen (FVK) auf Epoxidharzbasis haben eine schichtweise aufgebaute Struktur, welche sukzessive während des Herstellungsprozesses entsteht. Hierfür werden einzelne, mit Harz vorimprägnierte, Lagen aus orientierten Verstärkungsfasern in einer Bauteilform übereinandergestapelt und anschließend unter Druck- und Temperatureinfluss ausgehärtet [AVK10]. Das zu diesem Zeitpunkt existierende schalenförmige Bauteil weist herstellungsbedingt noch fehlerbehaftete Randbereiche auf, die über einen nachgeschalteten Endbearbeitungsprozess entfernt werden müssen. Die konventionelle zerspanende Fräsbearbeitung als das wichtigste Verfahren erfolgt dabei in der Regel über die gesamte Bauteildicke als Vollnutschnitt, so dass die Schnitttiefe a_p der Laminatdicke t_L und die Schnittbreite a_e dem Werkzeugdurchmesser D_W entspricht (Abbildung 2.1). Unter diesen Bedingungen erfolgt stets die zeitgleiche Trennung zweier gänzlich unterschiedlicher Materialklassen.

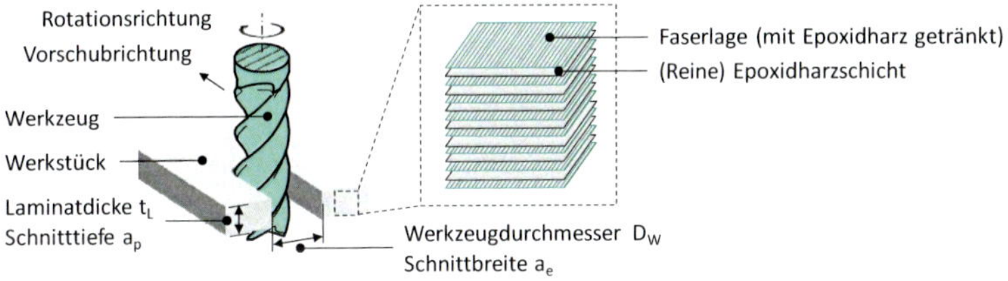

Abbildung 2.1: Vollnutschnitt eines unidirektional verstärkten Laminats (UD-Laminat)
Full slot milling of a unidirectional reinforced laminate (UD laminate)

Kohlenstofffasern können eine Zugfestigkeit von bis zu 7000 MPa und ein Elastizitätsmodul von bis zu 900 GPa aufweisen. Neben dem ausgeprägten anisotropen Verhalten der Kohlenstofffaser zeichnet sich diese zudem durch eine vergleichsweise geringe Bruchdehnung mit Werten unterhalb von 3 % aus [ROES12]. Der Fasertrennvorgang ist daher durch einen nahezu reinen Sprödbruch charakterisiert, wobei das Schnittverhalten aufgrund der anisotropen Fasereigenschaften stark vom Fasertrennwinkel abhängt [SHEI09]. Weitere Kennzeichen der Kohlenstofffaser sind die hohe Temperaturbeständigkeit (Schmelzpunkt von ca. 3600 °C) und die insgesamt geringe, längs zur Faser sogar leicht negative, Wärmeausdehnung [SCHR07].

Die mechanischen Eigenschaften der Epoxidharzmatrix sind im Vergleich zur Kohlenstofffaser signifikant niedriger. Die Zugfestigkeit liegt im Bereich von 1,2 MPa, der E-Modul unterhalb von 4,5 GPa und die Bruchdehnung zwischen 2 und 10 %. Weil duroplastische Kunststoffe nicht schmelzbar sind, kommt es unter erhöhter Temperatur zu einer Erweichung des Werkstoffes, bevor bei Überschreitung eines kritischen Temperaturniveaus, die nicht wiederumkehrbare Zersetzung des Kunststoffes beginnt. Dieses kritische Temperaturniveau liegt beim Epoxidharz je nach

Harztyp im Bereich von 160 bis maximal 300 °C. Die Wärmeausdehnung liegt im Bereich von $60*10^{-6}$ m/mK [AVK10].

Die Bearbeitung von Faserverbundwerkstoffen stellt den letzten Prozessschritt innerhalb der gesamten Herstellungskette von Leichtbaukomponenten dar. Folglich besitzt das Bauteil zum Zeitpunkt der finalen Geometrieerzeugung einen sehr hohen finanziellen Wert, da die gesamten Materialkosten als auch ein Großteil der Prozesskosten in dem nahezu fertigen Bauteil gebunden sind [HOCH12]. Eine irreparable Schädigung der Komponente während der Endbearbeitung würde zu einem hohen wirtschaftlichen Schaden für das Unternehmen führen. Einer der wichtigsten Ziele während der Bearbeitung ist daher neben der Einhaltung der geforderten geometrischen Toleranzen stets auch die Sicherstellung der Schädigungsfreiheit am Bauteillaminat.

Grundsätzlich wird eine hohe Schnittqualität beim Schneiden der textilen Kohlenstofffaser beim Einsatz von scharfkantigen Werkzeugschneiden erreicht [KIND10]. Solange das eingesetzte Zerspanwerkzeug über eine geringe Schneidkantenverrundung (hohe Schneidenschärfe) verfügt, ist die erzeugte Werkstückkante aufgrund der geringen thermo-mechanischen Belastung frei von Schädigungen [HART12]. Beim kontakt- und damit reibungsbehafteten Schnittvorgang der hochfesten Faser kommt es jedoch zu einem schnellen Verschleißfortschritt an der Werkzeugschneide. Die Schneidenschärfe geht durch den Abrasivverschleiß zunehmend verloren und die Kontaktfläche zwischen Werkzeug und Werkstück steigt an. Als Folge dessen nimmt sowohl die mechanische als die thermische Belastung im Prozess zu [AZMI13A]. An diesem Punkt stellt der weniger feste und temperatursensible Polymerwerkstoff den Schwachpunkt des gesamten Materialverbundes dar. Mit Zunahme der Prozesstemperatur erweicht die wärmesensitive Polymermatrix, wodurch sich der Halt der Verstärkungsfasern im Matrixwerkstoff als auch die Schichthaftung zwischen den einzelnen Faserlagen verschlechtert [WEIN04]. Bei zu starker mechanischer Belastung und einer damit verbundenen Überschreitung der lokalen Matrixfestigkeit kommt es zunächst zu einer lokalen Rissbildung innerhalb der Kunststoffmatrix. Dieser sogenannte Zwischenfaserbruch breitet sich anschließend innerhalb einer Schicht aus und führt zum Ablösen einzelner Faserbündel bis hin zur kompletten Delamination von gesamten Faserlagen. Von den mechanisch bedingten Ablösevorgängen sind insbesondere die decklagennahen Faserschichten betroffen, da diese keine ausreichende Stützwirkung von benachbarten Faserlagen erfahren [KOEN85]. Ist eine starre Fixierung der Verstärkungsfasern nicht mehr gegeben, können die Fasern dem Schneidkeil des Werkzeuges ausweichen und damit nicht mehr fehlerfrei getrennt werden. Als Folge dessen kommt es an den Werkstückkanten zu Faserausfransungen und -abplatzungen, die im ungünstigsten Fall nicht mehr behoben werden können und zum Bauteilausschuss führen [DAVI10].

Prozessseitig kann eine gute Bearbeitungsqualität über die Einstellung einer hohen Schnittgeschwindigkeit v_c bei moderater Vorschubgeschwindigkeit v_f erreicht werden. In Bezug auf den Werkzeugverschleiß wirkt sich diese Prozesseinstellung jedoch negativ aus, da das Werkzeug bei einer hohen Rotationsgeschwindigkeit eine höhere Anzahl an Einzelschnitten und damit eine größere Gesamtschnittlänge im Bauteil zurücklegt. Aufgrund der Proportionalität zwischen der Schnittlänge und dem Abrasivverschleiß verstärkt sich die Abnutzung der Werkzeuge [SHEI02]. Diese müssen daher häufiger getauscht werden, um die erforderliche Schneidenschärfe zu gewährleisten. Über den Einsatz von abrasionsbeständigen Schneidstoffen und Beschichtungen sowie angepassten Schneidengeometrien kann die Werkzeugstandzeit maßgeblich gesteigert werden. Ein deutlich höherer Preis und die Tatsache, dass dieser Preis aufgrund der wiederkehrenden Werkzeugbeschaffung kontinuierlich entrichtet werden muss, limitiert jedoch die Prozesswirtschaftlichkeit bei der Endbearbeitung von faserverstärkten Kunststoffen.

2.2 *Orthogonalschnitt bei faserverstärkten Kunststoffen*

Orthogonal Cutting of Fiber Reinforced Polymers

Bei der Fräsbearbeitung handelt es sich um ein spanabhebendes Fertigungsverfahren mit einem meist mehrzahnigen Werkzeug, welches um eine Achse rotiert und gleichzeitig eine translatorische Bewegung ausführt. Aufgrund dieser speziellen Prozesskinematik ist die messtechnische Erfassung von thermo-mechanischen Vorgängen in der Zerspanzone eingeschränkt. Eine seit vielen Jahrzehnten eingesetzte Methode zur diskretisierten Analyse der im Prozess auftretenden mechanischen und thermischen Belastungen stellt der orthogonale Zerspanversuch dar [DENK11, KLOC17, BUSC13].

Beim Orthogonalschnitt wird die komplexe dreidimensionale Werkzeug-Werkstück-Interaktion der realen Fräsbearbeitung auf einen linearen (zweidimensionalen) Schnitt reduziert. Die Schnittkante des Werkzeuges steht dabei zu jedem Zeitpunkt senkrecht zur Richtung der relativen Werkzeug-Werkstück-Bewegung und bietet somit eine hervorragende Zugänglichkeit zur Zerspanstelle. Auf diese Weise können der Spanbildungsprozess und die dabei vorherrschenden Zerspanungsmechanismen erfasst und analysiert werden [ALTI00, PAUC08]. Die Bestimmung zerspanungsrelevanter Kenngrößen unter Nutzung des Orthogonalschnitts ist Grundlage zahlreicher Modellierungsansätze zur Vorhersage der Zerspankraft, welche bereits seit Beginn des 20. Jahrhunderts im Rahmen diverser Forschungsarbeiten thematisiert wurde [CLAU05]. In Abbildung 2.2 sind die wichtigsten Prozess- und Werkzeugkenngrößen des freien orthogonalen Schnitts dargestellt.

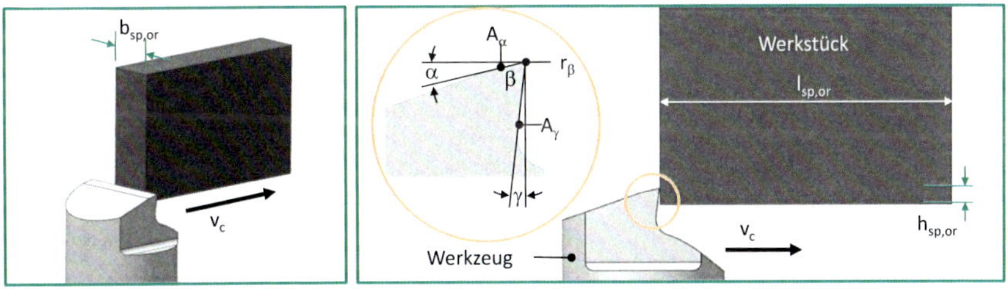

Abbildung 2.2: Wichtige Prozess- und Werkzeugkenngrößen beim Orthogonalschnitt
Important process and cutting tool parameters for orthogonal cutting

Zur Versuchsdurchführung wird das Werkzeug mit einer definierten Spanungsdicke $h_{sp,or}$ in Richtung des plattenförmigen Werkstücks verfahren. Die Länge und Dicke des Werkstücks definieren jeweils die Schnittlänge $l_{sp,or}$ bzw. Schnittbreite $b_{sp,or}$ während der Untersuchung [DUCO16, POPO13].

Der eigentliche Schnitt erfolgt durch eine lineare Werkzeugbewegung mit fest definierter Schnittgeschwindigkeit v_c. Im Unterschied zur realen Fräsbearbeitung kann beim Orthogonalschnitt aufgrund der rein linearen Schnittbewegung die Vorschubgeschwindigkeit v_f des Werkzeuges mit seiner Schnittgeschwindigkeit gleichgesetzt werden [ALTI00].

Der Schneidteil des Werkzeuges wird durch die Freifläche A_α und die Spanfläche A_γ gebildet, wobei diese den Keilwinkel β einschließen und über die Schneidkante miteinander verbunden sind. Die Schneidkante ist fertigungsbedingt nicht ideal scharf, sondern verfügt über eine definierte Schneidkantenverrundung r_β. Der Winkel zwischen der Freifläche und der Werkzeugschneidenebene ist definiert als Freiwinkel α. Aufgrund der nicht ideal scharfen Schneide wird bei jedem Schnitt ein gewisser Anteil des Werkstückmaterials unter die Schneide gedrückt und federt bei Entlastung wieder zurück, so dass es zur Reibung an der Freifläche kommt. Der Freiwinkel sollte daher ausreichend groß dimensioniert werden, um die Reibung und damit einhergehend den Freiflächenverschleiß des Werkzeuges zu begrenzen. Der Spanwinkel γ ist der Winkel zwischen der Spanfläche und der Werkzeugbezugsebene, die beim Orthogonalschnitt senkrecht zum Vektor der Schnittgeschwindigkeit steht [FRIT10, TSCH09, WEST10].

Aufgrund der orientierten Laminatstruktur bei faserverstärkten Kunststoffen müssen die zuvor aufgeführten charakteristischen Größen des Orthogonalschnitts um die Beschreibung der Werkstückstruktur erweitert werden. Die werkstückseitige Beschreibung erfolgt dabei über den Fasertrennwinkel Φ, welcher gemäß Abbildung 2.3 als im Gegenuhrzeigersinn gemessener Winkel zwischen der Faserorientierung und dem Vektor der Schnittgeschwindigkeit definiert wird. Innerhalb der Literatur existiert keine einheitliche Definition des Fasertrennwinkels. In zahlreichen Veröffentlichungen wird der Fasertrennwinkel im Uhrzeigersinn angegeben. Im Rahmen dieser Arbeit wird durchgehend die Gegenuhrzeigervariante verwendet.

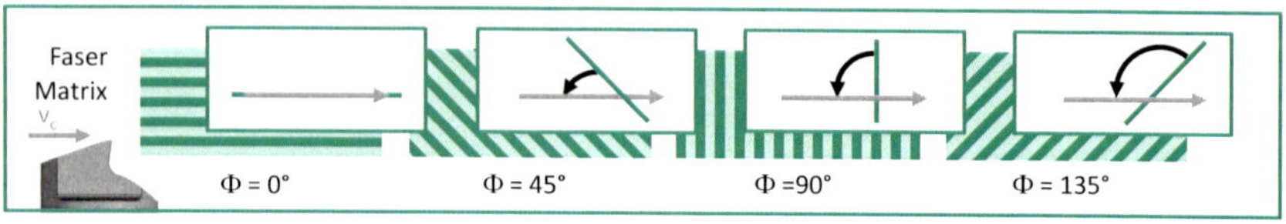

Abbildung 2.3: Fasertrennwinkel beim Orthogonalschnitt eines UD-FVK
Fiber cutting angle for orthogonal machining of UD-FRP

2.2.1 Fasertrennmechanismen und resultierende Schnittqualität

Die Faserorientierung des Laminats bezogen auf die Schnittrichtung des Werkzeuges ist der dominanteste Faktor im Hinblick auf prozessrelevante Kenngrößen. Je nach Fasertrennwinkel bzw. Fasertrennwinkelbereich existieren dabei unterschiedliche Fasertrennmechanismen. *Koplev* war der erste, der zu Beginn der 80er Jahre die Fasertrennung bei einem Schnitt parallel und senkrecht zur Verstärkungsfaser untersucht hat [KOPL80, KOPL83]. In den neunziger Jahren folgten weitere Veröffentlichungen zahlreicher Wissenschaftler, welche allesamt die Fasertrennmechanismen anhand von unterschiedlichen unidirektional verstärkten Faserverbundwerkstoffen untersucht haben [AROL96, BHAT95, KRIS92, PWU98, RUMM96, WANG95A].

Gemäß den aufgeführten Quellen besteht der Schnitt bei Faserverbundwerkstoffen aus einer Aneinanderreihung von Einzelbrüchen, wobei nahezu keine plastische Verformung während der jeweiligen Einzelbrüche stattfindet. Im Gegensatz zur Bearbeitung von metallischen Werkstoffen, bei der im Orthogonalschnitt zumeist ein einzelner kontinuierlicher Span entsteht, ist die Zerspanung von Faserverbundwerkstoffen geprägt durch die Entstehung bruchstückhafter Spansegmente [AZMI13B]. Beim Werkzeugeintritt wird dabei zunächst die schwächere Zwischenfaserschicht (Matrixschicht) geschädigt. Aufgrund der im Matrixwerkstoff entstehenden Risse verlieren die spröden Verstärkungsfasern zunehmend ihren Halt, biegen sich durch und brechen bei Überschreitung des kritischen Biegeradius senkrecht zur Faserachse [KANE89]. Insgesamt werden in der Literatur in Abhängigkeit vom vorliegenden Fasertrennwinkel (FTW) bzw. Fasertrennwinkelbereich vier Trennmechanismen unterschieden.

Fasertrennwinkel $\Phi = 0°$

Bei einem Fasertrennwinkel von $\Phi = 0°$ entsteht durch die Werkzeugbewegung eine in Schnittrichtung orientierte Druckbelastung des Laminats. Die Dehnungsbehinderung zwischen der abzutrennenden Schicht und dem Restwerkstoff bewirkt eine zusätzliche Schubbeanspruchung in der Übergangszone. Diese überlagerte Belastung führt schließlich zum Versagen der Matrix, wobei sich der anfängliche Bruch als Riss entlang der Faser-Matrix-Ebene ausbreitet (Abbildung 2.4). Die abzutrennende Faserschicht wird durch das vorlaufende Werkzeug entlang der Spanfläche in Richtung der Laminatoberkante hochgebogen [SHEI09]. Beim Erreichen des minimal möglichen Biegeradius erfolgt schließlich der Faserbruch, welcher senkrecht zur Faserachse und deutlich vor der Schneide erfolgt [KRIS92]. Dabei entstehen als Abtragsprodukte überwiegend größere, klar ausgeprägte und zusammenhängende Faser-Matrix-Bruchstücke [CAPR12].

Zusätzlich zum beschriebenen Schnittvorgang erfolgt im Bereich der Schneidkantenverrundung sowie der Werkzeugfreifläche eine Deformation des Laminats quer zur Faserrichtung in Richtung der erzeugten Schnittkante. Die Druckbelastung führt zu einer lokalen Verformung des Laminats. Verstärkungsfasern und Matrix verhalten sich dabei stark elastisch, wodurch eine nahezu vollständige Rückfederung des Materials bei Entlastung erfolgt [RUMM96].

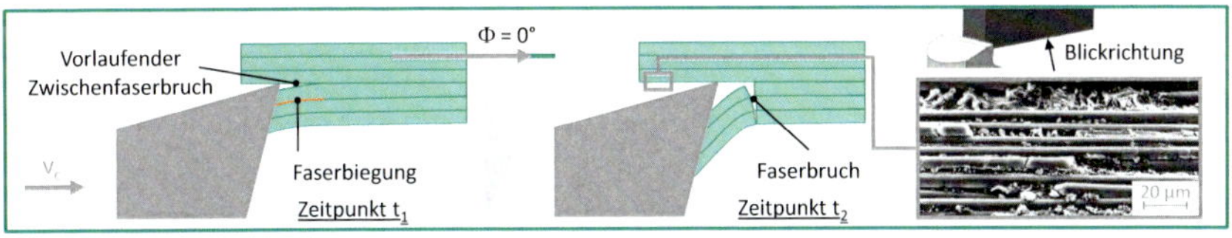

Abbildung 2.4: Schnittvorgang und resultierende Oberflächenqualität bei $\Phi = 0°$
Cutting progress and resulting quality for a fiber cutting angle of 0°

Die Schnittfläche weist eine strukturierte Oberfläche mit freigelegten und in den Werkstoffverbund gedrückten Fasern auf. Teilweise sind die in der Oberfläche befindlichen Fasern senkrecht gebrochenen. In den Faserzwischenräumen befinden sich zudem schuppenförmig gebrochene Matrixanhäufungen, die auf ein Scherversagen entlang der Matrixebene hindeuten [RAMU97].

Fasertrennwinkel 0° < Φ < 90°

Bei einem Fasertrennwinkel unterhalb von Φ = 90° erfahren die Fasern mit Zunahme des Trennwinkels eine immer stärkere Druckbelastung quer zur Faserrichtung. Die Druckbelastung führt zunächst zu einem Zwischenfaserbruch in unmittelbarer Nähe des Schneidkeils und schließlich zu einem druckinduzierten Faserversagen aufgrund von Zugverformung und Faserscherung (Abbildung 2.5). Die gebrochenen Faserbündel/-schichten gleiten anschließend über einen zweiten durch Scherung bedingten Zwischenfaserbruch entlang der Faser-Matrix-Ebene in Richtung der Faserorientierung ab [AROL02, RAMU03, LI16].

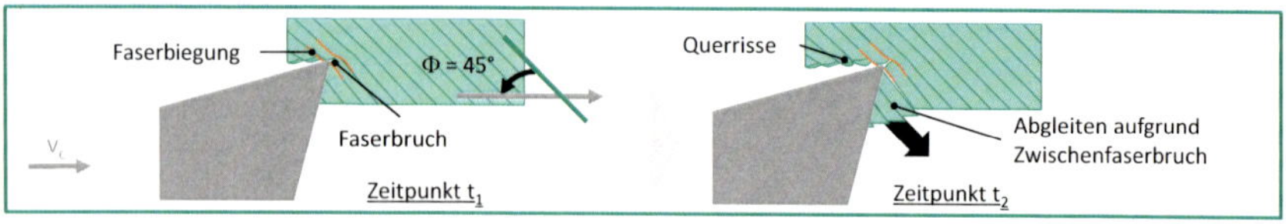

Abbildung 2.5: Schnittvorgang für Fasertrennwinkel Φ = 45°
Cutting progress for a fiber cutting angle of 45°

Liegt der Fasertrennwinkel unterhalb von Φ = 45°, so werden während der Zerspanung zusammenhängende Spanpakete erzeugt. Mit größer werdendem Fasertrennwinkel und der damit verbundenen Änderung der Orientierung der Bruchebene wird der Zusammenhalt der generierten Spansegmente immer schwächer [AZMI13B]. Ab einem Grenzwert von Φ = 60° werden nur noch staubförmige Faser-Matrix-Partikel erzeugt [NAYA05, WUER99].

Ein Teil der Schnittfläche ist bedeckt von vielen nur wenige Mikrometer langen Faserbruchstücken, welche sich innerhalb einer dünn aufgeschmierten Matrixschicht befinden. In den Bereichen mit weniger Aufschmierungen sind zudem unterschiedlich stark auskragende Faserendstücke zu erkennen, was die Oberfläche schuppenförmig erscheinen lässt. Aufgrund des druckinduzierten Fasertrennvorgangs weisen die in der Schnittfläche befindlichen Faserenden deutlich sichtbare Querrisse auf, wobei die Rissanzahl mit steigendem Fasertrennwinkel zunimmt [AROL96, SHEI09].

Fasertrennwinkel Φ = 90°

Bei einem Fasertrennwinkel von Φ = 90° muss jede Faser einzeln durchtrennt werden. Durch die Werkzeugbewegung wird der Verbund senkrecht zur Faserorientierung belastet. Das Werkzeug staucht dabei die Faser-Matrix-Struktur zusammen (Abbildung 2.6) und verursacht bei Überschreitung der zulässigen Schubspannung zunächst vorlaufende Matrix- und Grenzflächenbrüche (senkrecht zur Vorschubrichtung). Die anschließende Biegung der Verstärkungsfasern, welche im Bereich der Schneidkantenverrundung erfolgt, führt beim Überschreiten der zulässigen Dehnung am äußeren Biegeradius zu einem Faserbruch [RUMM96].

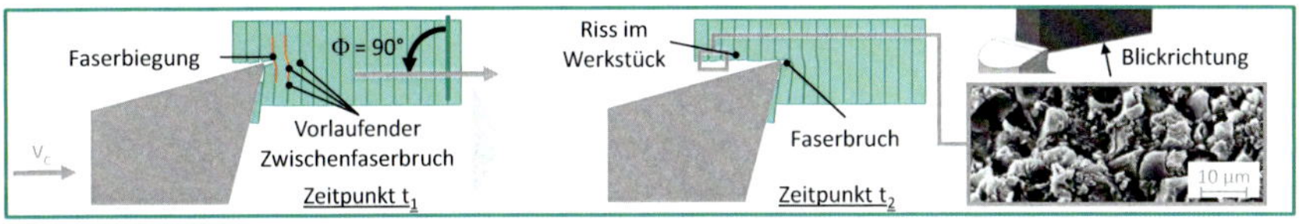

Abbildung 2.6: Schnittvorgang und resultierende Oberflächenqualität bei $\Phi = 90°$
Cutting progress and resulting quality for a fiber cutting angle of 90°

Mit steigender Schneidkantenverrundung des Werkzeuges wird der von der Biegung betroffene Bereich größer, so dass die in Faserrichtung orientierten Zwischenfaserbrüche über die Schnittkante hinaus bis in den Randbereich des Werkstücks reichen können [GIRO10, NAYA05, PWU98]. Die stark löchrige, von Trümmerbruchstücken übersähte, Oberfläche deutet zudem auf eine Vielzahl von Einzelbrüchen in unterschiedlichen, auch unterhalb der Schnittoberfläche befindlichen, Tiefen hin. *Wang* sowie *Kahwash* berichten zudem über nicht sauber geschnittene Decklagen. Die in den Randschichten befindlichen Fasern werden durch das Werkzeug lediglich senkrecht zur Laminatachse gebogen und dadurch nicht geschnitten. Nach Entlastung federn diese Fasern wieder zurück [KAHW15, WANG95A]. Bedingt durch die Tatsache, dass jede Faser einzeln getrennt werden muss, entstehen als Abtragsprodukte keine definierten Faserbündel, sondern sehr feine Staubpartikel [KOPL80].

Fasertrennwinkel 90° < Φ < 180°

Bei der Bearbeitung unter einem Fasertrennwinkel größer $\Phi > 90°$ stehen die Fasern entgegengesetzt zur Werkzeugvorschubrichtung (Abbildung 2.7). Fasern, die im direkten Kontakt mit der Schneide stehen, erfahren durch die Werkzeugbewegung eine kombinierte Druck-Biege-Belastung. Weiter von der Schneide entfernte Verstärkungsfasern werden hauptsächlich durch Biegung deformiert. Die Fasern versagen ähnlich wie bei einem Fasertrennwinkel von $\Phi = 90°$ bei Überschreitung der zulässigen Dehnung am Scheitelpunkt der Deformationslinie. Im Unterschied hierzu stehen die gebogenen Fasern jedoch hauptsächlich im Kontakt mit der Werkzeugspanfläche [RUMM96].

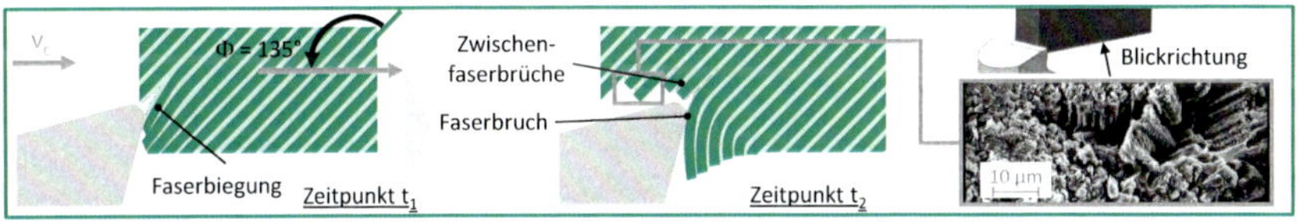

Abbildung 2.7: Schnittvorgang und resultierende Oberflächenqualität bei $\Phi = 135°$
Cutting progress and resulting quality for a fiber cutting angle of 135°

Bedingt durch die große Faserverformung während des Trennvorgangs wird das Laminat stark deformiert und verzerrt, wodurch es zu zahlreichen tief in das Werkstück reichenden Zwischenfaserbrüchen kommt [BHAT95]. Die Ausprägung der Deformation steigt mit Zunahme der Schneidkantenverrundung. Aufgrund der paketweisen Deformation der Fasern und der schon angesprochenen Aneinanderreihung von Einzelschnitten wird im mittleren Bereich des Laminats eine insgesamt wellenförmige Oberfläche mit starken Ausfransungen sowie Rissen und Löchern erzeugt [AROL96, WANG95A].

Fasertrennung und Oberflächenqualität bei multidirektionalen Laminaten

Wang hat in seinen Orthogonalschnittversuchen neben unidirektional (UD) verstärkten Werkstückplatten auch ein multidirektionales Laminat, bestehend aus vier übereinander liegenden unidirektional verstärkten Laminatlagen mit jeweils unterschiedlicher Orientierung, untersucht. Dabei wurden die gleichen Fasertrennmechanismen wie bei der UD-Bearbeitung beobachtet. Aufgrund der Stützwirkung durch benachbarte, aber anders orientierte Schichten sind jedoch keine im Werkstück verbleibende Schädigungen/Risse bei einer Fasertrennung mit $\Phi = 90°$ festgestellt worden. Die Schädigungen bei einem Fasertrennwinkel von $\Phi = 135°$ konnten nicht gänzlich vermieden, jedoch ebenfalls deutlich reduziert werden. Insgesamt wurden dabei durchgehend zusammenhängende und im Vergleich zur UD-Bearbeitung deutlich größere Spansegmente erzeugt [SHEI09, WANG95B].

2.2.2 Zerspankraft

Die während des Orthogonalschnitts von faserverstärkten Kunststoffen gemessenen Kraftsignale weisen aufgrund der Aneinanderreihung von Einzelbrüchen sowie der alternierenden Bearbeitung der »weichen« Matrix bzw. der »harten« Verstärkungsfasern eine im Vergleich zur Metallbearbeitung deutlich höhere Dynamik auf [CAPR12, NAYA05]. Das Ausmaß der Schwankung ist dabei maßgeblich von der Faserschnittcharakteristik und damit der Faserorientierung abhängig [SHEI09]. Abbildung 2.8 zeigt die im weiteren Verlauf geltende Definition der beiden relevanten Zerspankraftkomponenten sowie ausgewählte Rohdaten von Kraftmesssignalen bei unterschiedlichen Fasertrennwinkeln und ansonsten konstanten Prozessbedingungen. Neben dem dynamischen Kraftverlauf kann aus der Abbildung auch der starke Einfluss des Fasertrennwinkels entnommen werden. Dieser beeinflusst nicht nur das Kraftniveau selbst, sondern auch das Verhältnis zwischen den beiden Kraftkomponenten. Liegt das Niveau der Schnittnormalkraft bei einem Fasertrennwinkel von $\Phi = 0°$ oberhalb der Schnittkraft, wechselt das Verhältnis beider Zerspankraftkomponenten bei einer Bearbeitung mit $\Phi = 90°$. Grund hierfür ist die fundamentale Änderung der Fasertrennmechanismen. Dies wird auch nochmal anhand des unsteten Kraftmessschriebs für einen Fasertrennwinkel von 135° verdeutlicht, welches sich aufgrund der paketweisen Deformation und dem daraus folgenden Versagen ganzer Faserbündel mit anschließender Materialentlastung ergibt.

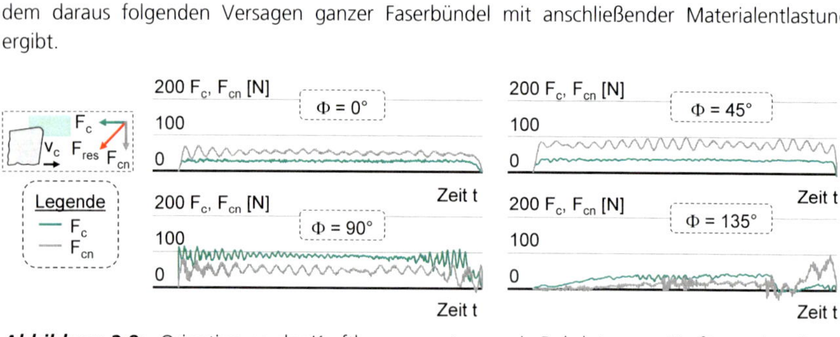

Abbildung 2.8: Orientierung der Kraftkomponenten sowie Rohdaten von Kraftmesssignalen
Orientation of force components and raw data of force signals

Zur Analyse der Zerspankraft wird in der Literatur üblicherweise der Mittelwert der aufgenommenen Rohdaten herangezogen. Die Kraftauswertungen unterschiedlicher Veröffentlichungen sind aufgrund der Vielzahl an möglichen Faserverbundwerkstoffen jedoch nicht quantitativ miteinander vergleichbar, so dass nachfolgend lediglich die qualitativen Verläufe in Abhängigkeit von verschiedenen Prozesskenngrößen aufgezeigt werden sollen.

Einfluss des Fasertrennwinkels auf die Zerspankraft

Der Fasertrennwinkel ist die wichtigste Kenngröße im Hinblick auf beide Zerspankraftkomponenten [SHEI09]. Abbildung 2.9 verdeutlicht die in der Literatur dokumentierten qualitativen Kraftverläufe für beide Kraftanteile in Abhängigkeit vom Fasertrennwinkel.

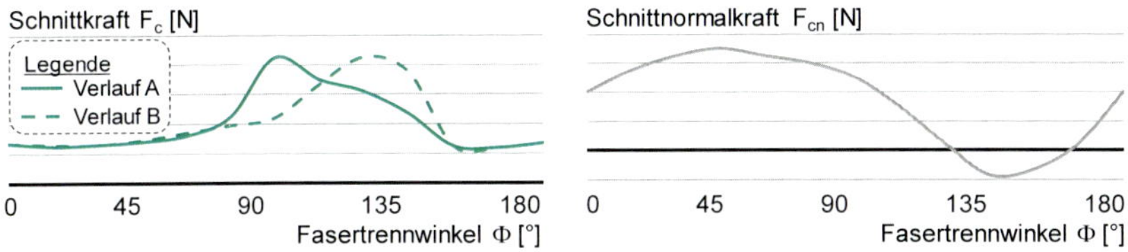

Abbildung 2.9: Qualitativer Verlauf von F_c und F_{cn} in Abhängigkeit vom Fasertrennwinkel
Qualitative curve progression of principle and thrust force depending on fiber cutting angle

Ausgehend von einem Fasertrennwinkel von $\Phi = 0°$ sinkt die Schnittkraft zunächst leicht und erreicht im Bereich von 15° ihren Minimalwert. Es folgt ein leichter, linearer Kraftanstieg bis zu einem Fasertrennwinkel von ungefähr $\Phi = 75°$ (Verlauf A). Darüber hinaus wird ein deutlich stärkerer Schnittkraftanstieg verzeichnet, wobei der Maximalwert bei $\Phi = 90°$ erreicht wird [AN15A, BHAT04, NAYA05, LI16]. Oberhalb von 90° geht die Schnittkraft wieder zurück, bis bei einem Fasertrennwinkel von $\Phi = 150°$ ein ähnlich niedriges Kraftniveau wie bei 0° erreicht wird. Anschließend bleibt die Schnittkraft bis zu einem Fasertrennwinkel von $\Phi = 180°$ nahezu konstant [BHAT95, VOß14].

Abweichend vom zuvor beschriebenen Schnittkraftverlauf berichtet *Wang* von einer leichten Zunahme der Schnittkraft bis $\Phi = 90°$ (Verlauf B), gefolgt von einer starken Steigerung bis zum Kraftmaximum zwischen 125° und 135° und einem annähernd gleichstarken Rückgang der Kraft bis zum Erreichen des Kraftminimums im Bereich eines Fasertrennwinkel von $\Phi = 150°$ [WANX03].

Die Schnittnormalkraft weist einen komplett anderen Verlauf auf (Abbildung 2.9), wobei diese insgesamt im Fasertrennbereich von 0 bis 90° größer ist als im Bereich von 90° bis 180° [BHAT95]. Der Verlauf kann näherungsweise als wellenförmig beschrieben werden. Der Maximalwert wird bei einem Fasertrennwinkel von ca. $\Phi = 45°$ erreicht. In der Nähe von 135° ist das Kraftminimum zu finden. Je nach Werkzeuggeometrie und ausreichend großer Spanungdicke können in diesem Bereich sogar negative Kraftwerte auftreten. Die Schnittnormalkraft ist in diesem Fall nicht von der Werkstückkante weg, sondern zu dieser hin orientiert, wodurch das Werkzeug in Richtung des Werkstücks gezogen wird [BHAT04, GIRO10, SHEI09].

Die aus den beiden Kraftkomponenten resultierende Zerspankraft hat qualitativ einen ähnlichen Verlauf wie die Schnittnormalkraft. Die Maximalwerte liegen im Bereich von 30° bis 60°, die Minimalwerte sind zwischen 120° und 150° zu finden. Beide Extremwerte können dabei um mehr als 100 % auseinanderliegen [AN15A, BHAT95].

Zur Bestimmung der Zerspankraft bei der Bearbeitung von multidirektional faserverstärkten Laminaten können die Kraftniveaus aus der Bearbeitung der einzelnen UD-Schichten herangezogen werden. Das multidirektionale Laminat verhält sich dabei wie zusammengesetzte UD-Schichten, wodurch die resultierende Zerspankraft mit der Summe der gemessenen Einzelkräfte aus der Bearbeitung der UD-Laminate gleichgesetzt werden kann. Damit ist die Vorhersage der Zerspankraft für unterschiedliche Laminatstrukturen aus den Untersuchungen der UD-Schicht-Bearbeitung möglich [SHEI09].

Einfluss der Spanungsdicke auf die Zerspankraft

Die Spanungsdicke ist neben dem Fasertrennwinkel die zweite Haupteinflussgröße der Zerspankraft. Um den qualitativen Verlauf der Schnitt- sowie Schnittnormalkraft in Abhängigkeit von der Spanungsdicke $h_{sp,or}$ hinreichend genau erklären zu können, muss bei der Bearbeitung von abrasiven Faserverbundwerkstoffen der aktuelle Verschleißzustand des Werkzeuges mitbetrachtet werden, da der hohe abrasive Verschleiß am Werkzeug mit zunehmender Einsatzdauer zu einer kontinuierlichen Vergrößerung der Schneidkantenverrundung führt. Das Niveau der Zerspankraft bei unterschiedlichen Spanungsdicken hängt somit maßgeblich von der zum Untersuchungszeitpunkt vorliegenden Schneidkantenverrundung des Werkzeuges ab. In der nachfolgenden Betrachtung werden die Komponenten der Zerspankraft in Abhängigkeit von dem Verhältnis zwischen der Spanungsdicke und der Schneidkantenverrundung, welche als konstant angenommen wird, dargestellt.

Bei unidirektional faserverstärkten Werkstoffen kann der Zusammenhang zwischen der Schnittkraft und dem Verhältnis zwischen $h_{sp,or}$ und r_{β} als linear angenommen werden (Abbildung 2.10). Der lineare Anstieg ist dabei durch die Tatsache begründet, dass zum Heraustrennen der zunehmenden und senkrecht zur Vorschubrichtung stehenden Materialfläche eine entsprechend höhere Schnittkraft aufgewendet werden muss [CAPR96. KAHW15, LI16].

Die Höhe der linearen Schnittkraftzunahme bei steigender Spanungsdicke hängt maßgeblich vom Fasertrennwinkel ab. Die Steigung der Schnittkraftkurve ist dabei im Bereich von 90° am größten, wohingegen im Bereich von 0° die geringste Steigung verzeichnet wird [AN15B, WANX03]. Gemäß diesem Zusammenhang nimmt der Einfluss der Anisotropie mit größerer Spanungsdicke zu, so dass die Schnittkraftwerte für unterschiedliche Faserschnittwinkel immer stärker auseinanderdriften. An dieser Stelle wurde der Schnittkraftverlauf A aus Abbildung 2.9 zugrunde gelegt.

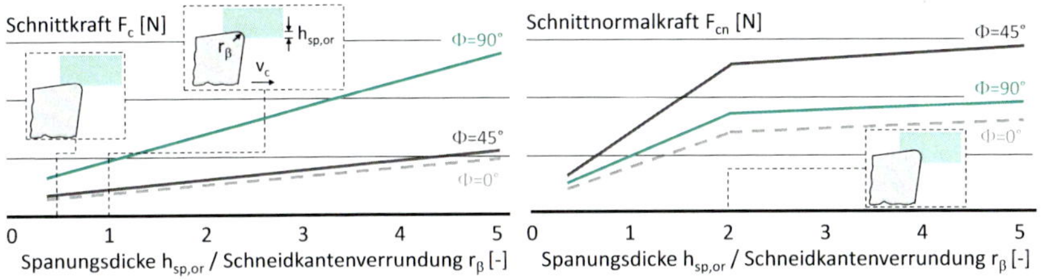

Abbildung 2.10: Einfluss der Spanungsdicke auf F_c und F_{cn} bei unterschiedlichen Φ
Influence of cutting depth on principle and thrust force for different fiber cutting angles

Der Verlauf der Schnittnormalkraft ist ebenfalls vom Fasertrennwinkel abhängig, wobei die höchste Kraft bei $\Phi = 45°$ erreicht wird [AN15A]. Bis zu einem Verhältnis $h_{sp,or} / r_\beta = 2$ weist die Kraft einen starken linearen Anstieg auf. Oberhalb dieses Grenzwertes ändert sich das Kraftniveau mit steigendem Verhältnis von $h_{sp,or}$ zu r_β nur noch geringfügig [KAHW15, LI16]. Die deutlich höhere Sensitivität bei kleinen Spanungsdicken lässt sich auf den hohen Anteil der Materialrückfederung zurückführen [WANX03]. Je kleiner die Spanungsdicke im Verhältnis zum Schneidkantenradius, desto größer wird der Anteil nicht sauber getrennter, sondern unter die Schneide gedrückter Faserbündel wie Abbildung 2.11 zu entnehmen ist [SHEI09].

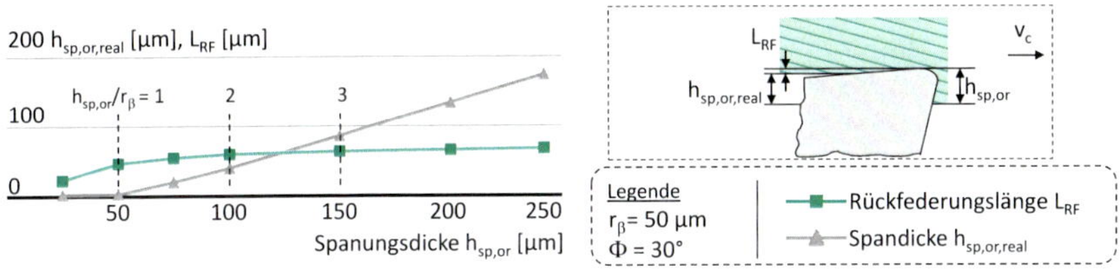

Abbildung 2.11: Rückfederungshöhe bei unterschiedlichen Spanungsdicken [WANX03]
Bouncing back height at different cutting depths

Die nicht sauber getrennten Faserbündel federn bei Entlastung wieder zurück und üben eine Kraft auf die Freifläche des Werkzeuges aus. Das Niveau der Schnittnormalkraft ist dabei direkt an das Niveau der Materialrückfederung (L_{RF}) gekoppelt [SCHU14].

Einfluss der Schnittgeschwindigkeit auf die Zerspankraft

AN hat bislang als einziger den Einfluss der Schnittgeschwindigkeit (zwischen 100 und 300 m/min) auf die Zerspankraftkomponenten beim Orthogonalschnitt untersucht [AN15B]. Gemäß seinen Ergebnissen wird sowohl die Schnitt- als auch die Schnittnormalkraft bis zu einer Schnittgeschwindigkeit von ca. 200 bis 250 m/min für alle untersuchten Fasertrennwinkel aufgrund der Erweichung der Matrix reduziert (Abbildung 2.12).

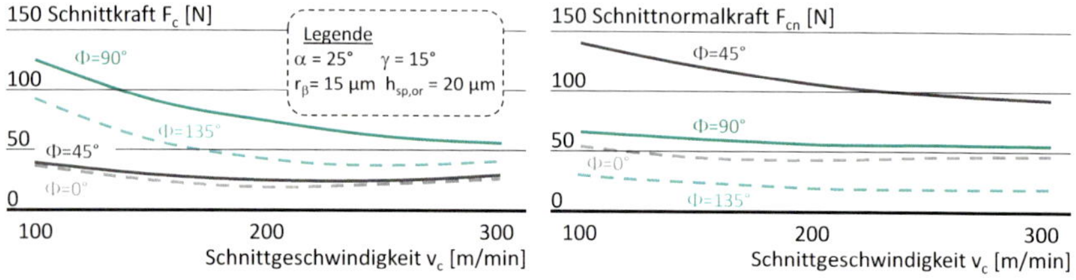

Abbildung 2.12: Einfluss der Schnittgeschwindigkeit auf F_c und F_{cn}
Influence of cutting speed on principle and thrust force

Bei Fasertrennwinkeln Φ ≥ 90° verzeichnet die Schnittkraft einen besonders starken Rückgang, wohingegen die Schnittnormalkraft insbesondere bei Φ = 45° stark abnimmt. Eine Steigerung der Schnittgeschwindigkeit über 250 m/min hinaus bewirkt bei einigen Fasertrennwinkeln wieder einen Anstieg des Kraftniveaus. Im Hinblick auf die Minimierung der Zerspankraft sollte sich die Schnittgeschwindigkeit somit im Bereich von 200 m/min bewegen. Darüber hinaus gilt, dass mit höheren Schnittgeschwindigkeiten die Kraftwerte bei unterschiedlichen Fasertrennwinkeln näher zusammenrücken und damit die Anisotropie des Werkstoffes weniger stark zum Vorschein kommt, was durch das verbesserte Faserschnittverhalten erklärt werden kann [AN15B].

2.3 *Fräsbearbeitung von faserverstärkten Kunststoffen*

Milling of Fiber Reinforced Polymers

Im Gegensatz zum Orthogonalschnitt mit einer translatorischen Werkzeugbahn, führt das Werkzeug bei der Fräsbearbeitung einen kreisförmigen Schnitt aus und wird zeitgleich mit der Vorschubgeschwindigkeit entlang der zu bearbeitenden Schnittkante geführt. Der entgegen dem Uhrzeigersinn gemessene Winkel zwischen dem Vektor der Vorschubgeschwindigkeit und der Faserorientierung einer unidirektional verstärkten Decklage, wird gemäß *Hohensee* als Faserorientierungswinkel Ψ deklariert [HOHE92]. Zur Beschreibung des über einer Werkzeugbahn veränderlichen Fasertrennwinkels Φ (Abbildung 2.13) wird an dieser Stelle der Eingriffswinkel φ_n herangezogen. Bei vereinfachter Betrachtungsweise erreicht dieser für einem Vollnutschnitt 180°. Das während einer Werkzeugumdrehung zerspante Material hat einen sichelförmigen Verlauf, welcher durch die Spanungsdicke h_{sp} beschrieben wird.

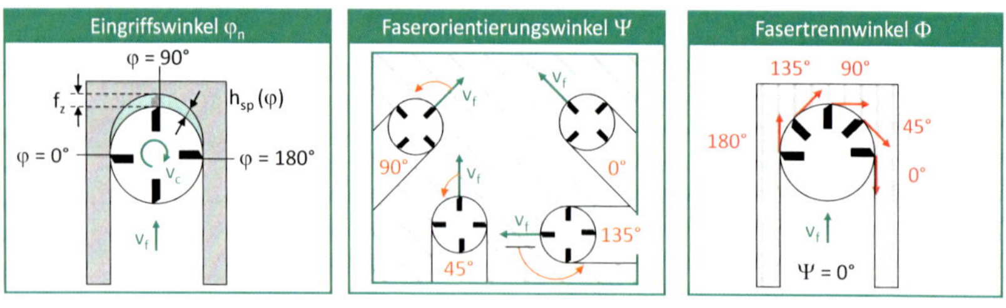

Abbildung 2.13: Eingriffsverhältnisse beim Vollnutschnitt eines UD-Laminats
Cutting conditions for full slot milling of UD laminate

Die Spanungsdicke h_{sp} berechnet sich beim Fräsen näherungsweise zu:

$$h_{sp} = f_z \cdot \sin \varphi_n \tag{2.1}$$

Das Maximum der Spanungsdicke wird bei einem Eingriffswinkel von $\varphi_n = 90°$ erreicht und entspricht an dieser Stelle dem eingestellten Zahnvorschub f_z.

Der Bestimmung des Fasertrennwinkels bei der Fräsbearbeitung liegt der nachfolgend dargestellte Zusammenhang zugrunde, welcher sich an der durch *Hintze* eingeführten Ausführung mit jedoch anderer Fasertrennwinkeldefinition orientiert [HINT12]:

$$\Phi = \begin{cases} 180° - \varphi_n - \Psi, & 0° \leq \varphi_n + \Psi \leq 180° \\ 360° - \varphi_n - \Psi, & 180° < \varphi_n + \Psi \leq 360° \end{cases} \tag{2.2}$$

Zusammenfassend lässt sich festhalten, dass während des Schnittvorgangs einer unidirektional verstärkten Faserlage, jedem Punkt der Werkzeugbahn eine eindeutige Kombination aus Spanungsdicke und Fasertrennwinkel zugeordnet werden kann. Die Kenntnis dieser Kenngrößen lässt sich beispielsweise zur Abschätzung des Zerspankraftniveaus nutzbar machen. Die Vorhersage der genauen Kraftverhältnisse und der daraus resultierenden Bearbeitungsqualität gestaltet sich aufgrund der hochdynamischen Überlagerung der unterschiedlichen Fasertrennmechanismen als hochgradig komplex. Dies gilt insbesondere für die Bearbeitung von multidirektional verstärkten Laminaten, bei denen je nach Faserlage unterschiedliche Faserorientierungswinkel vorliegen.

2.3.1 Werkzeugverschleiß und Zerspankraft beim Fräsen

Der Werkzeugverschleiß beim Fräsen resultiert aus einem komplexen Zusammenspiel zwischen physikalischen, chemischen und thermo-mechanischen Einflussgrößen, welche beim Kontakt des Werkzeuges mit dem Werkstück und den erzeugten Spänen wirken. Die genaue Kenntnis der Verschleißmechanismen ist im Zusammenhang mit der Zerspanung von hoch-harten Kohlenstofffasern besonders wichtig, da der Werkzeugverschleiß einen Großteil der Bearbeitungskosten verursacht und gleichzeitig durch die stetige Veränderung der Zerspanbedingungen prozessinduzierte Schädigungen am Laminat entstehen können [DAVI10].

In der Regel verschleißen die Werkzeuge durch mechanischen Abrasionsverschleiß, was an der deutlich ausgeprägten Riefenbildung an der Schneide ersichtlich wird. Je nach Prozesseinstellung kann der reibungsbedingte Verschleiß durch eine erhöhte Bearbeitungstemperatur enorm beschleunigt werden, da die im Prozess entstehende Wärme aufgrund der schlechten Wärmeleitfähigkeit von Verbundwerkstoffen primär über das Werkzeug abgeführt werden muss. Der hierdurch generierte Wärmestau im Bereich der Schneidkante schwächt das Werkzeug und führt zu einem beschleunigten Abtrag der Schneidstoffbestandteile [CHE14]. Neben der schlechten und für beide Verbundwerkstoffkomponenten unterschiedlichen Wärmeleitfähigkeit trägt die geringe Temperaturbeständigkeit der Matrix zudem dazu bei, dass die Gefahr für Matrixverbrennungen und Zwischenfaserbrüche, die auf wärmebedingte Materialspannungen im Werkstück zurückgeführt werden können, ansteigt [KOEN93].

Der entstehende Abrasivverschleiß ist maßgeblich auf zwei Ursachen zurückzuführen. Während sich die erste insbesondere auf den Verschleiß der Spanfläche sowie der Spitze der Werkzeugschneide niederschlägt, wirkt sich die zweite vor allem auf den Verschleiß an der Freifläche aus. Als Folge dessen erfolgt ein vergleichsweise gleichmäßiger Verschleiß, welcher durch eine leichte Rücksetzung der Schneide sowie eine stetige Zunahme der Schneidkantenverrundung charakterisiert und in guter Näherung über die Messung dieser bewertet werden kann [FARA10].

In erster Linie lässt sich der hohe Abrasivverschleiß auf die starke Reibung zwischen dem Werkzeug und den entstehenden Abtragsprodukten zurückführen. Während der mechanischen Bearbeitung von CFK-Werkstoffen mit Epoxidharzmatrix entstehen keine definierten Späne, sondern eine Mischung aus kleinen Faser-Matrix-Bruchstücken und nur wenigen Mikrometer großen Staubpartikeln [KOEN93]. Diese setzen sich aufgrund ihrer geringen Größe zwischen dem rotierenden Werkzeug und der zu schneidenden Werkstückkante fest und fungieren dort als zusätzlicher Reibpartner. Hierdurch kommt es zu einem höheren Schneiddruck, einer höheren Prozesstemperatur und als Resultat dessen zu einem starken Werkzeugverschleiß aufgrund der sogenannten Teilchenfurchung [KLOC17]. Anhand eines Hartmetallwerkzeuges sollen nachfolgend die zum Verschleiß führenden Mechanismen erläutert werden.

Zunächst erfolgt durch die Teilchenfurchung ein verstärkter Abtrag der weichen, metallischen Bindephase, so dass größere Karbidkörner freigelegt werden. Diese tragen zunehmend stärker zur Entstehung der Reibung bei. Hierbei verlieren Sie ihre scharfkantige Form und stumpfen ab. Mit Voranschreiten des Bindephasenabtrags reduziert sich zudem die Stützwirkung der Karbidkörner. Aufgrund der zyklischen Kraftschwankung, begründet durch die Anisotropie und Inhomogenität des Werkstückmaterials sowie der lokal stark konzentrierten mechanischen Belastung an der Schneidenspitze, kommt es letztlich zum Teil- oder Komplettausbruch der Karbide [SHEI12]. Diese vermischen sich mit den ohnehin produzierten staubförmigen Abtragsprodukten und sorgen für eine weitere Verstärkung der Abrasion am Werkzeug, welche in Kombination mit der zweiten Verschleißursache zu einer Vergrößerung der Schneidkantenverrundung führt.

Die zweite Verschleißursache resultiert aus der elastischen Rückfederung des geschnittenen Materials. Unabhängig vom Verschleißzustand des Werkzeuges wird stets ein gewisser Anteil des zu zerspanenden Materials nicht sauber geschert, sondern unter die Werkzeugschneide in Richtung des Werkstücks gedrückt. Bei erneuter Entlastung durch das Voranschreiten der Werkzeugbewegung federt dieses Material zurück und sorgt für zusätzliche Reibung an der Freifläche. Der auf die Rückfederung des Materials zurückgeführte Anteil am Werkzeugverschleiß steigt mit Zunahme der verschleißbedingten Schneidkantenverrundung, da sich bei unveränderter Zustellung des Werkzeuges die Höhe der Rückfederung vergrößert. Dies liegt an der Verlagerung des Verhältnisses zwischen der Spanungsdicke und der Schneidkantenverrundung hin zu kleineren Werten, wodurch der Anteil nicht sauber getrennter, sondern unter die Schneide gedrückter Fasern, deutlich zunimmt (Abbildung 2.14). Mit Zunahme der Rückfederungshöhe vergrößert sich der Druck auf die Freifläche, welcher in Kombination mit der Vergrößerung der Kontaktfläche für eine deutliche Steigerung der Verschleißrate verantwortlich ist [SCHU14, XU18].

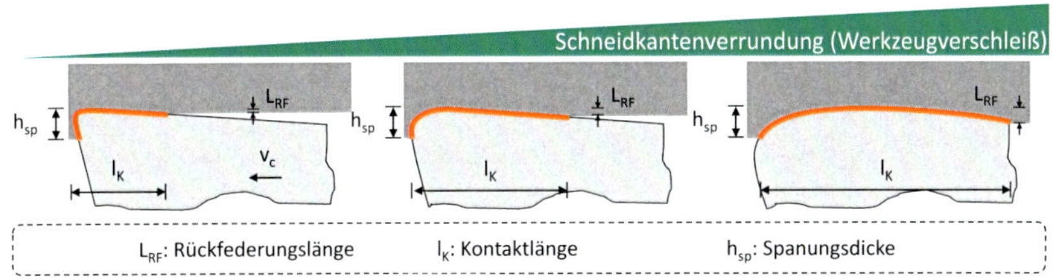

Abbildung 2.14: Materialrückfederung bei unterschiedlichen Werkzeugverschleißzuständen
Material bouncing back at different tool wear conditions

Prozessseitig lässt sich der Werkzeugverschleiß über den Zahnvorschub f_z, die Schnittgeschwindigkeit v_c sowie die Schnitttiefe a_p beeinflussen. Mit steigender Schnitttiefe nimmt die produzierte Staubmenge zu, welche sich zudem schwieriger aus der Zerspanzone befördern lässt. Durch die ansteigende Reibung bzw. Kraft ergibt sich ein direkter Anstieg des Werkzeugverschleißes [SORR14]. Um die ertragbare thermo-mechanische Belastung im Prozess nicht zu überschreiten, existieren grundsätzlich zwei gegensätzliche Ansätze. Einerseits kann der Zahnvorschub maximiert und die Schnittgeschwindigkeit an das Niveau des Vorschubs angepasst werden. Kann die bei dieser Einstellung erzeugte Staubmenge effizient, z.B. über eine Druckluftkühlung zum Ausblasen der Stäube aus der Zerspanzone, abgeführt werden, ergibt sich tendenziell ein geringer Verschleiß bei gleichzeitig erhöhter Zerspankraft [CHIB13] mit entsprechend negativen Folgen für die erzeugte Werkstückqualität (Abbildung 2.15). Die hohe Zerspankraft ergibt sich dabei aus der Zunahme des Zerspanvolumens [AZMI13A]. Der geringe Verschleiß ist auf die bei geringer Temperaturbelastung (geringes v_c) geltende Proportionalität zwischen der Länge, die jede Werkzeugschneide im Werkstück zurücklegt, und dem Abrasionsverschleiß zurückzuführen [ILIE10].

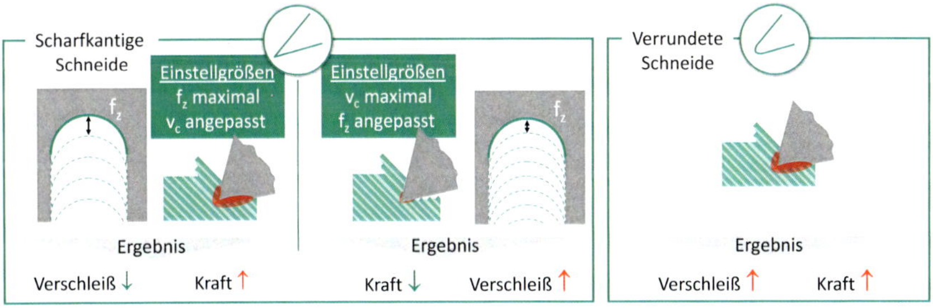

Abbildung 2.15: Einfluss von Schnittparametern auf Zerspankraft und Werkzeugverschleiß
Influence of cutting parameters on machining force and tool wear

Ein geringes Kraftniveau bei erhöhtem Verschleiß und verbesserter Werkstückqualität ergibt sich hingegen bei Maximierung der Schnittgeschwindigkeit und der anschließenden Anpassung des Zahnvorschubs. Die geringe Zerspankraft resultiert aus dem kleineren Zahnvorschub sowie der schnittgeschwindigkeitsbedingten Erweichung des Matrixwerkstoffs aufgrund einer höheren

Temperaturbelastung [KIND10]. Der Werkzeugverschleiß ist erhöht, da durch die höhere Werkzeugdrehzahl im Vergleich zum ersten Ansatz mehr Werkzeugumdrehungen und damit eine höhere Schnittlänge zur Bearbeitung der gleichen Kontur benötigt werden [FERR99].

Unabhängig von den eingestellten Prozessparametern vergrößert sich bei Zunahme der Schneidkantenverrundung sowohl die Zerspankraft als auch die Verschleißrate. Hierdurch steigt die Gefahr für prozessinduzierte Schädigungen des Laminats deutlich an, so dass zur Vermeidung dieser spätestens an diesem Punkt das Zerspanwerkzeug ausgetauscht werden muss [FARA09].

2.3.2 Bearbeitungsqualität beim Fräsen

Mögliche Bauteilschädigungen in Form einer Decklagen-Delamination und daraus folgende Faserüberstände und/oder -ausbrüche sowie thermisch bedingten Schädigungen der temperatursensiblen Matrix stellen das wichtigste Kriterium zur Beurteilung der Schnittkante bei Faserverbundwerkstoffen dar [KOEN85].

Eine Delamination in Decklagennähe entsteht durch das Herausbiegen der Verstärkungsfasern aus der Laminatebene und das anschließende Umlenken in senkrechter Richtung zum Laminat. Die hierbei vorliegende interlaminare Belastung führt zur Überschreitung der Matrixfestigkeit und infolgedessen zu einer lokalen Trennung der Schichten. Je nach Faserorientierung resultieren daraus unterschiedliche Schädigungstypen (Abbildung 2.16 [COLL92]).

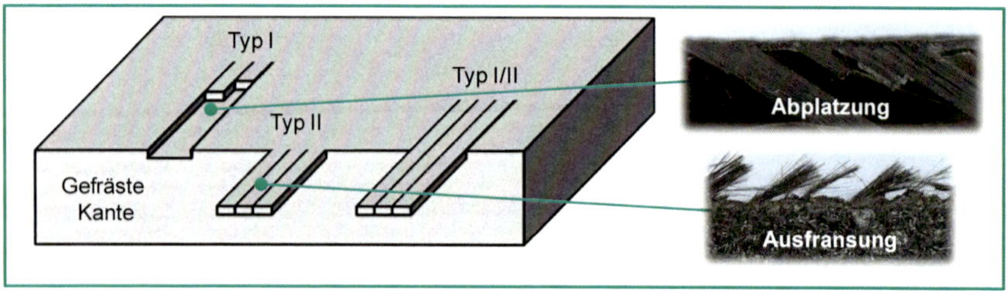

Abbildung 2.16: Prozessinduzierte Bauteilschädigungen aufgrund von Matrixversagen
Process induced laminate damage due to matrix failure

Ausbrüche an der üblicherweise im Gegenlauf bearbeiteten Schnittkante, welche bevorzugt bei einer Faserorientierung von 45° und 90° auftreten, werden als Typ 1 klassifiziert. Diese entstehen aufgrund der gegen den Werkzeugvorschub gerichteten Fasern, welche zur Initialisierung eines biegeinduzierten Faserbruchs vergleichsweise stark verformt werden müssen. Aufgrund der innerhalb der Bauteilkontur liegenden Schädigung und der hierdurch aufwändigen Behebung ist die Typ I Delamination als kritisch einzustufen. Weniger kritisch, dafür aber deutlich häufiger vorkommend, sind durch den Prozess eingebrachte Schädigungen in Form von überstehenden Faserpaketen. Diese treten vorwiegend bei einer Faserorientierung von 135° auf, wenn Fasern der Schneide ausweichen, indem sie sich aus der Laminatebene herausbiegen und anschließend in der Laminatebene am Werkzeug vorbegleiten. Hierdurch wird das Einreißen des Laminats in die Tiefe verhindert. Typ II Delaminationen können in der Regel einfach korrigiert werden. Eine Kombination aus beiden Typen tritt ebenfalls bei einer Faserorientierung von 45° und 90° auf. Diese Erscheinungsform ist durch Überstände mit zusätzlicher Tiefenschädigung gekennzeichnet und damit ebenfalls schwer zu beheben [HART12].

Als wesentliche Einflussgröße auf die Entstehung von Schädigungen wird in der Literatur primär der Werkzeugverschleiß genannt [HINT12]. Dieser Umstand kann mit der Vergrößerung der Kontaktfläche zwischen Werkzeug und Werkstück, welche mit einer höheren thermo-mechanischen Belastung des Laminats einhergeht, erklärt werden. Als Folge dessen entstehen neben Schädigungen an den Decklagen auch biegeinduzierte Faserbrüche unterhalb der Freifläche des Werkzeuges, so dass es zur Ausbildung einer unregelmäßigen Oberfläche mit höheren Rauheitswerten kommt [XU18].

Längere Faserüberstände an gefrästen Kanten weisen darauf hin, dass eine Delamination nicht erst beim finalen Schnitt der Bauteilkantenerzeugung entsteht, sondern sich schon während der vorangegangenen Schneideneingriffe ausbildet. Gemäß *Hintze* findet die Delamination ihren Ursprung in der Nutspitze (Abbildung 2.17). Das ist der Punkt, an dem eine Verstärkungsfaser zum ersten Mal von der Werkzeugschneide getrennt wird [HINT13].

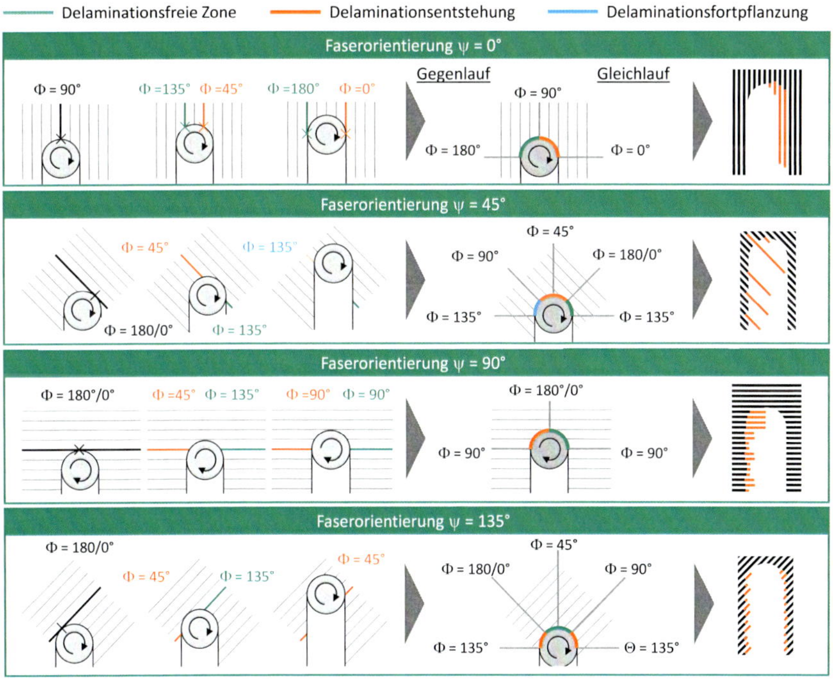

Abbildung 2.17: Einfluss von Φ auf die Delamination bei unterschiedlichen ψ

Influence of fiber cutting angle on delamination at different fiber orientation angles

Initial delaminierte Faserbündel werden anschließend immer stärker bis hin zur Bauteilkante abgelöst und nicht sauber durchtrennt. Die Form und Länge der Delamination hängt maßgeblich vom Faserorientierungswinkel ab. Je nach vorliegender Faserorientierung und der Vorschubrichtung des Werkzeuges durchläuft die rotierende Schneide eine bestimmte Fasertrennwinkelchronologie. Eine Delamination entsteht dabei lediglich bei Verwendung eines verschlissenen Werkzeuges innerhalb eines kritischen Fasertrennwinkelbereiches von 0 bis 90°. Im Anschluss an die Entstehung einer Delamination kann sich die prozessinduzierte Schädigung auch in andere Regionen ausbreiten. Außerhalb des kritischen Trennwinkelbereiches kommt jedoch auch bei der Bearbeitung mit stark verschlissenen Werkzeugen keine Delamination vor. Dieser Umstand kann zur Ableitung von Bearbeitungsstrategien, bei denen eine Delaminationsentstehung gänzlich unterbunden werden kann, genutzt werden [HINT13].

Nachfolgend soll dieser Aspekt exemplarisch anhand des Faserorientierungswinkels $\psi = 90°$ veranschaulicht werden. Bei $\psi = 90°$ wird jede Faser erstmalig an der Nutspitze bei einem Fasertrennwinkel von $\Phi = 0°$ bzw. $\Phi = 180°$ durchtrennt. Bewegt sich das Werkzeug auf seiner Bahn, wird die gleiche Faser noch weitere Male getrennt. Von der Nutspitze aus betrachtet, erfolgt die Fasertrennung im Bereich des Gegenlaufs bei diskreten Fasertrennwinkeln zwischen $\Phi > 0°$ und $\Phi = 90°$. Der für die Delaminationsentstehung kritische Fasertrennwinkelbereich ($0° \leq \Phi \leq 90°$) wird dabei komplett durchlaufen, folglich enthält die erzeugte Schnittkante überstehende Faserbündel. Die Fasertrennwinkel im Bereich des Gleichlaufs liegen für die gleiche Faser bei diskreten Werten dagegen zwischen $\Phi < 180°$ und $\Phi = 90°$. Die kritische Range des Fasertrennwinkels wird nicht durchlaufen, somit ist die im Gleichlauf erzeugte Schnittkante frei von Delaminationen. Für alle anderen Faserorientierungswinkel liegt die gleiche Systematik vor, so dass grundsätzlich über eine geschickte Werkzeugbahnführung die Entstehung von Delaminationen reduziert werden kann.

Prozessseitig kann die Bearbeitungsqualität über eine Reduzierung der Vorschubgeschwindigkeit, die Steigerung der Schnittgeschwindigkeit sowie durch die Anwendung geringer Schnitttiefen positiv beeinflusst werden. Die Oberflächenrauheit wird dabei stärker durch die Änderung der Paramater beeinflusst als die Entstehung prozessinduzierter Bauteilschädigungen [CHIB13, DAVI05, WANY11].

2.4 Schwingungsunterstützte Bearbeitung

Vibration Assisted Machining

Im Rahmen der schwingungsunterstützten Bearbeitung soll an dieser Stelle lediglich die hochfrequente Werkzeuganregung Betrachtung finden. Bei der sogenannten ultraschallunterstützten Zerspanung wird das Werkzeug über einen Schallwandler und eine Sonotrode zu einer hochfrequenten Schwingung angeregt, welche der konventionellen Schneidenbewegung überlagert wird. Das Werkzeug schwingt dabei mit einer Frequenz oberhalb von 15 kHz und erreicht Amplituden bis zu 20 µm. [BREH08]

Der Schallwandler funktioniert nach dem Prinzip des inversen piezoelektrischen Effektes, bei dem das Anlegen einer elektrischen Spannung zu einer Längenänderung des Festkörpers führt. Wird eine hochfrequente Wechselspannung angelegt, kommt es zu einer gleichfrequenten Verlängerung bzw. Verkürzung des Festkörpers. Die derart erzeugte Schwingung wird über eine mechanische Verbindung an die Sonotrode übertragen. Damit das Gesamtsystem bestehend aus Schallwandler und Sonotrode hochfrequent schwingen kann, muss die Sonotrode so ausgelegt werden, dass die Anregungsfrequenz bzw. ein ganzzahliges Vielfaches davon in der Nähe der Resonanzfrequenz des Systems liegt [HESE09]. Gemäß den Gesetzmäßigkeiten der Schallausbreitung in mechanisch isotropen und geometrisch homogenen Festkörpern entsteht in diesem Fall eine stehende Welle innerhalb der Sonotrode. Wird die Sonotrode entlang der Längsachse fiktiv in Scheiben geschnitten, schwingen die Moleküle innerhalb der Scheiben unterschiedlich stark. Das bedeutet, dass die Moleküle im Bereich der Schwingungsknoten stillstehen, während die Moleküle im Bereich der Schwingungsbäuche mit der maximalen Amplitude ausgelenkt werden (Abbildung 2.18). Alle Bereiche dazwischen schwingen entsprechend mit geringeren Amplituden. Das führt dazu, dass die Sonotrode sich während des Betriebs fortlaufend dehnt bzw. zusammenzieht. Damit das Zerspanwerkzeug mit einer möglichst hohen Amplitude schwingen kann, sollte es entsprechend im Bereich der Maximalschwingung an der Sonotrode platziert werden. Hierbei gilt es zu beachten, dass das Zerspanwerkzeug selbst die Resonanzfrequenz des Gesamtsystem mitbeeinflusst.

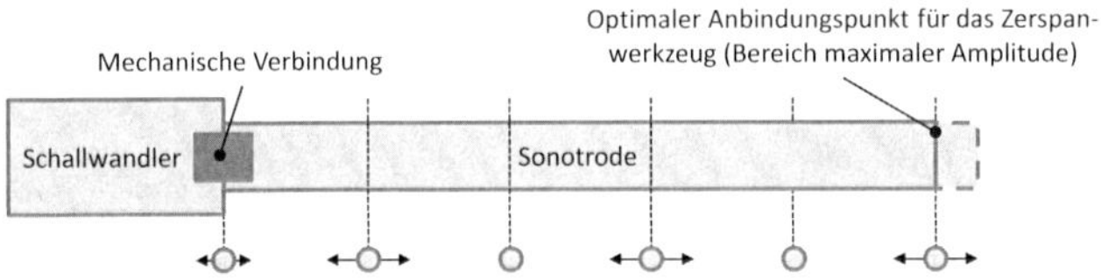

Abbildung 2.18: Stehende Körperschallwelle innerhalb der Sonotrode
Standing mechanical vibration within the sonotrode

Der Einsatz von Ultraschallsystemen zur hochfrequenten Anregung von Zerspanwerkzeugen mit geometrisch bestimmter Schneide wurde bereits in den sechziger Jahren des 20. Jahrhunderts zumeist für die Drehbearbeitung in Verbindung mit vergleichsweise geringen Schnittgeschwindigkeiten und vornehmlich zur Verbesserung der Oberflächenqualität und Reduzierung des Werkzeugverschleißes untersucht. Die Schwingungsüberlagerung wirkt hierbei wie eine zeitlich limitierte Schnittgeschwindigkeitserhöhung, welche wiederum in einer hohen Umformgeschwindigkeit während des Schneideneingriffs resultiert [DOHM64].

Auch nach über 50 Jahren dauert die Erforschung dieses Gebietes weiterhin an. Noch heute ist die schwingungsunterstützte Bearbeitung Gegenstand zahlreicher Forschungsprojekte, wobei der Fokus auf der Weiterentwicklung der Systemtechnologie, der Erarbeitung neuer Anwendungsfelder und der Überführung der hochfrequenten Schwingungstechnologie auf rotierende Werkzeuge liegt [FEUC14].

Aus materialtechnischer Sicht liegt der Hauptschwerpunkt auf der Bearbeitung von hoch-harten und spröden Werkstoffen. In jüngerer Vergangenheit ist auch die Zerspanung duktiler Werkstoffe hinzugekommen. Die verschiedenen Effekte der ultraschallunterstützten Zerspanung sind für die unterschiedlichen Werkstofffamilien differenziert ausgeprägt und lassen sich allgemein wie folgt zusammenfassen [BREH08, KUMA14]:

- Reduzierung der mittleren Zerspankraft, sofern hochfrequente Schnittunterbrechung vorliegt (Kraftpeaks liegen im Bereich der konventionellen Bearbeitung) [DAHN16, HUDA16]
- Verbesserung der Formgenauigkeit und Reduzierung der Gratbildung aufgrund geringerer Kraftbelastung [BARA14, CHAN05]
- Vergrößerung der kritischen Grenzspanungstiefe sprödharter Werkstoffe (Übergang von Spröd- zur Duktilbearbeitung) [RUEB01, HESE09]
- Steigerung der Werkzeuglebensdauer [BULL13, BAGH16]
- Verbesserung der Oberflächenqualität aufgrund geringerer Kräfte, weniger Schneidenmikroausbrüche und reduziertem Rattern [ASTA07, GUPT14]
- Vergrößerung des Scherwinkels bei der Spanbildung und damit verminderte Lamellenbildung [PATI14, TABA13]
- Verbesserte Zugänglichkeit des Kühlschmiermediums zur Zerspanzone [AHME07, KHAJ14]

Bevor detaillierter auf den Einfluss der Schwingungsparameter beim Bearbeitungsprozess von faserverstärkten Kunststoffen eingegangen wird, soll eine kurze Vorstellung schon verfügbarer und derzeit in der Entwicklung befindlicher Systemlösungen zur Umsetzung der Ultraschalltechnologie vorangestellt werden.

2.4.1 Systemtechnische Umsetzung

Bei der Darstellung von Systemlösungen zur Realisierung von schwingungsunterstützten Prozessen bei Werkzeugen mit geometrisch bestimmter Schneide, muss zwischen stationären Werkzeugen der Drehbearbeitung und rotierenden Werkzeugen der Fräs- bzw. Bohrbearbeitung unterschieden werden.

Schwingungssysteme für die Drehbearbeitung

In der Literatur finden sich im Wesentlichen zwei Systeme zur schwingungsunterstützten Drehbearbeitung. Einerseits sind dies Lösungen mit einer unidirektionalen Anregung der Werkzeugschneide, die zur Ausbildung einer Longitudinalschwingung (Längsschwingung) führt. Andererseits handelt es sich um bidirektional angeregte Systeme, welche das Werkzeug in eine Biegeschwingung versetzen und letztlich zu einer elliptischen Werkzeugbewegung führen [HANN14].

Abbildung 2.19 stellt die beiden Systeme gegenüber. Beiden Lösungen ist gemein, dass sie in Resonanz betrieben werden und damit nur mit einer Arbeitsfrequenz oder deren ganzzahligen Vielfachen betrieben werden können. Soll eine davon abweichende Schwingungsfrequenz am Werkzeug realisiert werden, muss eine Neuauslegung der Systeme erfolgen.

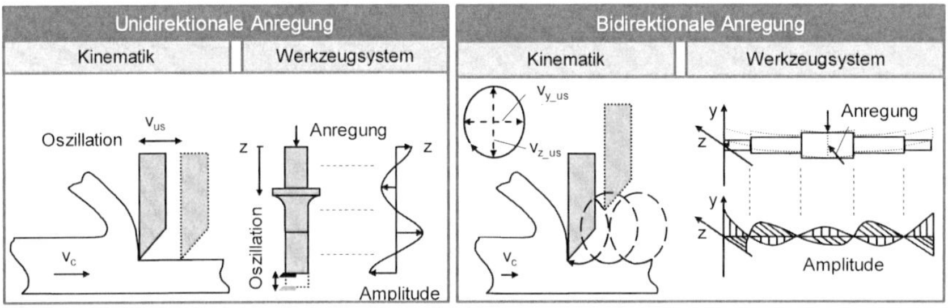

Abbildung 2.19: Systeme zur schwingungsunterstützten Drehbearbeitung
Systems for vibration assisted turning process

Bei der einachsig angeregten Variante wird die Schwingung über ein verspanntes Paket aus Piezoelementen an einem Ende des Resonanzkörpers eingeleitet. Die Schwingung breitet sich im Festkörper aus und erzeugt ein linear in Schnittrichtung vibrierendes Werkzeug. Soll das Werkzeug eine elliptische Bewegung in Schnitt- und Passivrichtung vollziehen, muss eine zweiseitige Schwingungseinleitung über Piezoelemente erfolgen. Ein elliptisch schwingendes Werkzeug erzielt einige Zusatzeffekte im Vergleich zum Linearschwinger. Die Einstellung einer gewünschten elliptischen Schwingung erfordert jedoch die Echtzeitsynchronisation der Piezoelemente, die einer definiert synchronisierten schwingungsbezogenen Phasenverschiebung bedürfen. Der damit verbundene steuerungstechnische Aufwand ist enorm hoch und hat bislang die industrielle Verbreiterung der bidirektionalen Systeme stark gehemmt [XU15].

Aus diesem Grund wird im weiteren Verlauf nur noch der Längsschwinger Betrachtung finden. Dieser ist vergleichsweise einfach aufgebaut und benötigt lediglich einen Hochfrequenzgenerator, dessen hochfrequente Wechselspannung über den Umweg eines elektromechanischen Schallwandlers das Zerspanwerkzeug zu einer mechanischen Schwingung anregt. Die bekannten und bisher realisierten Ultraschallsysteme weisen jeweils monofrequente Arbeitsfrequenzen im Bereich von 20 bis über 100 kHz, bei Amplituden von weniger als einem Mikrometer bis in den zweistelligen Mikrometerbereich, auf [BULL13].

Die grundsätzliche Kinematik der Schneide bei der schwingungsunterstützten Drehbearbeitung ist bereits von *Rübenach* ausführlich dargelegt worden [RUEB01]. Da die einzelnen Erkenntnisse im weiteren Verlauf dieser Arbeit (Kapitel 5.1) noch detailliert vorgestellt werden, erfolgt an dieser Stelle keine weitere Ausführung der kinematischen Verhältnisse am Werkzeug.

Schwingungssysteme für die Fräs- und Bohrbearbeitung

Der Aufbau des ultraschallfähigen Werkzeughalters bei rotationssymmetrischen Werkzeugen ist vom Grundsatz her mit dem der Drehbearbeitung vergleichbar. Neben der Standardschnittstelle zur Spindel der Werkzeugmaschine enthält dieser den piezoelektrischen Schallwandler und die meist konisch ausgeführte Werkzeugaufnahme, die in Form einer Schrumpfverbindung oder mit Hilfe von speziellen Spannhülsen realisiert wird. Über den Schallwandler wird die hochfrequente Schwingung in die Werkzeugaufnahme eingekoppelt und an das Werkzeug übertragen. Da auch diese Systeme in Resonanz betrieben werden, muss die Länge der Sonotrode (Länge der Werkzeugaufnahme zuzüglich der Werkzeugauskraglänge) an die gewünschte Schwingungsfrequenz adaptiert werden [FEUC13].

Die größte Herausforderung für die Umsetzung der Ultraschalltechnologie bei rotierenden Werkzeugen stellt die Energieübertragung vom stationären Hochfrequenzgenerator zu den Piezoelementen der rotierenden Werkzeughaltereinheit dar. Während bei niedrigen Drehzahlen bis zu 3000 1/min eine vergleichsweise unkomplizierte Stromübertragung über Schleifkontakte realisiert werden kann, ist diese verschleißbehaftete Lösung bei größeren Drehzahlen nicht zielführend. Bei größeren Drehzahlen wird auf die induktive Energieübertragung zurückgegriffen (Abbildung 2.20).

Im industriellen Einsatz befindet sich aktuell lediglich das patentrechtlich geschützte Werkzeugsystem der Firma DMG Mori (Abbildung 2.20, links), welches in den Werkzeugmaschinen der Ultrasonic-Baureihe zum Einsatz kommt und mit einer induktiven Energieübertragung an der Spindelnase realisiert wurde.

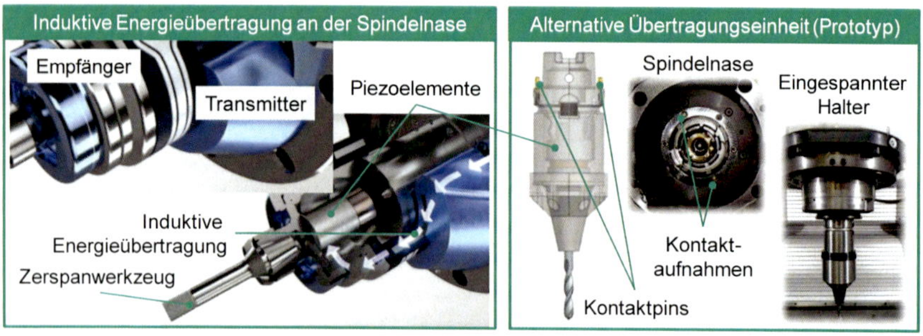

Abbildung 2.20: Möglichkeiten der induktiven Energieübertragung in Werkzeugmaschinen
Possibilities of inductive transmission in machine tools

Der Halter ist mit Piezoelementen ausgestattet, die über ein programmgesteuertes Induktionssystem mit einer Anregungsfrequenz zwischen 20 und 60 kHz aktiviert werden können, wobei der Generator automatisch die für den vorliegenden Aktor ideale Ultraschallfrequenz erkennt. Der konventionellen Werkzeugdrehung wird damit eine zusätzliche Schwingungsbewegung in Längsrichtung der Werkzeugachse überlagert [HALI17]. Als Nachteil dieses Systems ist der patentrechtliche Schutz des Unternehmens und damit die unmittelbare Bindung zur Werkzeugmaschine des Herstellers festzuhalten. Aufgrund der hiermit verbundenen hohen Beschaffungskosten ist der breite Einsatz dieser Technologielösung bislang noch weitestgehend ausgeblieben.

Ein transnationales Forschungsprojekt mit unterschiedlichen Industriepartnern und dem Fraunhofer IPT sollte diese Lücke schließen und zur Entwicklung eines maschinenunabhängigen Ultraschall-Werkzeugsystems für schnell rotierende Werkzeuge führen [VIBR19]. Das finale Ergebnis des Projektes in Form einer prototypischen Werkzeugaufnahme ist auf der rechten Seite von Abbildung 2.20 dargestellt. Die induktive Energieübertragungseinheit ist dabei in die Struktur der

Werkzeugspindel integriert worden, wodurch eine maximale Drehzahl von über 30.000 1/min realisiert werden konnte. Zum Weitertransport der hochfrequenten Ströme ist eine kabelgebundene Lösung mit Kontaktpins an der Schnittstelle zwischen dem Werkzeughalter und der Spindel umgesetzt worden. Analog zum System von DMG Mori wird auch bei dieser Variante eine in Längsrichtung der Werkzeugachse orientierte Schwingungsbewegung überlagert. Aufgrund der vergleichsweise einfachen Integrierbarkeit in unterschiedliche Werkzeugmaschinen, ist die Entwicklung des „offenen" Ultraschallsystems jedoch in der Lage zu einem stärkeren Wachstum dieser Technologie innerhalb der Industrie zu führen.

Einen weiteren Schritt in diese Richtung würde auch die Entwicklung von komplett neuen Werkzeugkonzepten bedeuten, welche sich mit der Realisierung von anders orientierten Ultraschallschwingungen an rotierenden Werkzeugen befassen. Bisherige Systeme gehen nicht über die Längsschwingung hinaus, so dass zahlreiche positive Effekte der Ultraschallunterstützung, die hauptsächlich auf die periodische Kontaktunterbrechung zwischen der Werkzeugschneide und dem Werkstück zurückzuführen sind, nur unzureichend ausgeschöpft werden können [LONG17]. Im Rahmen der Fräsbearbeitung kann sich eine Kontaktunterbrechung nur bei Überlagerung der Ultraschallschwingung in Schnittrichtung, also beim Vorliegen einer Torsionsschwingung ergeben. Zur Umsetzung derartiger Systeme finden sich aktuell zwei unterschiedliche auf dem piezoelektrischen Prinzip basierende Ansätze:

- Nutzung von tangential gepolten Piezoelementen zur direkten Erzeugung einer Torsionsschwingung [LONG17, OHNI93]. Aufgrund des komplexen Aufbaus und der schwierigen sowie kostenintensiven Herstellung der speziellen Piezokeramik ist dieses System bislang jedoch nicht über den Prototypenstatus hinausgekommen [KARA19].
- Nutzung einer standardmäßigen axial gepolten Piezokeramik zur Erzeugung einer Longitudinalwelle in der Sonotrode mit anschließender Auftrennung in Longitudinal- und Torsionalanteil. Dies kann vergleichsweise einfach über die geometrische Gestaltung der Sonotrode erreicht werden, indem ein massiver Kern mit wendelförmig ausgeführten Nuten oder diagonalen Schlitzen am konischen Teil der Sonotrode kombiniert wird [CHEW18, WU19].

Für die Integration des sogenannten LT-Wandlers (Abbildung 2.21) auf bestehenden Systemen zur ultraschallunterstützten Bearbeitung müsste lediglich die Geometrie der Sonotrode angepasst werden.

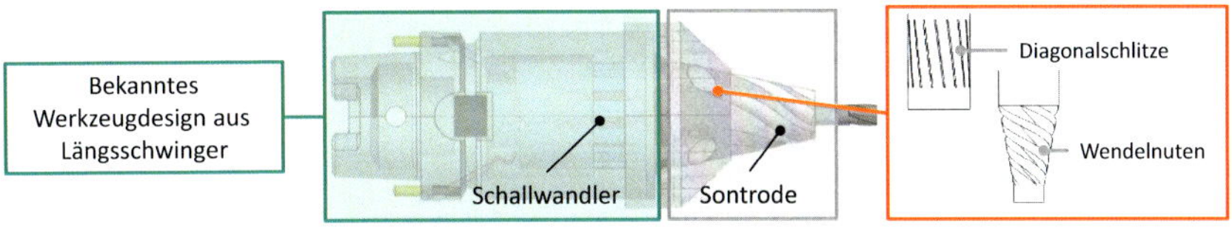

Abbildung 2.21: Schematische Darstellung eines LT-Wandlers
Schematic illustration of LT transducer

Über die geometrische Ausgestaltung der Sonotrode kann Einfluss auf die Ausbildung der Schwingungsanteile und damit auf die Maximierung der Torsionsamplitude genommen werden. Zu den wichtigsten Einflussgrößen auf die Amplitudenanteile zählen neben dem Drallwinkel auch die axiale Position, die Tiefe, die Anzahl und die Form der Nuten bzw. Schlitze [ALBU13, ASAM11, CHEN17, RINC17]. Bezüglich der optimalen Geometrie der zuvor aufgeführten Größen existieren aktuell in der Literatur teilweise widersprüchliche Aussagen, was darauf hindeutet, dass die Theorie hinter der Schwingungsaufteilung noch nicht vollständig verstanden wurde und weitere Forschungsaktivitäten erforderlich sind, um die Systemlösung für die Industrie nutzbar zu machen.

Amini berichtet als einer der Ersten vom Einsatz eines prototypischen Systems dieser Art beim Bohren einer Aluminiumlegierung, wobei im Rahmen der Veröffentlichung lediglich geringe Drehzahlen aufgrund der bürstenbehafteten Energieübertragung realisiert werden konnten. Neben einer deutlichen Reduzierung von Kraft- und Drehmomentwerten wird vom Autor auch eine verbesserte Bohrwandqualität detektiert, was auf eine geringere Reibung und Temperaturbelastung und die damit einhergehende Verbesserung der Spanabfuhr und weniger Aufbauschneidenbildung zurückgeführt wurde [AMIN16].

Mit den bisherigen Erkenntnissen bezüglich der geometrischen Gestaltung der Nuten bzw. Schlitze ist ein Verhältnis von Torsions- zu Longitudinalschwingung von größer zwei beim LT-Wandler möglich, jedoch lässt sich die Longitudinalwelle bei diesem Konzept nie komplett eliminieren. Ein alternatives, vom piezoelektrischen Prinzip abweichendes System zur Erzeugung von Torsionsschwingungen stellt der magnetostriktive Schallwandler dar. Dieser erzeugt im Gegensatz zum LT-Wandler eine reine Torsionsschwingung im Festkörper und arbeitet nach dem Prinzip der Magnetostriktion, was die Deformation magnetischer und hier insbesondere ferromagnetischer Stoffe infolge eines extern angelegten magnetischen Feldes darstellt. Dabei erfährt der Körper bei konstantem Volumen eine elastische Längenänderung. Es erfolgt demnach eine reversible Umwandlung zwischen magnetischer und mechanischer Energie. Unter Ausnutzung des sogenannten Wiedemann-Effektes, welcher durch das Aufeinandertreffen zweier Magnetfelder die mechanische Verdrehung (Torsion) eines magnetischen Stabes bewirkt, kann ein hochfrequent schwingender Körper realisiert und somit ebenfalls als Sonotrode genutzt werden. *Karafi* stellt erstmals ein derartiges System vor, bei dem ein längs und ein umlaufendes Magnetfeld überlagert werden, wodurch ein in Resonanz, bei einer Frequenz von 12 kHz, schwingender Schallwandler mit einer maximalen torsionalen Verdrehung von 1,2 mrad (0,07°) herauskommt [KARA13].

Die erste Anwendung des Systems auf die Bohrbearbeitung von Aluminium erfolgte ebenfalls durch *Karafi*, wobei sich über die zusätzliche Integration eines Schnittstellenelementes und des Bearbeitungswerkzeuges eine Reduzierung der Resonanzfrequenz auf 8 kHz ergab. Der Autor führt zahlreiche Vorteile auf, die er hauptsächlich auf die Überlagerung der Torsionsschwingung zurückführt. Hierzu zählt insbesondere die Reduzierung des maximalen Drehmomentes, welche sich mit Abnahme der Schnittgeschwindigkeit und höheren Vorschubgeschwindigkeiten immer stärker ausprägt. Darüber hinaus wird die Erzeugung von Bröckelspänen anstatt langer Wendelspäne hervorgehoben, was auf eine Begünstigung des Spanbruchs durch die periodische Kontaktunterbrechung zwischen dem Werkzeug und dem Werkstück hindeutet. Durch die verbesserte Späneabfuhr wird letztlich auch eine höhere Oberflächenqualität an der Bohrungswand und eine geringere Streuung beim Bohrungsdurchmesser erzielt [KARA13, KARA19].

2.4.2 Schwingungsunterstützte Bearbeitung von FVW

Nach der systemtechnischen Vorstellung sollen im letzten Teil des Kapitels die bisherigen Erkenntnisse zur ultraschallunterstützten Bearbeitung unterschiedlicher faserverstärkter Verbundwerkstoffe zusammengefasst werden.

Bohrbearbeitung mit einer Schwingung in Richtung der Längsachse

Die bislang größte Anzahl an Veröffentlichungen in diesem Bereich wurden zum Bohren mit in Längsrichtung der Werkzeugachse schwingenden Systemen getätigt. An dieser Stelle werden die Hauptaussagen anhand ausgewählter Quellen, die eine Bohrbearbeitung von CFK- und GFK-Werkstoffen sowie CFK-Metall-Verbunden und dem Knochen als natürlichen Verbundwerkstoff adressieren und von *Alam*, *Dahnel*, *Gupta*, *Phadnis* und *Sanda* stammen, veranschaulicht [ALAM11, DAHN16, GUPT14, PHAD12, SAND16].

In Bezug auf die in Vorschubrichtung orientierte Kraft beim Bohren wird im Zusammenhang mit der Ultraschallunterstützung nahezu einheitlich von einer Reduzierung berichtet. Gupta ist der Einzige, der keinen Unterschied bei der Vorschubkraft zwischen der konventionellen und ultraschallunterstützten Bohrbearbeitung sieht, was voraussichtlich an der zu kleinen Amplitude von weniger als 2 µm auszumachen ist. Bei allen anderen Versuchen sind Amplituden im Bereich von 6 bis 25 µm untersucht worden. Demzufolge scheint sich eine Kraftreduzierung erst bei ausreichend hoher Amplitude einzustellen, was auch durch die Tatsache, dass das Ausmaß der Reduzierung mit steigernder Schwingungsamplitude ansteigt, untermauert wird. Ein vergleichbarer Zusammenhang ergibt sich auch zwischen dem Kraftniveau und der eingestellten Schwingungsfrequenz. Je höher die Frequenz eingestellt wird, desto stärker fällt die Kraftreduzierung im Vergleich zur konventionellen Bohrbearbeitung aus. Darüber hinaus lässt sich die Reduzierung der Kraft auch durch eine Absenkung der Schnittgeschwindigkeit und die Erhöhung des Vorschubs steigern, weil der ultraschallunterstützte Prozess weniger sensibel auf die Zunahme des Vorschubs reagiert. Insgesamt lässt sich damit über eine geeignete Anpassung der Schnitt- und Schwingungsparameter eine Reduzierung der Kraft um bis zu 30 % erzielen.

Untersuchungen zur Bearbeitungstemperatur sind bislang lediglich durch *Sanda* bei der Bohrbearbeitung von CFK durchgeführt worden [SAND16]. Laut den veröffentlichten Ergebnissen ist die Temperaturbelastung bei der schwingungsüberlagerten Bearbeitung bis zum Erreichen einer kritischen Schnittgeschwindigkeit stets geringer als bei der konventionellen Bearbeitung. Die Reduzierung nimmt ähnlich wie bei der Vorschubkraft mit größer werdendem Vorschub zu. Wird hingegen die kritische Schnittgeschwindigkeit überschritten, änderst sich das Bild und die Temperaturbelastung steigt über das Niveau der konventionellen Bearbeitung hinaus.

Gupta konnte trotz der geringen Schwingungsamplitude einen deutlichen Einfluss der Ultraschallschwingung auf die Bearbeitungsqualität und -genauigkeit nachweisen. Der Delaminationsfaktor als Maß für die Qualität der Bohrung war beim schwingungsunterstützten Bearbeitungsprozess mit Ausnahme der Untersuchung bei der Schnittgeschwindigkeit von 280 m/min deutlich geringer. Die auf den Einfluss der Ultraschallbewegung zurückgeführte Verbesserung der Bearbeitungsqualität wird dabei insbesondere bei höheren Vorschüben ersichtlich. In Bezug auf den Durchmesser und die Zirkularität der Bohrung bringt die zusätzliche Überlagerung der hochfrequenten

Schwingung ebenfalls Vorteile. Dies gilt auch für die Qualität der Bohrungswand, welche insgesamt glatter ausfällt. Der Einfluss der Ultraschallschwingung auf das Bearbeitungsergebnis ist im Gegensatz zur Vorschubkraft somit auch schon bei kleinen Schwingungsamplituden nachweisbar [GUPT14].

Bohrbearbeitung mit einer kombinierten Schwingung in Richtung Längsachse und Schnittrichtung des Werkzeuges

Yagishita und *Wang* befassten sich bislang als Einzige mit der Bohrbearbeitung von Verbundwerkstoffen bei Anwendung der kombinierten Längs-Torsional-Schwingung mit einer Schwingungsfrequenz im Bereich von 30 kHz. Beide Autoren berichten von einer deutlichen Verbesserung der Bohrungswandqualität, wobei die Oberfläche glatter und komplett eben ist und sich deutlich von der unregelmäßigen mit vielen in die Werkstückoberfläche hineinreichenden Schädigungen, die aus dem konventionellen Prozess resultieren, abgrenzt. Die Verbesserung der Oberfläche wird mit der Tatsache begründet, dass insbesondere durch den Anteil der Torsionsschwingung eine verbesserte Abfuhr der partikelartigen Späne realisiert werden kann. Dadurch befinden sich weniger, abrasiv wirkende Staubpartikel zwischen dem Werkzeug und der zu erzeugenden Werkstückoberfläche. Druck und Reibung werden im Bereich der Schneide reduziert. Es werden weniger Späne in die zuvor erzeugte Schnittfläche eingedrückt, was neben der Verbesserung der Oberflächenqualität auch zu geringeren Kräften, Temperaturen und einer erhöhten Werkzeuglebensdauer im Vergleich zum konventionellen Bohrprozess führen [WANI19, YAGI16].

Fräsbearbeitung mit einer Schwingung in Richtung der Längsachse

Im Bereich der ultraschallunterstützten Fräsbearbeitung von Verbundwerkstoffen existieren derzeit nur wenige Veröffentlichungen. Als Hauptgrund für diesen Umstand kann die bisherige Nichtverfügbarkeit der torsional gerichteten Ultraschallschwingung, bedingt durch die hierfür erforderliche hochkomplexe Anlagentechnologie, angeführt werden. Während die Längsschwingung beim Bohren in Vorschubrichtung orientiert ist und somit bei adäquater Auslegung zu einer Kontaktunterbrechung führen kann, steht diese bei der Fräsbearbeitung senkrecht zum Vorschub und trägt damit weder zur Modulation der Schnittgeschwindigkeit noch einer möglichen Kontaktunterbrechung bei. Entsprechend sind die positiven Effekte der Ultraschalltechnologie nur im begrenzen Maße nutzbar [KARA19].

Unabhängig davon berichten *Halim* und *Li* von einer um 10 % reduzierten Vorschubkraft und einer im gleichen Ausmaß geringeren Prozesstemperatur, welche aus der Überlagerung einer Ultraschallschwingung mit einer Frequenz von 39 kHz und einer Amplitude von 5 µm bei einer Schnittgeschwindigkeit von 500 m/min resultieren. Neben der zusätzlichen Energie, die für den Faserbruch aufgewendet wird, nennen die Autoren die Verbesserung des Partikelabtransportes und einen vibrationsinduzierten Luftstrom, der als zusätzliche Werkzeugkühlung fungiert, als mögliche Ursachen. Dem gegenüber steht der größere Werkzeugverschleiß bei Anwendung der Ultraschalltechnologie. Während ein Punkt auf der Werkzeugschneide bei einer reinen Werkzeugrotation lediglich eine Drehung um 360° vollzieht, wird der gleiche Punkt bei überlagerter Schwingung einer zusätzlichen hochfrequenten Auf- und Ab-Bewegung unterzogen, ohne dass es durch eine Rückziehbewegung zu einer Entlastung des Werkzeuges kommt. Die durch die Erhöhung der

Kontaktlänge entstehende Zusatzreibung führt demnach zu einem höheren Abrasionsverschleiß am Werkzeug [HALI17, LI12].

Gegensätzliches wurde in diesem Zusammenhang von *Gao* publiziert, wobei er in seinen Versuchen eine Ultraschallschwingung mit einer Frequenz von 20 kHz, einer Amplitude von 12 µm und einer Schnittgeschwindigkeit von 75 m/min untersucht hat. Seinen Ergebnissen zufolge wird der Verschleiß durch die zusätzliche Werkzeugschwingung reduziert, weil der auf einen kleinen Bereich um die Schneidenspitze konzentrierte Kontaktdruck bei der konventionellen Bearbeitung durch die hochfrequente Bewegung aufgehoben wird und zu einer gleichmäßigeren Verteilung der Belastung führt. Darüber hinaus wird durch die vibrationsbedingte Abscherung auch die Adhäsionsbindung auf der Spanfläche deutlich reduziert, so dass es zu keiner Veränderung des Schneidkeils kommt und hierdurch der Abtransport der Späne erschwert wird. Dies wirkt sich auch positiv auf die Ausbildung der Werkstückoberfläche aus. Während sich die Oberfläche bei der konventionellen Fräsbearbeitung als unregelmäßig, mit deutlichen in die Werkstückoberfläche hineinreichenden Vertiefungen (Schädigungen), hervorhebt, ist der Anteil der Bereiche mit ausgerissenen Fasern bei der ultraschallunterstützten Variante stark reduziert, so dass die Fläche deutlich glatter erscheint (Abbildung 2.22). Der Qualitätsunterschied findet sich auch in der Verteilung der Matrix auf der erzeugten Oberfläche. Bei der konventionellen Bearbeitung befinden sich viele Matrixbruchreste in den Rillen zwischen den gerichteten Verstärkungsfasern, was auf einen reinen Sprödbruch der Matrix hindeutet. Dem gegenüber befinden sich auf der durch den ultraschallunterstützten Prozess erzeugten Oberfläche nur wenige Matrixanhaftungen. Der Autor begründet diesen Unterschied mit einer Kombination aus Spröd- und Duktilbruch, was darauf hindeutet, dass sich der Spanenstehungsvorgang durch die zusätzliche Ultraschallbewegung verändern lässt [GAO12].

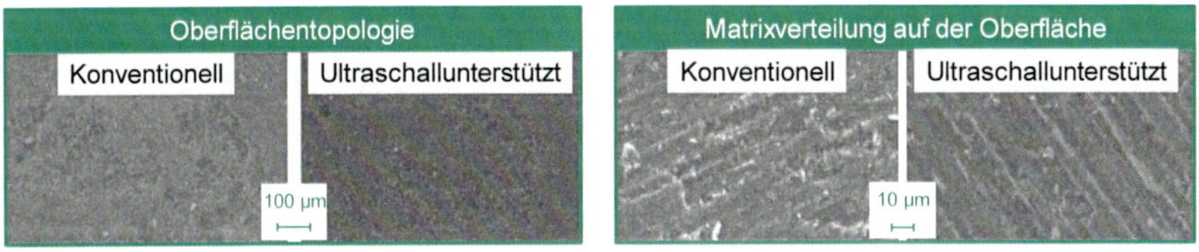

Abbildung 2.22: Vergleich der Werkstückoberfläche von CKF [GAO12]
Comparison of workpiece surface for CFRP

Orthogonalschnitt mit in Schnittrichtung orientierter Schwingung

Die bisher vorgestellten Erkenntnisse zur ultraschallunterstützten Bearbeitung von Verbundwerkstoffen mit rotierenden Werkzeugen bezogen sich auf die Längs- oder die überlagerte Längs-Torsions-Schwingung. Der dezidierte Einfluss der in Schnittrichtung orientierten Ultraschallschwingung auf den Bearbeitungsprozess ist damit nur sehr eingeschränkt ermittelbar. Hierzu eignet sich der vereinfachte Orthogonalschnitt, bei dem die in Schnittrichtung orientierte Schwingung über einen einfachen Längsschwinger realisiert werden kann.

Takeyama war der erste der sich bereits 1988 diesem Thema widmete und anhand der Bearbeitung eines glasfaser-verstärkten Kunststoffs die ultraschallbedingte Reduzierung beider Kraftkomponenten (Schnitt- und Schnittnormalkraft) sowie die Verbesserung der Qualität bei Anwendung einer geringen Schnittgeschwindigkeit nachweisen konnte [TAKE88].

Kim folgte mit einer Untersuchung zur ultraschallunterstützten Bearbeitung eines kohlenstofffaserverstärkten Laminats. Auch er konnte die Verbesserung beider Bewertungskriterien bestätigen, jedoch nur bis zu einer Schnittgeschwindigkeit von etwa 100 m/min, was bei der eingestellten Ultraschallschwingung (Frequenz 19,5 kHz, Amplitude 15 µm) den Grenzwert für die Erzeugung einer Schnittunterbrechung darstellt. Laut dem Autor unterscheiden sich oberhalb der kritischen Schnittgeschwindigkeit beide Prozesse nicht mehr voneinander [KIM96].

Zuletzt befasste sich *Xu* mit dieser Thematik, wobei er die Aussagen zur Anwendung der Ultraschalltechnologie bei kleinen Schnittgeschwindigkeiten mit einer stärkeren Lokalisierung des Faserbruchs und die damit einhergehende Reduzierung der Deformationszone aufgrund der Schnittunterbrechung sowie der impulsartigen Belastung zurückführt. Als Schlüsselgrößen zur Maximierung der Vorteile bei Anwendung der Ultraschalltechnologie nennt er das Verhältnis von Vorschub- zur Vibrationsgeschwindigkeit und die auf den Faserdurchmesser bezogene Schnittlänge bei einem Schwingungszyklus [XU15].

2.5 Modellierung der Zerspankraft

Modelling of Machining Force

2.5.1 Allgemeine Modellierungsansätze

Innerhalb der Literatur findet sich eine Vielzahl an unterschiedlichen Ansätzen zur Vorhersage der Zerspankraft beim Fräsen. Hierbei wird unterschieden nach empirischen, analytischen, semi-empirischen und FE-basierten also numerisch-analytischen Simulationsmodellen [CABR15, DAND12], welche nachfolgend kurz erläutert werden sollen.

Empirische Modelle gehen auf die Arbeiten von *Taylor* zurück. Diese basieren ausschließlich auf experimentellen Daten, wodurch sie nur innerhalb eines begrenzen Gültigkeitsbereiches ausreichend genaue Ergebnisse liefern. *Taylor* war der Erste, der einen Zusammenhang zwischen dem Spanungsquerschnitt und der Schnittkraft erkannt und über einen Kraftkoeffizienten verknüpft hat [TAYL07]. *Kienzle* folgte mit einem alternativen Ansatz, wobei er die Schnittkraftvorhersage an die nachfolgend aufgeführte Potenzfunktion gekoppelt hat [KIEN52]:

$$\frac{F_c}{b} = k_{c1,1} \cdot h_{sp}^{(1-m_c)} \tag{2.3}$$

Die Werte für die spezifische Schnittkraft $k_{c1,1}$ und für den Exponenten (1-m_c) werden durch Versuche mit konstanter Schnittgeschwindigkeit, Spanungsdicke und Schneidteilgeometrie ermittelt. Der Wert $k_{c1,1}$ wird hierbei als Hauptwert der Schnittkraftberechnung bezeichnet und bei einer Spanungsbreite und -dicke von jeweils einem Millimeter ermittelt [KLOC17].

Eine nennenswerte Weiterentwicklung dieser Gleichung nimmt *Victor* vor, indem er für unterschiedliche Spanungsdickenbereiche jeweils eigene spezifische Kraftkoeffizienten definiert und somit die Gültigkeit des Modells auch bei sehr kleinen Spanungsdicken beibehalten wird [VICT56]. Insgesamt erfolgt bis heute eine fortwährende Erweiterung des Kienzle-Ansatzes, mit dem Ziel weitere Einflüsse durch alternative Werkzeuggeometrien und neuer Werkstoffe berücksichtigen zu können [KOEH10].

Analytische Modelle basieren zumeist auf der Grundlage der elementaren Plastomechanik und zeichnen sich für gewöhnlich nicht durch exakte Ergebnisse, sondern vielmehr durch eine rein mathematische Beschreibung der Zusammenhänge zwischen Eingangs- und Ausgangsgrößen aus [BUSC13]. Als eine der anerkanntesten Arbeiten auf diesem Gebiet gilt die Spanbildungstheorie der Scherebene, welche von *Merchant* entwickelt wurde. Das Modell fundiert auf der Annahme, dass die Scherung nur innerhalb einer schmalen Ebene erfolgt. Basierend auf dem Scherwinkel und der für den orthogonalen Schnitt abgeleiteten Kräftezerlegung kann die Zerspankraftkomponenten in Scherebenenrichtung über die Schubspannung in der Scherebene und die entsprechende Scherfläche ausgedrückt werden. Über weitere trigonometrische Zusammenhänge ermittelt Merchant daraus die Gleichungen für die Berechnung der Komponenten in Schnitt- und Schnittnormalrichtung [MERC45].

Auf Grundlage der Scherebenentheorie hat *Altintas* einen linearen Ansatz für die Modellierung der Zerspankraftkomponenten gemäß den Gleichungen (2.4) und (2.5) formuliert [ALTI00].

$$F_c = Fc,c + Fc,e = Kc,c \cdot b \cdot h_{sp} + Kc,e \cdot b \tag{2.4}$$

$$F_{cn} = Fcn,c + Fcn,e = Kcn,c \cdot b \cdot h_{sp} + Kcn,e \cdot b \tag{2.5}$$

Die beiden spezifischen Koeffizienten $K_{c,c}$ und $K_{cn,c}$ beziehen sich auf Effekte, welche auf die Schubspannung in der Scherebene zurückzuführen sind. $K_{c,e}$ und $K_{cn,e}$ hängen hingegen von Reibungs- und Quetschvorgänge an der Schneidkante ab [BUDA96]. Die Koeffizienten werden in der Regel experimentell ermittelt, da die Scherwinkelvorhersage mit den heute zur Verfügung stehenden Mitteln keine akkuraten Ergebnisse liefert [ALTI00]. Dabei werden die gemessenen Kraftwerte in einem Diagramm aufgetragen und durch eine Geradengleichung angenähert. Anhand der resultierenden Kurvensteigung können $K_{c,c}$ und $K_{cn,c}$ abgelesen werden. Die Bestimmung von $K_{c,e}$ und $K_{cn,e}$ erfolgt über die Extrapolation der Geraden bis hin zum Punkt an dem die Spanungsdicke den Wert null annimmt.

Analytische Modelle besitzen den Nachteil, dass sie die reale Zerspankraft nicht hinreichend genau abbilden, wohingegen empirische Modelle einen hohen experimentellen Aufwand erfordern. Semi-empirische Modelle verbinden die Vorteile beider Ansätze indem die komplexe Ermittlung fundamentaler Parameter wie Scher- und Reibungswinkel durch die Verwendung empirisch ermittelter Kraftdaten vermieden wird. Für den Fall, dass die spezifischen Kraftkoeffizienten experimentell bestimmt werden, ist der von Altintas vorgeschlagene Ansatz als semi-empirisches Modell anzusehen, obgleich er auf der analytischen Scherebenentheorie basiert.

Zur jüngsten Gruppe der zerspankraftvorhersagenden Verfahren gehören numerische Simulationsmodelle bei denen lineare Gleichungssysteme auf infinitesimal kleine Modellabschnitte angewendet werden. Hierdurch eignet sich die FEM insbesondere für die Analyse mikroskopischer Effekte des Zerspanprozesses [CLAU05]. So können mittels der FEM Dehnungs-, Spannungs- und Temperaturverteilungen, die während des Zerspanprozesses entstehen, berechnet werden. Mit Kenntnis dieser Größen können Kraftkomponenten ermittelt und damit Aussagen über das auf den Werkzeugkeil einwirkende thermo-mechanische Belastungskollektiv abgeleitet werden [GERL98]. Auch im Bereich der Bearbeitung von Faserverbundwerkstoffen ist eine Vielzahl an Veröffentlichung zur FEM basierten Modellierung zu finden.

2.5.2 Modellierungsansätze für die Bearbeitung von FVW

Die ersten Modelle zur Beschreibung der Spanentstehungsvorgänge bei der Bearbeitung von endlosfaserverstärkten Verbundwerkstoffen gehen auf die Adaptierung der von *Merchant* für die Metallbearbeitung entwickelten Scherebenentheorie zurück. Nach dem Prinzip der Energieminimierung, ergibt sich der Scherebenenwinkel zu einem Wert, bei dem der zum Materialabtrag erforderliche Energieverbrauch minimiert wird. Eine derartige Modellvorstellung gilt lediglich für die Bearbeitung von unidirektional verstärkten Laminaten und höchstens bis zu einem Fasertrennwinkel von 90°, weil darüber hinaus gänzlich andere Schädigungsmechanismen gelten.

Takeyama und *Iijima* berechneten als erste 1988 die Schnitt- und Schnittnormalkraft mit Hilfe eines experimentell ermittelten Scherebenenwinkels und der vorherrschenden Scherspannung [TAKE88]. *Bhatnagar* folgte 1995 mit einem weiteren Ansatz, wobei er den Scherebenenwinkel aufgrund des Abgleitens von Faserpaketen entlang der Faser-Matrix-Ebene mit der Faserorientierung gleichsetzte und zur Bestimmung der Scherfestigkeit den Iosipescu Schertest anwandte [BHAT95]. Beide Modelle konnten die Messwerte jedoch nur innerhalb eines Fasertrennwinkelbereiches von 15 bis 60° zufriedenstellend annähern.

Zhang wählte 2001 einen komplexeren Ansatz, indem er die Zerspanzone in drei charakteristische Deformationsbereiche teilte, für jeden Bereich eine separate Kraft berechnete und anschließend das Prinzip der Superposition zur Anwendung brachte [ZHAN01]. Der erste „chipping region" genannte Bereich befindet sich vor der Spanfläche, in der Brüche quer zu den Fasern und entlang der Faser-Matrix-Schnittstelle entstehen und zu einer zackigen Deformationslinie in der Scherebene führen. Der zweite Bereich („pressing region") befindet sich unterhalb der Schneidkantenverrundung, wo das Werkstückmaterial auch in das Werkstück hineingedrückt wird. Die Zone unterhalb der Freifläche, welche durch eine hohe Materialrückfederung gekennzeichnet wird, stellt den dritten Bereich („bouncing region") dar. Im Vergleich zu den beiden ersten Modellen konnte die Güte der Vorhersage und der Geltungsbereich gesteigert werden. Dennoch gab es eine bis zu 30 %ige Abweichung von den gemessenen Kraftmesswerten und weiterhin die Einschränkung auf Fasertrennwinkel unterhalb von 90° [ZHAN09].

Sahraie stellt 2010 ein Modell für die Vorhersage der Zerspankraft für Fasertrennwinkel größer 90° vor. Er geht dabei davon aus, dass maßgeblich drei Faktoren (Fasermikroknickung, Faser-Matrix-Ablösung und Faserbiegung) zur Zerspankraft beitragen. Darüber hinaus trifft er eine Fallunterscheidung anhand einer Beziehung zwischen dem Fasertrennwinkel und dem Spanwinkel der Schneide. Ist der Fasertrennwinkel kleiner als die Summe aus Spanwinkel und 90° liegen die freien Faserenden seiner Modellvorstellung nach bis zum Bruch parallel zur Spanfläche. Überschreitet der Fasertrennwinkel die genannte Summe drückt die Werkzeugspitze hingegen auf das freie Ende der Fasern und biegt diese durch. Die Berechnung der Zerspankraft über die Summierung der Einzelergebnisse aus den unterschiedlichen Spanbildungsmechanismen führt erstmals zur Vorhersage der Kraftverhältnisse bei Fasertrennwinkeln größer 90°, allerdings ist auch die Modellgüte des neuen Modells unzureichend [SAHR10].

Sheikh-Ahmad hebt 2009 die offensichtlich vorliegenden Limitierungen der Scherebenentheorie hervor und äußert die Vermutung, dass ein mechanischer Ansatz aufgrund der Vielfalt an unterschiedlichen Spanbildungsmechanismen bei der Bearbeitung von faserverstärkten Verbundwerkstoffen vermutlich nicht zur Beschreibung der gesamten Bandbreite der Faserorientierungen geeignet ist. Ein seiner Meinung nach geeigneter Weg sei die Anwendung der mechanistischen Kraftmodellierung [SHEI09].

Karpat hat 2012 ein mechanistisches Kraftmodell für ein im Vollnutschnitt bearbeitetes unidirektional kohlenstofffaserverstärktes Laminat vorgestellt. Bei der Modellierung sind für eine konstante Schnittgeschwindigkeit unterschiedliche Vorschübe und Faserorientierungswinkel untersucht worden. Die Ermittlung der spezifischen Kraftkoeffizienten erfolgte hierbei direkt an den im Fräsprozess gemessenen Kraftmesssignalen. Den Zusammenhang zwischen den Kraftkoeffizienten und dem Faserschnittwinkel beschreibt der Autor über eine Sinusfunktion [KARP12A]. Das Modell konnte auch erfolgreich auf die Bearbeitung eines multidirektional verstärkten Laminats überführt werden, indem das Werkzeug anhand der jeweils vorliegenden Faserorientierung der Laminatlagen als dünne Scheibe betrachtet und die einzelnen Kraftwerte über das Prinzip der Superposition aufaddiert wurden [KARP12B]. Die gleiche Vorgehensweise wählte auch *Zaghbani* in seinem Modell [ZAGH12]. Beide Autoren konnten dabei die realen Kraftverhältnisse über das gesamte Spektrum der Faserorientierungen mit einem maximalen Fehler von 15 % annähern.

Der semi-empirische Ansatz über die experimentelle Ermittlung der spezifischen Kraftkoeffizienten ermöglicht damit im Vergleich zum Scherebenen die Anwendung auf den gesamten Fasertrennwinkelbereich, wodurch die Voraussetzungen für die Modellierung der Zerspankraft bei der realen Fräsbearbeitung ermöglicht wird. Darüber hinaus zeichnet sich dieser Modellierungsansatz durch eine höhere Vorhersagegenauigkeit aus.

2.6 Fazit zum Stand der Technik

Summary of the State of the Art

Während der mechanischen Bearbeitung von Faserverbundwerkstoffen müssen zwei aus thermophysikalischen Gesichtspunkten gänzlich unterschiedliche Materialien zeitgleich getrennt werden. Aufgrund der zusätzlich gerichteten Verstärkungsfasern und der dadurch resultierenden hohen Anisotropie des Materials liegen je nach Fasertrennwinkel komplett unterschiedliche Mechanismen der Fasertrennung vor. Sich dauerhaft ändernde Zerspanbedingungen mit lokal stark schwankender Zerspankraft und Bearbeitungsqualität sind typisch für die Fräsbearbeitung von endlosfaserverstärkten Faserverbundwerkstoffen.

Darüber hinaus unterliegt das Zerspanwerkzeug einem hohen Abrasionsverschleiß, welcher primär aus der starken Reibung zwischen der Werkzeugschneide und den mit hochfesten Anteilen der

Kohlenstofffaser versehenen Abtragspartikeln sowie den innerhalb der Werkstückrandzone zurückfedernden Faserbündeln resultiert. Der erhöhte Schneiddruck und die gesteigerte Prozesstemperatur führen zu einer stetigen Zunahme der Schneidkantenverrundung, die sich letztlich in der Vergrößerung der Kontaktfläche und damit immer höherer thermo-mechanischer Belastung niederschlägt und die Verschleißrate enorm ansteigen lässt. Dabei trägt die für eine hohe Oberflächenqualität vorteilhafte, hohe Schnittgeschwindigkeit maßgeblich zu einer Beschleunigung des Werkzeugverschleißes bei. Dies liegt an der Tatsache, dass durch die hohe Rotationsgeschwindigkeit, welche in der Regel mit einer geringen Vorschubgeschwindigkeit kombiniert wird, zu einer höheren Anzahl an Einzelschnitten und damit zu einer größeren, dem Werkzeugverschleiß proportionalen, Schnittlänge im Bauteil führt. Folglich müssen Werkzeuge häufig gewechselt werden, um die erforderliche Schneidenschärfe fortwährend zu gewährleisten und die Gefahr für prozessinduzierte Schädigungen am Laminat zu minimieren. Dieser Umstand wirkt sich entsprechend in negativer Weise auf die Wirtschaftlichkeit der mechanischen Bearbeitung von abrasiven CFK-Werkstoffen aus.

Um dem Ziel einer gesteigerten Prozesswirtschaftlich näher zu kommen, gilt es neue Wege zu beschreiten, um zumindest bei gleichbleibender Bearbeitungszeit eine zufriedenstellende Schnittkantenqualität auch bei kleineren Schnittgeschwindigkeiten und/oder der Tolerierung von größeren Werkzeugverschleißzuständen realisieren zu können. Über eine spezielle auf die Wechselbelastung von Fasern zielende Schneidengeometrie lässt sich bereits ein erster Schritt in diese Richtung tätigen, jedoch muss dieser über erheblich höhere Werkzeugpreise, die bei jedem Werkzeugwechsel erneut anfallen, eingekauft werden, so dass die Steigerung der Wirtschaftlichkeit weiterhin limitiert bleibt.

Alternativ könnten ähnliche Effekte über eine nur einmalig zu beschaffende anlagentechnische Lösung zur Erzeugung einer in Schnittrichtung des Werkzeuges überlagerten mechanischen Ultraschallschwingung und die damit verbundene hochfrequente Modulation der Schnittgeschwindigkeit, bewirkt werden. Nach aktuellem Stand der Technik existieren aktuell jedoch lediglich erste Ansätze zur Umsetzung einer Torsionsschwingung bei rotierenden Werkzeugen, so dass bislang weder prozesstechnische Grundlagenkenntnisse über Wirkmechanismen noch modelbasierte Größenzusammenhänge auf diesem Gebiet vorliegen und damit derzeit keine zuverlässige Vorhersage zum wirtschaftlichen Potenzial dieser Technologie erlauben.

3 Zielsetzung und Aufgabenstellung

Objectives and Description of Work

3.1 Aktuelle Situation und Forschungsziel

Current Situation and Research Goal

Um den Einsatz von CFK-Werkstoffen in Zukunft voranzutreiben, muss der Herstellungsprozess der Leichtbaukomponenten kostengünstiger und effizienter gestaltet werden. Aus diesem Grund sind alternative, von der aktuellen Vorgehensweise abweichende, Lösungskonzepte erforderlich, um in die Lage versetzt zu werden die Kosten für den Endbearbeitungsprozess reduzieren zu können.

Wie die Bezeichnung der „Endbearbeitung" erahnen lässt, stellt die mechanische Bearbeitung den letzten wertschöpfungsfördernden Teil innerhalb der gesamten Herstellungskette von Leichtbaukomponenten dar. Folglich liegt das primäre Ziel neben der Einhaltung der vorgegebenen Geometrieanforderungen insbesondere auch in der Sicherstellung von schädigungsfreien Bauteiloberflächen und Schnittkanten, welche sich grundsätzlich über die Anwendung von hohen Schnittgeschwindigkeiten und geringen Vorschüben realisieren lassen. Aufgrund des reibungsbehafteten Schnittvorgangs der hochfesten Kohlenstofffasern kommt es bei dieser Prozessparameterkombination jedoch zu einem stark beschleunigten Abrasivverschleiß an der Werkzeugschneide. Als Folge dessen müssen die Werkzeuge häufig gewechselt werden, um die Gefahr für prozessinduzierte Bauteilschädigungen zu vermeiden. Dieser Umstand wirkt sich entsprechend negativ auf die Prozesswirtschaftlichkeit der Endbearbeitung aus.

Die Werkzeugkosten könnten effizient reduziert werden, sofern es gelingt einwandfreie Schnittkanten bei gleichbleibender Bearbeitungszeit aber geringeren Schnittgeschwindigkeiten und gleichzeitig höheren Vorschüben zu erzeugen oder einen höheren Verschleißzustand zu tolerieren. Erste Untersuchungen zeigen, dass dies bei bestimmten Voraussetzungen über eine gezielte Wechselbelastung der spröden Verstärkungsfasern erreicht werden kann. Eine Möglichkeit zur Einbringung einer definierten Wechselbelastung ist die Anwendung eines schwingungsüberlagerten Zerspanprozesses bei dem das Werkzeug von außen eine hochfrequente Anregung erfährt und diese bei richtiger Orientierung entsprechend an die Verstärkungsfasern weitergibt und damit zu einer Veränderung des Fasertrennvorgangs führt.

Zur schwingungsunterstützten Bearbeitung von stark abrasiven, kohlenstofffaserverstärkten Faserverbundwerkstoffen mit einer in Schnittrichtung überlagerten Ultraschallschwingung liegen bislang aber nur rudimentäre Erkenntnisse vor. Eine umfassende Klärung der Wirkmechanismen sowie eine detaillierte Erläuterung der Prozessgestaltung wurden bisher nicht in ausreichender Form erarbeitet und dargestellt.

Das übergreifende wissenschaftliche Ziel dieser Arbeit liegt daher in der umfassenden Analyse der vorliegenden Wirkzusammenhänge bei der ultraschallunterstützten Bearbeitung eines unidirektional faserverstärkten CFK-Verbundwerkstoffs. Unter Berücksichtigung materialspezifischer Randbedingungen sollen die technologischen Prozesseinflussgrößen ermittelt und die gewonnenen Erkenntnisse letztlich in eine anwendungsorientierte Richtlinie zur Prozessgestaltung überführt werden. Über die Umsetzung der schwingungsunterstützten Bearbeitung in Kombination mit der Anwendung der Richtlinie soll die Wirtschaftlichkeit der mechanischen Endbearbeitung von CFK-Werkstoffen gesteigert und ein bedeutender Beitrag zur zukünftig anvisierten Kostenreduktion bei Verbundwerkstoffen geleistet werden.

3.2 Wissenschaftliche Vorgehensweise und Aufbau der Arbeit

Scientific Method and Structure of Work

Auf Basis der wirtschaftlichen und wissenschaftlichen Zielsetzung wird die folgende Forschungshypothese aufgestellt:

> *„Die hochfrequente Wechselbelastung bei der ultraschallunterstützten Zerspanung von CFK-Werkstoffen begünstigt die Fasertrennung und ermöglicht hierdurch eine höhere Leistungsfähigkeit der mechanischen Zerspanung".*

Im Stand der Technik ist die Bedeutung der konventionellen Schnittparameter auf die Zerspankraft und somit auch auf die resultierende Werkstückqualität und den verursachten Werkzeugverschleiß ausführlich dargelegt worden. Um ein tieferes Verständnis über die genauen Zusammenhänge bei der schwingungsunterstützten Bearbeitung zu erarbeiten und damit zur Beantwortung der Forschungshypothese beizutragen, wird die in Abbildung 3.1 illustrierte wissenschaftliche Methodik angewendet. Auf Basis dieser Methodik folgt die Ableitung von vier Forschungsfragen.

Forschungsfragen

1. Wie können die kinematischen Zusammenhänge der schwingungsunterstützten Bearbeitung beim Orthogonalschnitt mathematisch beschrieben und daraus relevante Prozesskenngrößen abgeleitet werden?
2. Wie verändern sich Spanbildungsmechanismen und Zerspankräfte durch die Schwingungsüberlagerung bei unterschiedlichen Fasertrennwinkeln?
3. Wie lässt sich die Zerspankraft modellbasiert beschreiben und auf die Fräsbearbeitung überführen?
4. Welche technologischen Richtlinien lassen sich bei der schwingungsunterstützten Bearbeitung zur Steigerung der Prozessleistungsfähigkeit ableiten?

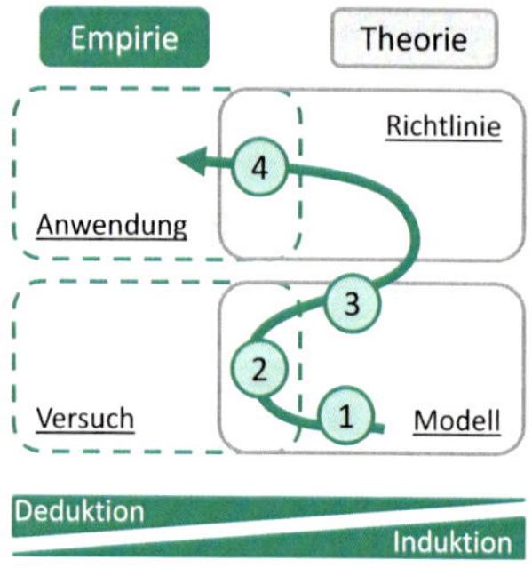

Abbildung 3.1: Forschungsfragen und wissenschaftliche Methodik

Research questions and scientific methodology

Die Beantwortung der ersten Forschungsfrage (Kapitel 5) soll die grundlegende Voraussetzung zur ganzheitlichen Prozessanalyse schaffen, indem die verfahrensspezifischen Gegebenheiten der schwingungsunterstützen Bearbeitung am Orthogonalschnitt erarbeitet werden. Hierzu zählt insbesondere die detaillierte Beschreibung der aus der Schwingungsüberlagerung resultierenden kinematischen Zusammenhänge. Das erste Teilziel der Arbeit ist somit die Abbildung der hochdynamischen Kinematik im Rahmen eines mathematischen Modells mit anschließender graphischer Darstellung der wichtigsten Kennzahlen in Abhängigkeit von konventionellen und schwingungstechnischen Stellgrößen.

Die eigentliche Analyse der Wirkmechanismen bei der schwingungsunterstützten Zerspanung von kohlenstofffaserverstärkten Kunststoffen ist Gegenstand der zweiten Forschungsfrage (Kapitel 6). Unter Beachtung der im kinematischen Modell festgelegten Parameter erfolgt die Beschreibung der vorliegenden Wirkmechanismen während der Werkstoffzerspanung bei unterschiedlichen Fasertrennwinkeln. Als Beurteilungskriterien werden primär der Spanbildungsprozess, die Zerspankraft und die erzeugte Oberflächenqualität herangezogen.

Im Anschluss an die Beschreibung der vorliegenden Wirkmechanismen und Einflussfaktoren erfolgt die Herleitung eines mechanistischen Zerspankraftmodells (Kapitel 7). Die im Rahmen des konventionellen Orthogonalschnitts ermittelten Kraftkoeffizienten bilden dabei das Grundgerüst für die Modellierung der Zerspankraft. Die Übertragung auf den schwingungsunterstützten Fräsbearbeitungsprozess erfolgt über die Verknüpfung mit dem kinematischen Modell, wobei dieses an dieser Stelle zusätzlich an die veränderte Prozesskinematik der Fräsbearbeitung adaptiert wird.

Die Bestimmung der Wirkzusammenhänge in Kombination mit dem Zerspankraftmodell bieten eine umfassende Basis, um gezielt Richtlinien für eine anwendungsorientierte Prozessgestaltung abzuleiten (Kapitel 8). Die relevanten Stell- und Einflussgrößen des schwingungsunterstützten Zerspanprozesses sowie deren Wechselwirkungen werden im Hinblick auf die wichtigsten Prozessbewertungsgrößen qualitativ dargestellt und über eine abschließende Verschleißuntersuchung evaluiert, bevor im letzten Schritt weitere Optimierungspotenziale für die Prozess- und Systemtechnologie im Vergleich zum aktuellen Stand der Technik aufgezeigt werden.

4 Versuchsrandbedingungen

Boundary Conditions for Investigations

Im nachfolgenden Kapitel soll die Gesamtheit der für alle Versuche geltenden Randbedingungen aufgeführt werden. Hierzu zählen die Darstellung des Versuchswerkstoffs inklusive der für die Untersuchungen verwendeten Probenform, aber auch sämtliche Informationen zum Schneidstoff sowie der Werkzeuggeometrie für die speziellen Werkzeuge des Analogie-Prüfstandes und die eingesetzten Fräser. Darüber hinaus werden die beiden Bearbeitungsmaschinen zur Realisierung des Orthogonalschnitts sowie der realen Fräsbearbeitung in deren Aufbau und Funktionsweise erläutert. Schließlich erfolgt auch die Beschreibung des eingesetzten Messequipments, bevor im letzten Teil auf die genaue Vorgehensweise während der Versuchsdurchführung eingegangen wird.

4.1 Werkstück, Zerspanwerkzeug und eingesetzte Maschinen

Workpiece, Cutting Tool and used Machines

Werkstückaufbau und -werkstoff

Die im Rahmen dieser Arbeit betrachteten Werkstückproben weisen eine Laminatdicke von 3 mm auf und bestehen aus 9 unidirektional gerichteten Kohlenstofffaserlagen, welche über eine Epoxidharzmatrix miteinander verbunden sind (Abbildung 4.1).

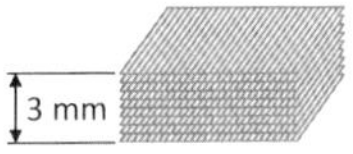

Abbildung 4.1: Laminataufbau der verwendeten Proben
Laminate structure of used workpiece specimen

Als Faserverstärkung kommt die Kohlenstofffaser T300J von Toray Industries Inc. zum Einsatz. Ein Faserbündel besteht dabei aus insgesamt 12.000 Einzelfilamenten mit einem Einzeldurchmesser von ca. 7 µm. Laut herstellerinternen Untersuchungen weist diese Art der Kohlenstofffaser in Faserrichtung eine Zugfestigkeit $R^{(+)}_{\parallel,f}$ von 4210 MPa, einen Zugmodul $E^{(+)}_{\parallel,f}$ von 230 GPa und eine Bruchdehnung $A_{\parallel,f}$ von 1,8 % auf. Die Dichte der Faser ρ_f ist mit 1,78 g/cm³ angegeben. Das Zweikomponenten-Epoxidharzsystem besteht aus dem Harz Biresin CR122 und dem dazugehörigen Härter Biresin CH122-5 der Fa. SIKA Deutschland GmbH. Über einen zwölfstündigen Aushärtevorgang bei 120 °C lässt sich bei dieser Matrix eine Glasübergangstemperatur von 119 °C erreichen. Der Hersteller gibt eine Zugfestigkeit $R^{(+)}_m$ von 84 MPa, einen Zugmodul $E^{(+)}_m$ von 0,28 GPa und eine Bruchdehnung A_m von 5,6 % für das vorliegende Matrixsystem an. Die Dichte ρ_m beträgt 1,16 g/cm³.

Die Eigenschaften des Verbundes hängen maßgeblich von den Eigenschaften der Einzelkomponenten Fasern und Kunststoffmatrix sowie deren Anteil im Verbund ab. Für die Festigkeit und Steifigkeit ist insbesondere der relative Faservolumenanteil φ von unmittelbarer Bedeutung. Wird eine ideale Haftung zwischen Matrix und den Fasern und damit eine fehlerfreie Krafteinleitung von der Matrix auf die Fasern vorausgesetzt, kann sowohl die faserparallele Zugfestigkeit als auch der Elastizitätsmodul eines unidirektional verstärkten Laminats nach der Mischungsregel berechnet werden [FITZ76].

Bei einer Zugbelastung in Faserrichtung (Parallelschaltung von Fasern und Matrix) sind die Dehnungen beider Komponenten identisch, wohingegen die Spannungen sich je nach Werkstoff unterscheiden [ROES12]. Die Mischungsregel zur Berechnung der faserparallelen Laminatzugfestigkeit als auch des Elastizitätsmoduls ist damit gegeben durch:

$$R_{II}^{(+)} = R_{II,f}^{(+)} \cdot \varphi + R_{m}^{(+)} \cdot (1 - \varphi) \quad (4.1)$$

$$E_{II}^{(+)} = E_{II,f}^{(+)} \cdot \varphi + E_{m}^{(+)} \cdot (1 - \varphi) \quad (4.2)$$

Zur Berechnung beider Kenngrößen für den im Rahmen dieser Arbeit eingesetzten CFK-Werkstoff, ist zunächst der relative Faservolumenanteil anhand des ausgehärteten Laminats ermittelt worden. Zu diesem Zweck wurden mehrere Ausschnitte aus drei mikroskopischen Schliffbildern verschiedener Werkstückproben mit Hilfe von Farbfiltern analysiert und daraus der lokale Faservolumenanteil bestimmt (Abbildung 4.2).

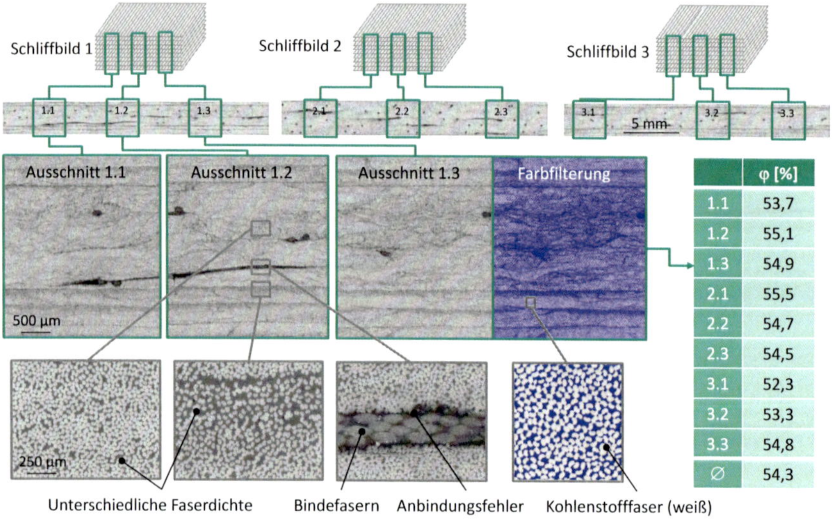

Abbildung 4.2: Laminatschliffbilder zur Bestimmung des relativen Faservolumenanteils
Microsection of laminate for determination of relative fiber volume ratio

Über den Durchschnitt der Einzelmessungen ist schließlich der relative Faservolumenanteil des vorliegenden Laminats zu 54,3 % berechnet worden. Die Anwendung der Mischungsregel führt damit zu einem theoretischen faserparallelen E-Modul des Laminats $E^{(+)}_{II}$ von 125,0 GPa und einer Zugfestigkeit $R^{(+)}_{II}$ von 2324,4 MPa.

Die berechneten Zugkenngrößen stimmen in der Regel gut mit experimentell ermittelten Werten aus dem Zugversuch überein, wenn folgende Voraussetzungen erfüllt sind [ROES12]:

- Die Fasern haben konstante Querschnitte und verlaufen exakt parallel
- Die Fasern sind regelmäßig gepackt und nicht onduliert (gewellt)
- Die Haftung zwischen Fasern und Matrix ist vollständig, d.h. es liegen keine Lufteinschlüsse, Risse und weitere Anbindungsfehler vor

Wie den Schliffbildern aus Abbildung 4.2 zu entnehmen ist, weist das vorliegende Laminat ortsabhängige Schwankungen der Faserdichte auf. Im Randbereich des Laminats liegt der relative Faservolumenanteil an den Verbindungsstellen der einzelnen Faserlagen deutlich unterhalb der Anteile im Inneren einer Faserlage. Darüber hinaus sind Anbindungsfehler insbesondere an den Schnittstellen zu den Glas-Bindefasern, die zum Zusammenhalten der trockenen Faserlagen während des Herstellungsprozesses genutzt werden, zu finden. Vor diesem Hintergrund ist von einer nicht vernachlässigbaren Abweichung zwischen den berechneten und den real vorliegenden Kenngrößen auszugehen. Um diese Abweichung für das vorliegende Laminat zu quantifizieren, sind die genauen mechanischen Kennwerte des Werkstoffs über Zugversuche parallel ($\psi = 0°$) und senkrecht ($\psi = 90°$) zur Faseranordnung ermittelt worden.

Zur Materialcharakterisierung kam eine statische Universalprüfmaschine vom Typ Z250 der Fa. Zwick GmbH & Co. KG zum Einsatz. Diese ist in der Lage eine maximale Prüfkraft von 250 kN in Zugrichtung und 100 kN in Druckrichtung aufzubringen. Gemäß der Norm DIN EN ISO 527-5 [DIN527-5] wurden für die Zugversuche folgende Randbedingungen eingehalten:

- Probenabmessung: 250x15x1 mm³ (250x25x2 mm³)
- Abstand zwischen Krafteinleitungselementen: 150 mm (150 mm)
- Prüfgeschwindigkeit: 2 mm/min (1 mm/min)

Alle Versuche sind an jeweils fünf Probenkörpern durchgeführt worden. Der Versuchsaufbau sowie die grundsätzlichen Verläufe der ermittelten Spannungs-Dehnungs-Kurven und die daraus folgenden mechanischen Kennwerte sind in Abbildung 4.3 aufgeführt.

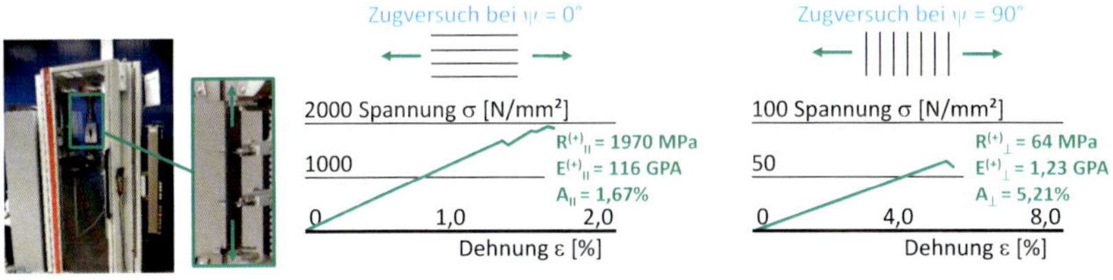

Abbildung 4.3: Ergebnisse der Zugversuche am ausgehärteten Laminat
Results of tensile tests using cured laminate

Die im Zugversuch ermittelten Werte für den faserparallelen Elastizitätsmodul sowie die Zugfestigkeit befinden sich erwartungsgemäß unterhalb der aus der Mischungsregel berechneten Niveaus. Der Unterschied beim E-Modul (Reduktion um ca. 7 %) und der Zugfestigkeit (Reduktion um ca. 15 %) ist dabei hauptsächlich auf die durch den Herstellungsprozess eingebrachten Unregelmäßigkeiten im Laminat zurückzuführen. Derart hohe mechanische Kennwerte werden nur in Faserlängsrichtung erreicht, was durch die starke kovalente sp3-Diamantbindung zwischen den

Grafitkristallen in der Schichtebene erklärt werden kann. Die Verbindung der Grafitkristalle in Faserquerrichtung liegt hingegen in Form der schwächeren van der Waals´schen Bindung (diamantähnliche sp2-Bindung) vor. Gleichzeitig werden die Faserbündel im Laminat lediglich durch die Epoxidharzmatrix (EP-Matrix) miteinander verbunden. Diese besteht nicht aus einzelnen Kristallen, sondern aus Makromolekülen, die häufig in Form langer Molekülketten vorliegen und ein molekulares Netzwerk bilden. Die Atome der Molekülketten werden durch kovalente Bindungen zusammengehalten. Zusätzlich besteht ein Querverbund zwischen den Molekülketten, wobei der Grad der Vernetzung je nach Polymerart unterschiedlich stark ausgeprägt ist. Diese nichtchemischen Querverbindungen sind deutlich schwächer als die kovalenten Bindungen innerhalb der einzelnen Molekülketten und haben damit einen entscheidenden Einfluss auf die mechanischen Eigenschaften des Polymers. Die Vernetzungsdichte bei duroplastischen Kunststoffen wie dem Epoxidharz liegt bei maximal 10^{-1}, so dass idealerweise jedes zehnte Molekül innerhalb einer Molekülkette verzweigt ist. Aus diesem Grund befinden sich die mechanischen Kenngrößen quer zur Faser deutlich unterhalb des in Faserrichtung erreichten Niveaus. Basierend auf den Ergebnissen der durchgeführten Zugversuche liegen die Werte der Zugfestigkeit bei $\psi = 0°$ und $\psi = 90°$ um Faktor 30 auseinander. Der Unterschied beim E-Modul ist noch stärker ausgeprägt und beträgt zwei Größenordnungen. Da die rechnerische Bestimmung der Quer-Kenngrößen mit einer größeren Unsicherheit verbunden ist, wird an dieser Stelle bewusst auf die theoretische Betrachtung verzichtet. Für die Analogieversuche beim Orthogonalschnitt wurden aus der UD-verstärkten CFK-Platte mit den Abmessungen 1200x500x3 mm^3, kleine Werkstückproben mit unterschiedlichen Faserorientierungen ausgeschnitten. Die Proben wiesen nach der Präparation eine Länge von 20 mm und eine Breite von 12 mm auf. Insgesamt standen Proben mit acht unterschiedlichen Faserorientierungen (0°, 22,5°, 45°, 67,5°, 90°, 112,5°, 135° und 157,5°) für die geplanten Prozessuntersuchungen zur Verfügung. Die reale Fräsbearbeitung erfolgte in Form eines Vollnutschnitts anhand einer zuvor auf die Dimension 400x200x3 mm^3 gesägten CFK-Platte.

Zerspanwerkzeug

Im Rahmen der Untersuchungen am Analogie-Prüfstand wurden spezielle Stichelwerkzeuge aus Feinstkornhartmetall der Sorte CTS20D von Ceratizit eingesetzt. Das Hartmetall besitzt laut Herstellerangaben eine durchschnittliche Korngröße von 0,7 µm und einen Kobaltgehalt von 10 %, was durch eine hausinterne Analyse des Werkstoffgefüges bestätigt werden konnte. Abbildung 4.4 zeigt ein Gefügeschliffbild sowie ausgewählte, vom Hartmetallhersteller angegebene, Eigenschaften des verwendeten Schneidstoffs [CERA16].

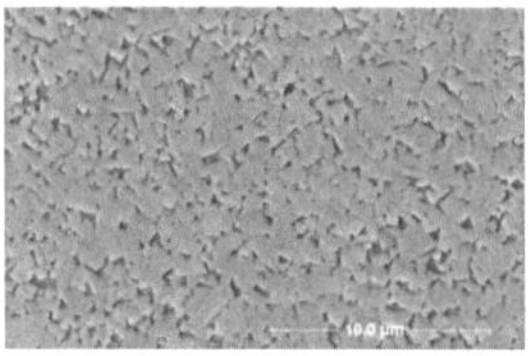

Eigenschaft	Wert
Dichte [g/cm³]	14,38
Härte [HV30]	1600
Biegebruchfestigkeit [N/mm²]	> 4000
Risszähigkeit [N/mm²·m$^{1/2}$]	10,4

Abbildung 4.4: Gefüge und ausgewählte Eigenschaften des verwendeten Hartmetalls
Microstructure and selected properties of used solid carbide

Aufgrund des hohen Abrasivverschleißes bei der Fräsbearbeitung von kohlenstofffaserverstärkten Kunststoffen sind die Zerspanwerkzeuge zur Steigerung der Lebensdauer in der Regel mit einer Diamantbeschichtung versehen. Da beim Orthogonalschnitt pro Zerspanversuch lediglich ein einzelner Schnitt erfolgte und damit der maßgeblich von der Schnittlänge abhängige Abrasivverschleiß auch bei mehrfachem Einsatz des Werkzeuges nicht auftritt, wurde auf eine zusätzliche Beschichtung der Werkzeuge verzichtet.

Alle auf dem Analogie-Prüfstand eingesetzten Werkzeuge wiesen die in Abbildung 4.5 dargestellte Form auf, so dass eine Bearbeitung mit einem drallfreien Werkzeug nachgebildet wurde. Das Werkzeug enthielt im Schneidenbereich eine ebene Bezugsfläche, um bei den geplanten Hochgeschwindigkeitsaufnahmen der Bearbeitungszone besser fokussieren zu können.

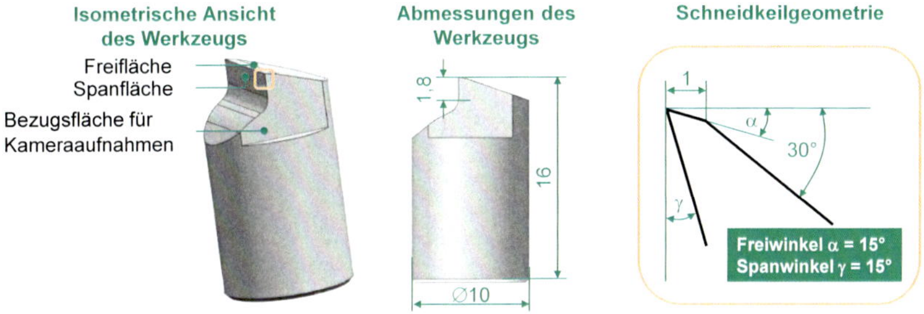

Abbildung 4.5: Form und Schneidkeilgeometrie der verwendeten Stichelwerkzeuge
Form and cutting wedge geometry of used cutting tools

Die Geometrie des Schneidkeils blieb im Rahmen der Untersuchungen bis auf die Schneidkantenverrundung unverändert. Span- und Freiwinkel wurden beide mit 15° dimensioniert und orientieren sich damit an den für die Fräsbearbeitung von Verbundwerkstoffen gängigen Werten.

Der für die Bearbeitung von kohlenstofffaserverstärkten Kunststoffen charakteristische Abrasivverschleiß kann in guter Näherung durch eine Zunahme der Schneidkantenverrundung beschrieben werden. Um den Einfluss des Werkzeugverschleißes auf wichtige Prozesskenngrößen mit Hilfe des Analogie-Prüfstands untersuchen zu können, wurden die Stichelwerkzeuge mit zwei unterschiedlichen Schneidkantenradien präpariert und eingesetzt. Die ausschließlich über den Werkzeugschleifprozess hergestellte Variante mit einer Schneidkantenverrundung von $r_\beta = 5$ µm wurde hierfür über ein nachgelagertes Bürstverfahren mit einer definierten Schneidkantenverrundung von 20 bzw. 45 µm versehen. Das Werkzeug mit einer Schneidkantenverrundung von 20 µm stellte den Neuzustand eines beschichteten Werkzeuges dar. Die stärker verrundeten Werkzeuge standen entsprechend für einen definierten Verschleißzustand der Werkzeugschneide. In der Regel wurden bei den Versuchen, sofern nicht anders kenntlich gemacht, die Werkzeuge mit der kleineren Schneidkantenverrundung eingesetzt.

Jeweils fünf Werkzeuge der beiden Schneidkantenvarianten wurden im Vorfeld der Bearbeitungsversuche im Bereich der Werkzeugschneide über eine optische 3D-Oberflächenmessung messtechnisch erfasst und der gemessene Schneidkantenradius an fünf Stellen ausgewertet. Abbildung 4.6 zeigt die Durchschnittswerte der Schneidkantenverrundung für die betrachteten Positionen.

Um eine ausreichende Vergleichbarkeit der Werkzeuge sicherzustellen, ist eine maximal zulässige Toleranz von ±1 µm vom Zielwert der Schneidkantenverrundung definiert worden. Der Großteil der Stichelwerkzeuge befand sich innerhalb des zuvor definierten Toleranzbandes. Lediglich ein Werkzeug überschritt das Zielfenster um 0,4 µm. Aufgrund der Tatsache, dass die Abweichung vom Zielwert lediglich beim Werkzeug mit der Schneidkantenverrundung r_β = 45 µm auftrat, wurde der Einfluss dieser Überschreitung an dieser Stelle als vernachlässigbar angesehen.

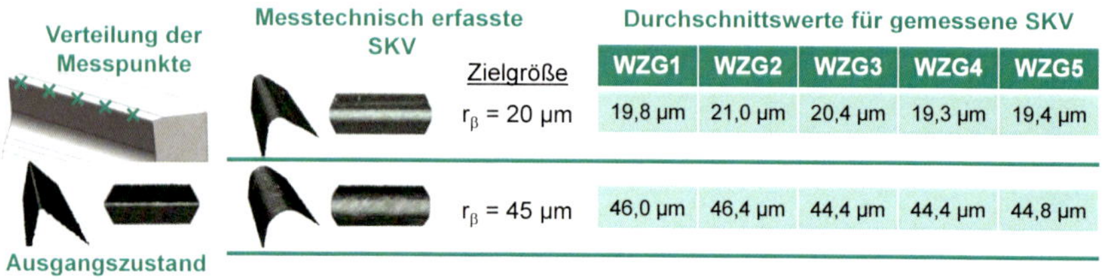

Abbildung 4.6: Gemessene Schneidkantenverrundung an präparierten Zerspanwerkzeugen
Measured cutting edge rounding on prepared cutting tools

Bei allen Untersuchungen zur Fräsbearbeitung wurden ungedrallte, einschneidige Vollhartmetallfräser des gleichen Substratwerkstoffs und der gleichen Schneidkeilgeometrie wie bei den Analogieversuchen eingesetzt (Abbildung 4.7). Der Durchmesser der Werkzeuge betrug 6 mm. Analog zum Stichelwerkzeug wurde die Schneidkantenverrundung des schleifscharfen Fräswerkzeugs über einen Bürstprozess auf 20 µm vergrößert. Um den Verschleißeinfluss der Werkzeugschneide zu minimieren, wurde für jeden Versuch ein neues Werkzeug verwendet.

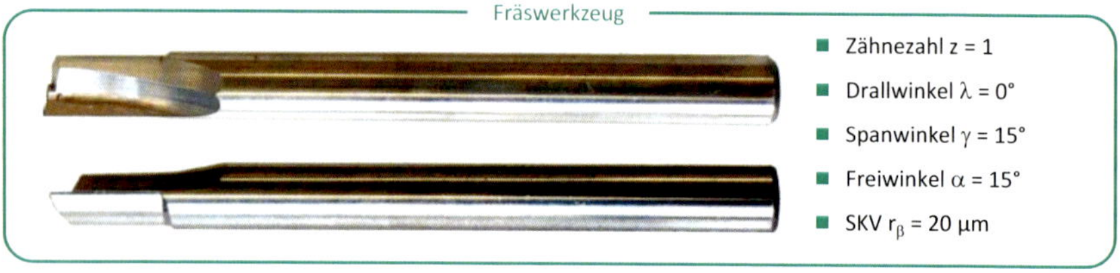

Abbildung 4.7: Geometrie des verwendeten Fräswerkzeugs
Geometry of used milling tool

Analogie-Prüfstand

Für die in Analogie durchgeführten Untersuchungen zur Bearbeitung von Verbundwerkstoffen kam ein speziell am Fraunhofer IPT entwickelter Analogie-Prüfstand zum Einsatz (Abbildung 4.8).

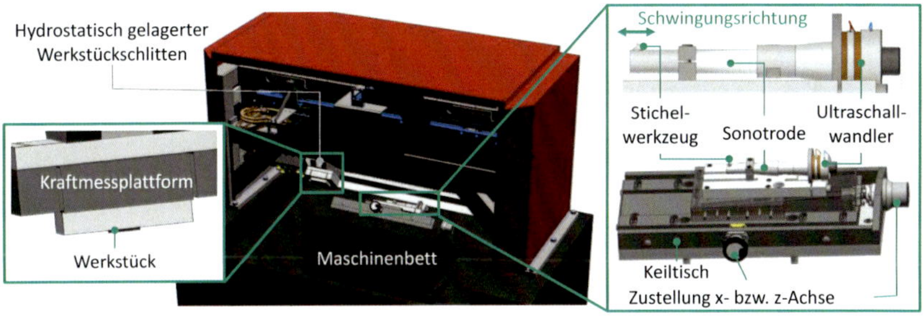

Abbildung 4.8: Aufbau des Analogie-Prüfstandes
Structure of analogy test bench

Zur Realisierung der Schnittbewegung wurde die zuvor präparierte Werkstückprobe in einer Werkstückvorrichtung fixiert. Diese befindet sich unmittelbar auf der Kraftmesseinrichtung, welche mit dem beweglichen Schlitten des Prüfstandes verbunden ist. Der hydrostatisch gelagerte Schlitten wird während des Schnitts linear über das ortsgebundene Werkzeug bewegt. Die hydrostatische Lagerung gewährleistet dabei eine stick-slip freie Schnittbewegung. Weiterhin verfügt die Linearachse über einen Direktantrieb, wodurch die Werkstückprobe innerhalb der zur Verfügung stehenden Achslänge auf eine maximale Achsgeschwindigkeit von v_c = 140 m/min beschleunigt werden kann. Durch ein massives Granit-Maschinenbett werden mögliche, nicht unmittelbar durch den Bearbeitungsprozess bedingte, Schwingungseinflüsse auf ein Minimum reduziert. Zur Steuerung der Linearachse kommt die CNC-Steuerung Sinumerik 840D der Firma Siemens zum Einsatz.

Das Zerspanwerkzeug befand sich in der Ultraschalleinheit (US-Einheit), welche aus dem Schallwandler und der Sonotrode besteht und das Werkzeug in eine in Schnittrichtung orientierte Schwingung versetzen kann. Die US-Einheit wurde ihrerseits über ein Zwischenelement auf einem Keiltisch montiert. Zur Einstellung der gewünschten Spanungsdicke wurde das Werkzeug über eine manuelle Verstellung des Keiltisches in Richtung der Werkstückprobe verfahren. Eine zur Zustelleinheit gehörende hochpräzise Messuhr ermöglichte dabei die mikrometergenaue Einstellung der gewünschten Spanungsdicke.

Fräsmaschine

Alle Fräsversuche wurden auf dem 3-Achs-Bearbeitungszentrum FZ15S der Fa. Chiron durchgeführt. Die Werkzeugmaschine ist mit einer Steuerung des Typs Siemens 840 D Solutionline ausgestattet und verfügt über eine Spindel mit einer maximalen Drehzahl von n = 30.000 1/min. Darüber hinaus war eine koaxial zur Werkzeugspindel angeordnete, lokale Staubabsaugung integriert, um die bei der Bearbeitung von Faserverbundwerkstoffen entstehenden Feinstäube prozesssicher abzusaugen und die Belastung der Maschinenbediener zu minimieren. Weitere wichtige Maschinenkenndaten sind in Abbildung 4.9 ersichtlich.

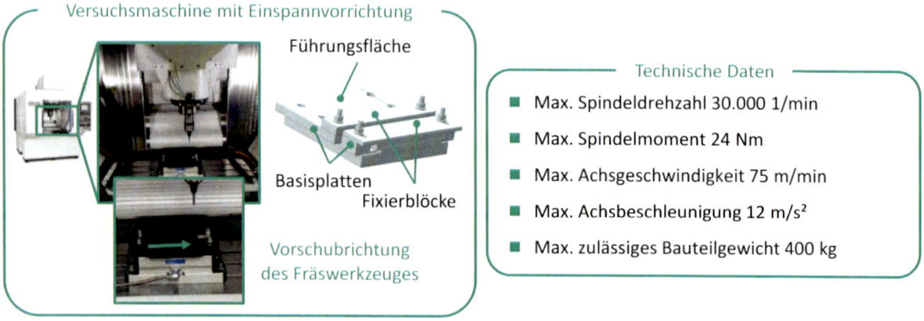

Abbildung 4.9: Technische Daten und Aufbau der eingesetzten Fräsmaschine
Technical data and construction of used milling machine

Innerhalb des Maschinenraums befindet sich ein Starrtisch mit den Abmessungen 800x550 mm². Das zur Kraftmessung erforderliche Dynamometer war seinerseits über eine Schraubverbindung mit dem ortsfesten Werkstücktisch befestigt. Die beiden Basisplatten der Einspannvorrichtung, welche zur Fixierung der CFK-Platte verwendet wurden, befanden sich wiederum auf der Kraftmessplattform. Das plattenförmige Werkstück konnte somit über die in den Basisplatten integrierte Führung unter die oberen Fixierblöcke geschoben und mit Hilfe von vier Schraubverbindungen in der richtigen Position festgehalten werden. Die Fixierung erfolgte dabei beidseitig und nur einen Millimeter von der Bearbeitungsstelle entfernt, um eine möglichst stabile Bearbeitung zu ermöglichen und schwingungsinduzierte Prozesseinflüsse zu minimieren. Zur Bearbeitung wurde das Fräswerkzeug über die Bewegung der z-Achse zwischen die beiden Einspannbereiche gefahren und linear durch das Werkzeug geführt, wodurch ein gerader Vollnutschnitt mit fixer Faserorientierung realisiert wurde.

4.2 Messtechnik

Measurement Techniques

Um einen Zusammenhang zwischen relevanten Prozesseingangsparametern und den daraus resultierenden Prozessergebnisgrößen für die Bearbeitung von Faserverbundwerkstoffen herstellen zu können, wurden im Rahmen dieser Arbeit unterschiedliche Mess- und Analysetechniken eingesetzt. Die zur detaillierten Erforschung und Auswertung des Spanbildungsprozesses eingesetzten Online- und Offlinemessungen werden nachfolgend kurz vorgestellt.

Kraftakquisition

Die während des Zerspanprozesses wirkenden Prozesskräfte wurden auf dem Analogie-Prüfstand werkstückseitig mit Hilfe eines Mehrkomponenten-Dynamometers des Typs 9129 AA von Kistler ermittelt (Abbildung 4.10).

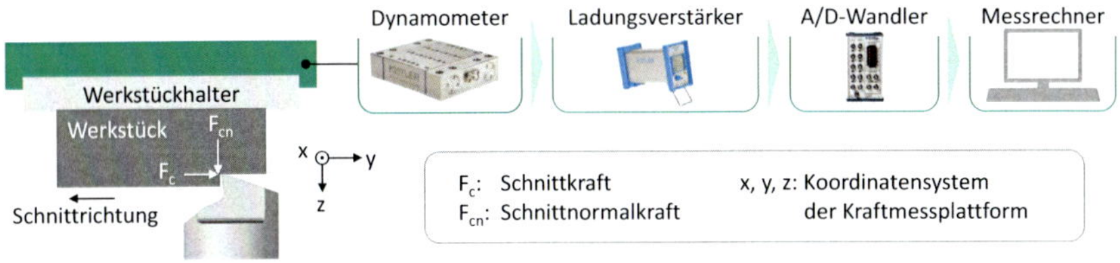

Abbildung 4.10: Werkstückseitige Kraftmesskette am Analogie-Prüfstand
Workpiece sided force measurement chain at the analogy milling test bench

Mehrere in der Kraftmessplattform integrierte piezoelektrische Sensoren ermöglichen dabei die parallele Erfassung der Schnittkraft F_c in y-Richtung, der Schnittnormalkraft F_{cn} in z-Richtung sowie der Passivkraft F_p in x-Richtung. Das von den Kraftsensoren abgegebene, kraftproportionale Ladungssignal wurde hierfür über drei Ladungsverstärker (Typ 5015 A von Kistler) in eine elektrische Ausgangsspannung konvertiert und über ein Koaxialkabel an einen Analog/Digital-Wandler vom Typ BNC-2110 der Fa. National Instruments weitergeleitet. Im Wandler wurden die Signale mit einer Bandbreite von 16 Bit und einer maximalen Abtastrate von 2 MHz verarbeitet. Die digitalisierten Messwerte wurden abschließend an den Messrechner übertragen, wo sie mit Hilfe der Software DIAdem 11.1 von National Instruments ausgewertet werden können. Innerhalb der Datenerfassungssoftware wurde eine Abtastrate von 400 kHz eingestellt. Die Messkette am Analogie-Prüfstand beinhaltete einen Tiefpassfilter mit einer Grenzfrequenz von 30 kHz. Darüber hinaus erfolgte bedarfsabhängig die Filterung der Kraftmesssignale softwareseitig durch einen Tiefpassfilter mit einer Grenzfrequenz von 2 kHz.

Die während der Fräsbearbeitung auf der Werkzeugmaschine ermittelten Kraftmesssignale wurden ebenfalls werkstückseitig gemessen. Zu diesem Zweck wurde ein Mehrkomponenten-Dynamometer des Typs 9255 B von Kistler eingesetzt. Auf dieser Kraftmessplattform befand sich die eingespannte und 3 mm dicke Verbundwerkstoffplatte, welche über die Anwendung des Vollnutschnitts gefräst wurde. Die während des Prozesses wirkenden Zerspankraftkomponenten wurden in den feststehenden kartesischen Koordinaten x und y der Kraftmessplattform aufgezeichnet (Abbildung 4.11).

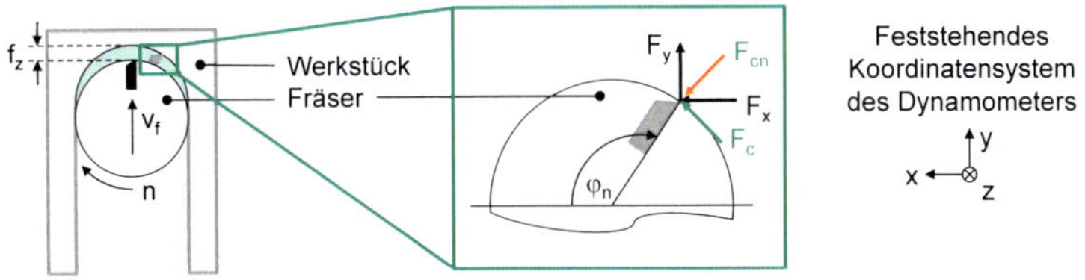

Abbildung 4.11: Schematische Darstellung der Kraftverhältnisse an der Schneide
Schematical illustration of force relations at the cutting edge

Die akquirierten Signale der Zerspankraftkomponenten wurden anschließend in das auf die Schnittrichtung bezogene Koordinatensystem des Werkzeuges transferiert, um eine Vergleichbarkeit mit den im Rahmen der Analogieversuche ermittelten Werten zu ermöglichen. Aus den in

Abbildung 4.11 dargestellten geometrischen Gegebenheiten ergeben sich folgende Zusammenhänge:

$$F_c = F_x \cdot cos(\varphi_n) + F_y \cdot sin(\varphi_n) \tag{4.3}$$

$$F_{cn} = F_x \cdot sin(\varphi_n) - F_y \cdot cos(\varphi_n) \tag{4.4}$$

Die zeitbezogenen Kraftsignale wurden unter Verwendung der Gleichungen (4.3) und (4.4) transformiert und über dem Eingriffswinkel aufgetragen. Die Synchronisation der Zeitachse mit der Drehwinkelposition der Werkzeugschneide erfolgte über den Zeitpunkt des initialen Kraftansties im aufgezeichneten Messschrieb.

Hochgeschwindigkeitsaufnahmen

Um die für den Fasertrennvorgang verantwortlichen Mechanismen bei der konventionellen sowie der schwingungsunterstützten Bearbeitung analysieren zu können, wurde die Zerspanzone der Decklagenschicht bei einer geringen Schnittgeschwindigkeit von 1 m/min mit Hilfe einer Hochgeschwindigkeitskamera aufgenommen (Abbildung 4.12). Die hierfür eingesetzte Kamera des Typs Phantom v7.3 von Vision Research Inc. ermöglicht bei einer maximalen Auflösung von 800x600 Bildpunkten die Aufnahme von 6818 Einzelbildern pro Sekunde. Über die Reduzierung der Auflösung auf 32x8 Bildpunkte lässt sich die Bildrate auf maximal 500.000 steigern. Für die Orthogonalschnittversuche am Analogie-Prüfstand wurde eine Auflösung von 256x256 bzw. 512x256 bei einer Bildrate von 20.000 Bildern pro Sekunde und einer Belichtungszeit von 48 µs eingestellt. Sämtliche Kameraeinstellungen wurden dabei über eine Video- und Datenerfassungssoftware vorgenommen. Die Aufbereitung der Videoaufnahmen erfolgte in Phantom CineViewer (CV) 2.8.

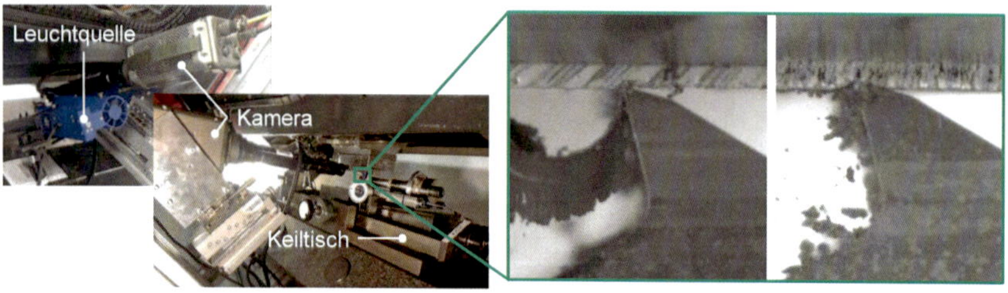

Abbildung 4.12: Aufbau für Hochgeschwindigkeitsaufnahmen am Analogie-Prüfstand
Setup for high speed recording at the analogy milling test bench

Zur Sicherstellung von qualitativ hochwertigen und damit auswertbaren Hochgeschwindigkeitsvideoaufnahmen wurde der aufgenommene Bildbereich durch zwei leistungsstarke 250 W Halogenlampen ausgeleuchtet, welche im Leuchtsystem COOLH dedocool von dedolight verbaut sind. Die Lichtintensität beider Leuchtkörper konnte dabei unabhängig voneinander über die dazugehörige Steuereinheit COOLT3 variiert werden.

Taktiler Messsensor zur Wegaufnahme

Die Messung der während eines Zerspanversuches abgenommenen Spanungsdicke erfolgte mittels einer taktilen Profilmessung der Werkstückprobe. Hierzu wurde die Position der Werkstückprobe im eingespannten Zustand vor und direkt nach dem Schnitt erfasst. Über die Subtraktion der beiden Profilmessungen wurde anschließend der Spanungsdickenverlauf über der Spanungslänge aufgetragen und daraus die tatsächlich zerspante Spandicke ermittelt.

Optische 3D-Oberflächenmessung und digitale Mikroskopie

Die messtechnische Erfassung der am Werkzeug vorliegenden Schneidkantenverrundung erfolget über eine optische 3D-Oberflächenmessung der Werkzeugschneide mit Hilfe des Infinite Focus Systems von Alicona. Zu diesem Zweck wurde an fünf definierten Stellen der Werkzeugschneide eine Fläche von 285x216 µm aufgenommen. Die Schneidkantenverrundung wurde als Mittelwert von 500, gleichmäßig über den dreidimensional abgebildeten Schneidenbereich verteilten, Einzelmessungen ausgegeben. Das zur Messung eingesetzte Objektiv besaß eine 50-fache Vergrößerung.

Die Bewertung der Bearbeitungsqualität erfolgte unter anderem anhand einer optischen 3D-Oberflächenvermessung der Schnittkante, wobei in diesem Fall ein Objektiv mit einer 5-fachen Vergrößerung zum Einsatz kam. Der Messbereich wurde mit einer Fläche von 22,79x3,96 mm^2 so gewählt, dass die gesamte Schnittfläche der am Analogie-Prüfstand eingesetzten Werkstückproben mit den Abmaßen 20x3 mm^2 analysiert werden konnte.

Die bei metallischen Oberflächen verwendeten Linien-Rauheitskennwerte Rautiefe Rz und arithmetischer Mittenrauwert Ra sind bei stark inhomogenen Werkstoffen nicht zielführend, da die lokal ermittelten Werte sehr stark streuen können. Aus diesem Grund werden zur Bewertung der Bearbeitungsqualität die Flächenrauheitskennwerte Sa und Sq empfohlen [ELHO12]. Die mittlere arithmetische Höhe Sa beschreibt den Betrag des Höhenunterschieds eines jeden Punktes im Vergleich zum arithmetischen Mittel der Oberfläche. Die mittlere quadratische Höhe Sq steht für den quadratischen Mittelwert der Ordinatenwerte innerhalb des Definitionsbereiches und entspricht der Standardabweichung der Höhen. Die Ermittlung der Flächenrauheiten erfolgte über eine Fläche von 2x2 mm^2, wobei sich der analysierte Bereich zentral in der Mitte der bearbeiteten Werkstückprobe befand. Damit wurden sowohl der Ein- und Austrittsbereich des Werkzeuges als auch der Decklagenbereich des Laminats aus der Rauheitsanalyse ausgeschlossen.

Als weitere Bewertungsgröße wurde die Welligkeit der Werkstückkante in Schnittrichtung herangezogen. Der untersuchte Bereich hatte die gleiche Größe und Positionierung wie bei den Flächenrauheitswerten. Insgesamt ergaben sich daraus etwas mehr als 1100 Einzelprofillinien, die zur Ermittlung des Kennwertes Wa (arithmetische mittlere Welligkeit der Welligkeitsprofile) gemittelt werden.

Ausgewählte Werkstückoberflächen wurden zudem mit Hilfe des digitalen Mikroskops VHX700-F von Keyence aufgenommen und analysiert. Hierfür standen zwei unterschiedliche Objektive zur Verfügung, welche hochauflösende Aufnahmen mit einer Standardvergrößerung von 200 bzw. 1000 ermöglichen.

Vibrationsmessung

Die durch den Schallwandler erzeugte Schwingung wird über eine Sonotrode an das Stichelwerkzeug übertragen. Um sowohl die in Schnittrichtung orientierte Longitudinalschwingung als auch mögliche Fehlvibrationsanteile beurteilen zu können, wurde die resultierende Schwingung an der

Werkzeugspitze mit Hilfe einer berührungslosen Schwingungsmessung ermittelt. Hierfür kam der Laservibrometer OFV-534 (Kompaktmesskopf) mit separater Lasereinheit der Polytec GmbH zum Einsatz. Die Messung erfolgte in allen drei Raumrichtungen (Abbildung 4.13) und für unterschiedliche Generatoreinstellungen.

Abbildung 4.13: Messung der Werkzeugschwingung am Analogie-Prüfstand
Measurement of tool vibration at analogy test bench

Lichtmikroskopie und REM-Aufnahmen

Für ausgewählte Werkstückproben sind zur Beschreibung der erzeugten Oberflächenqualität lichtmikroskopische Schliffbilder sowie REM-Aufnahmen der Schnittfläche angefertigt worden (Abbildung 4.14).

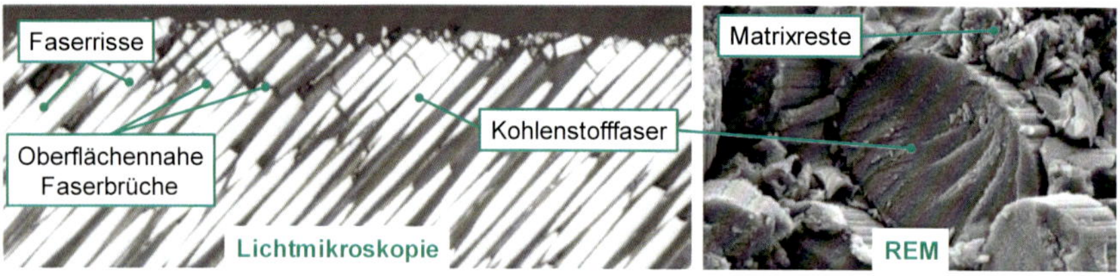

Abbildung 4.14: Lichtmikroskopische Aufnahmen und REM-Bilder der Schnittfläche
Light microscope images and SEM pictures of machined surface

Als Vorbereitung für die Schliffbilder wurden die Werkstückproben in Längsrichtung geteilt und die neu erzeugte Oberfläche anschließend poliert, um Risse, Brüche oder Verformungen an den im Werkstück verbliebenen Fasern auch in tieferen Schichten sichtbar zu machen. Für die Aufnahmen sind unterschiedliche Objektive mit einer 5- bis 100-fachen Vergrößerung zum Einsatz gekommen, wobei keine Ätzung der Oberfläche stattgefunden hat und das Hellfeld-Kontrastverfahren Anwendung fand. Das für die Bildaufnahmen eingesetzte Messmikroskop war vom Typ Axio Imager 2 der Fa. Zeiss.

Die REM-Aufnahmen erfolgten am institutseigenen Mikroskop unter einem Kippwinkel von 0° und einem Arbeitsabstand von 0,011232 m. Unter Nutzung eines SE-Detektors und einer Beschleunigungsspannung von 5000 V sind Bilder mit unterschiedlichen Vergrößerungen aufgenommen worden. Dabei reichte die Spanne von 30- bis zur 5000-fachen Vergrößerung.

4.3 Versuchsdurchführung

Experimental Procedure

Im letzten Teil des Kapitels zur Darstellung der Versuchsrandbedingungen soll die genaue Vorgehensweise bei der Versuchsdurchführung für den Orthogonalschnitt am Analogie-Prüfstand sowie die Fräsbearbeitung beschrieben werden.

4.3.1 Versuche am Analogie-Prüfstand

Vorbereitung der Schnittversuche

Im Vorfeld der eigentlichen Versuchsdurchführung muss das jeweilige Stichelwerkzeug in den vorderen Teil der zweigeteilten Sonotrode des Ultraschallschwingungssystems eingeschrumpft werden (Abbildung 4.15). Abweichend von einem Schrumpffutter für ein konventionelles rotationssymmetrisches Werkzeug mit parallel zur Längsachse liegender Einschrumpfachse, ist das Werkzeug senkrecht zur Längsachse der Sonotrode angeordnet. Aufgrund der Asymmetrie und der hiermit veränderten Wärmeverteilung während des Schrumpfvorgangs, musste die Passung zwischen dem Werkzeug und der Bohrung innerhalb der Sonotrode entsprechend ausgelegt werden, um den Schrumpfvorgang zu ermöglichen und eine ausreichend starke Verspannung der Komponenten zu realisieren. Über ein zusätzliches Positionierelement ist eine gleichbleibende Positionierung des Stichelwerkzeuges um die Zylinderachse sichergestellt worden.

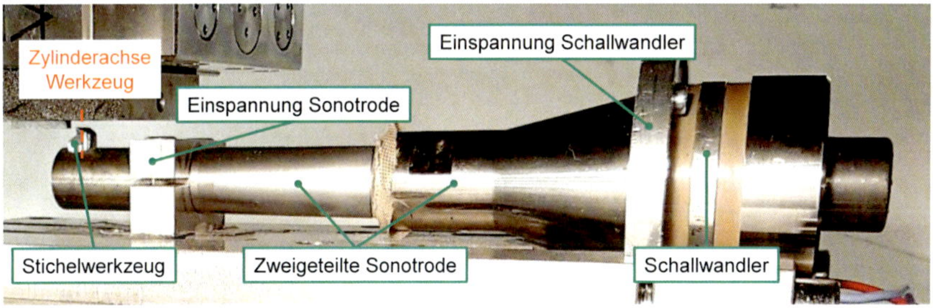

Abbildung 4.15: Schwingungssystem mit eingeschrumpftem Stichelwerkzeug
Vibration system with shrunken cutting tool

Im Anschluss an die Werkzeugschrumpfung wurden beide Sonotrodenteile mittels einer hochfesten M10-Madenschraube gegeneinander verspannt und das gesamte Schwingungssystem an zwei Stellen mit dem Keiltisch des Analogie-Prüfstandes verbunden. Da bei jedem Werkzeugwechsel und der hiermit verbundenen Neufixierung des schwingenden Systems ein etwas verändertes Schwingungsverhalten resultiert, muss im letzten Schritt der Werkzeugvorbereitung die resultierende Amplitude der Ultraschallschwingung mit Hilfe des Laservibrometers (siehe Abbildung 4.13) vermessen und auf den gewünschten Wert eingestellt werden.

Als Versuchswerkstücke wurden kleine Proben (20x12 mm²) aus der 3 mm dicken CFK-Platte über die Anwendung des Wasserstrahlschneidens herausgetrennt und anschließend an den Schnittflächen geschliffen. Die in acht verschiedenen Faserorientierungen hergestellten Werkstückproben wurden in einer selbst hergestellten Vorrichtung fixiert (Abbildung 4.16). Diese ermöglicht neben der flächigen Einspannung mittels einer Spannbacke auch eine Verspannung in Schnittrichtung, welche als Verdrehsicherung fungiert. Die Einspannung erfolgt derart, dass die lange Seite der Probe in Schnittrichtung weist.

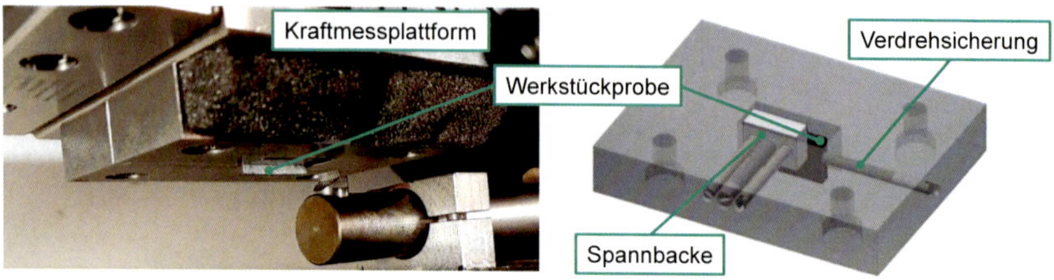

Abbildung 4.16: Einspannung des Werkstücks am Analogie-Prüfstand
Clamping of workpiece at the test bench

Vor Beginn eines Schnitts wurde der Fasertrennwinkel durch die Auswahl der entsprechenden Werkstückprobe definiert. Die ausgewählte Probe wurde anschließend manuell mit einer Positionierhilfe derart in die Einspannvorrichtung gesetzt, dass die zu zerspanende Oberfläche parallel zur Schnittrichtung des Werkzeuges verläuft. Hierdurch wird sichergestellt, dass die Zustellung während des Schnitts konstant bleibt. Mit Hilfe der Spannbacke senkrecht zur Schnittrichtung erfolgt zunächst die großflächige Verspannung und damit Fixierung die Probe, bevor sie anschließend noch zusätzlich in Schnittrichtung mit einer Madenschraube gegen das Verdrehen während des Schnitts gesichert wird. Im Anschluss an die Probeneinspannung ist die Oberfläche des Werkstücks vermessen worden. Hierfür verfährt der Schlitten mit der eingespannten Probe über einen stationären taktilen Sensor zur Wegmessung. Das dadurch aufgenommene Höhenprofil relativ zur Linearachse des Prüfstandes wurde für zwei unterschiedliche Zwecke verwendet. Einerseits konnte mit dem Messschrieb die Parallelität der zu schneidenden Fläche zur Achse überprüft und bei Bedarf über eine Umspannung nachkorrigiert werden. Andererseits konnte über den Vergleich der Profilmessungen zweier aufeinander folgender Schnitte die tatsächlich abgetragene Materialhöhe ermittelt werden. In Abbildung 4.17 sind beispielhaft auf der linken Seite Profile einer korrekt bzw. schief eingespannten Probe dargestellt. In der rechten Hälfte sind Profile nach drei aufeinander folgenden Schnitten und die ermittelten Differenzen der Profilhöhen zu sehen.

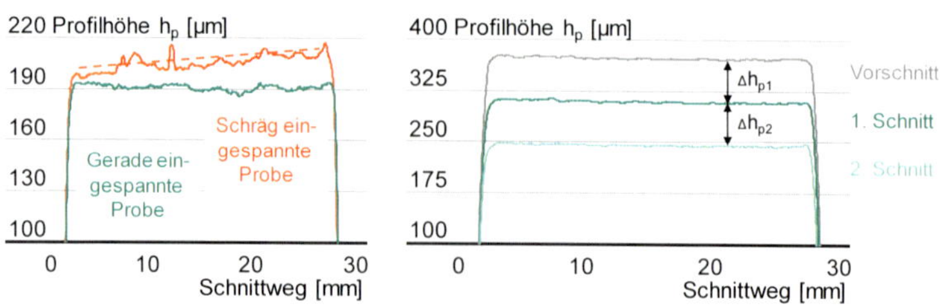

Abbildung 4.17: Profilmessung vor dem Schnitt und nach drei konsekutiven Schnitten
Profile measurement before the cut and after three consecutive cuts

Zur Einstellung der gewünschten Spanungsdicke wird die Probe über dem Werkzeug positioniert und durch eine manuelle Verstellung des Keiltisches in Kontakt mit der Werkzeugschneide gebracht. Werkzeug und Probe gelten als „in Kontakt", sobald die Schneide auf das Werkstück drückt und ein Kraftniveau von 2 N in Schnittnormalrichtung angezeigt wird. Dieser Zustand definiert das Nullniveau der Spanungsdicke. Die Messuhr zur Einstellung der Spanungsdicke wird an dieser Stelle genullt, so dass die gewünschte Spanungsdicke relativ zu dem Nullniveau eingestellt werden kann. Dieser Schritt erfolgt außerhalb des Kontaktbereiches mit dem Werkzeug.

In der Regel erfolgt nach dem Einspannen und Einrichten des Nullniveaus ein Vorschnitt mit definiert eingestellter Spanungsdicke. Für dieses Vorgehen gibt es zwei Gründe. Zum einen sollten die Bedingungen bei der Durchführung von Analogieversuchen möglichst nahe an den Bedingungen der realen Bearbeitungsprozesse sein. Beim Fräsen ist die Beschaffenheit der abzutragenden Oberfläche mit Ausnahme des Fräsereintrittsbereiches durch den vorhergegangenen Schnitt definiert. Ein vor dem eigentlichen Versuch durchgeführter Schnitt am Analogieprüfstand konditioniert die Oberfläche in ähnlicher Weise wie ein vorangegangener Schnitt beim Fräsen. Zum anderen ist eine exakte Ausrichtung der zu schneidenden Oberfläche parallel zur Schnittfläche nur sehr schwer möglich. Der Vorschnitt zur Glättung der Oberfläche dient der Minimierung von durch Schwankungen der Spanungsdicke begründeten Abweichungen der Kraftniveaus.

Der zuvor beschriebene Vorschnitt lässt sich bei allen untersuchten Fasertrennwinkeln mit Ausnahme von $\Phi = 135°$ anwenden. Die Beschaffenheit der Schnittfläche bei Versuchen mit entgegengesetzt zur Werkzeugvorschubrichtung stehenden Fasern weicht deutlich von den restlichen Fasertrennwinkeln ab, wie in Abbildung 4.18 anhand von drei Vergleichsprofilen ersichtlich wird. Dieser Umstand lässt sich durch die paketweise Faserdeformation mit anschließender undefinierter Rückfederung des Materials erklären. Folglich konnte bei $\Phi = 135°$ kein Vorschnitt erfolgen, so dass deutlich mehr Aufwand für die exakte Ausrichtung der Probe aufgewendet werden musste.

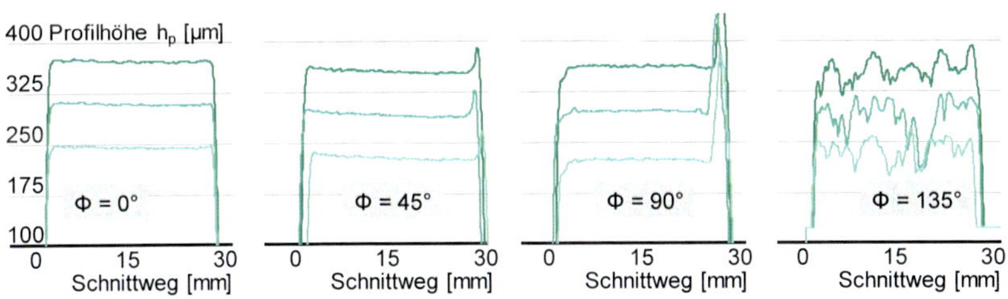

Abbildung 4.18: Profilmessungen bei unterschiedlichen Fasertrennwinkeln
Profile measurements for different fiber cutting angles

In jedem Diagramm sind zwei Versuchswiederholungen bei gleichbleibenden Parametern dargestellt. Es ist zu erkennen, dass die erzeugten Oberflächen bei 0°, 45° und 90° parallel zueinander verlaufen und eine relative Messung zwischen den gemittelten Profilhöhen zulassen. Die Ausprägung der Oberfläche bei einem Schnitt unter 135° macht eine Bestimmung der Profilhöhe und damit auch eine korrekte Einstellung der Spanungsdicke über einen Vorschnitt oder eine Auswertung des tatsächlichen Materialabtrags unmöglich. Aus diesem Grund wurden die Versuche bei einem FTW von 135° ohne Vorschnitt durchgeführt, so dass an jeder Probe lediglich ein einziger Schnitt durchgeführt werden konnte.

4.3.2 Versuche an der Fräsmaschine

Für die Bearbeitungsversuche an der Fräsmaschine ist ein CNC-Programm erstellt worden, um entlang der linearen Bearbeitungsbahn drei Vorschubgeschwindigkeiten innerhalb eines einzigen Kraftmessschriebes analysieren zu können. Hierfür wurde der Vollnutschnitt in drei Regionen eingeteilt (Abbildung 4.19). Innerhalb der ersten 50 mm ist der kleinste Zahnvorschub eingestellt gewesen. Am Ende der ersten programmierten Fräslänge ist die Maschinenachse angehalten und nach einer dreisekündigen Pause mit etwas größerem Vorschub weitergeführt worden. Nach weiteren 50 mm Fräslänge erfolgte die Steigerung des Vorschubs auf den höchsten Wert, wodurch eine Gesamtnutlänge von 150 mm erreicht wurde.

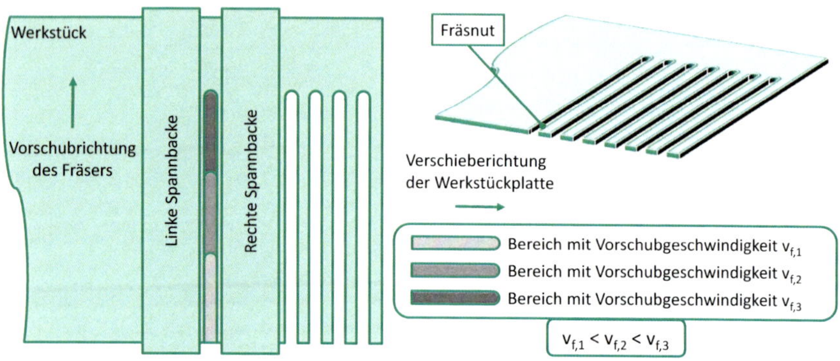

Abbildung 4.19: Bearbeitungsbereiche der Werkstückplatte beim Fräsen
Machining areas of the workpiece during milling

Auf einer Werkstückplatte mit definierter Faserorientierung sind insgesamt drei der zuvor beschriebenen Nuten erzeugt worden, wobei die Platte zwischendurch manuell verschoben, eine neue Schnittgeschwindigkeit an der Maschine eingestellt und die nächste Nut gefertigt wurde. Um Verschleißerscheinungen am Werkzeug auszuschließen ist das Werkzeug jeweils nach drei Nutschnitten im Schrumpffutter gewechselt worden. Während der gesamten Fräsbearbeitung sind die Zerspankraftkomponenten mittels eines Dynamometers aufgezeichnet worden.

5 Systemauslegung und kinematische Prozessmodellierung

Design of System and Modelling of Process Kinematics

Um die Wirkmechanismen in der Zerspanzone eingehend untersuchen zu können, muss das verwendete Werkzeugsystem und dessen Einfluss auf den Zerspanprozess detailliert analysiert werden. Die erarbeiteten Erkenntnisse sollen als Basis für die später folgenden prozesstechnologischen Untersuchungen in Kapitel 6 dienen und eine klare Trennung von werkzeugseitigen und prozesstechnologischen Einflüssen ermöglichen.

Das in der Arbeit betrachtete US-Werkzeugsystem erzeugt longitudinale Schwingungen, die während der Zerspanung in Schnittrichtung wirken. Im ersten Schritt wird zunächst auf das Design der Ultraschalleinheit eingegangen, bevor sich die kinematische Prozessmodellierung anschließt und darauf aufbauend der Versuchsumfang definiert wird.

5.1 Entwicklung und Auslegung des Ultraschall-Werkzeugsystems

Development and Design of Ultrasonic Tool System

Die Integration eines hochdynamischen, oszillierenden Werkzeugsystems erfordert grundsätzlich eine ausreichend steife Auslegung, zugleich aber auch eine schwingungsfreie Anbindung an die bestehende Peripherie. Eine inadäquate Anbindung führt unweigerlich zur Einleitung von Schwingungen in die Maschine und damit zu einer Beeinflussung der erzielbaren Oberflächenqualität am Werkstück sowie unnötiger Schwingungsdämpfung und damit zu einer Reduzierung der erreichbaren Schwingungsamplitude.

Für die Schwingungsanregung der am Analogie-Prüfstand eingesetzten Stichelwerkzeuge existieren keine kommerziellen Systeme, so dass für die geplanten Untersuchungen zur schwingungsüberlagerten Bearbeitung von Faserverbundwerkstoffen zunächst ein geeignetes Ultraschall-Werkzeugsystem entwickelt und realisiert werden musste. In Anlehnung an die von *Rübenach* und *Heselhaus* konzipierten Systeme zur Umsetzung der Ultraschallschwingung bei Drehwerkzeugen soll die Anregung über einen piezoelektrischen Schallwandler erfolgen [RUEB01, HESE09]. Dieser überführt eine vom Frequenzgenerator erzeuge, hochfrequente Wechselspannung in eine mechanische Bewegung derselben Frequenz.

Das eigentliche Kernstück des konzeptionierten Werkzeugsystems stellt die sogenannte Sonotrode dar. Dabei handelt es sich um einen longitudinalen Eigenschwinger, durch dessen Dimensionierung neben der Eigenfrequenz des Gesamtsystems auch die Verstärkung der vom Schallkopf eingebrachten mechanischen Schwingungsamplitude beeinflusst werden kann. Die Sonotrode enthält an ihrem Ende eine zylindrische Bohrung zur Aufnahme des Stichelwerkzeuges, wodurch die Einkopplung der Ultraschallanregung in den Zerspanprozess ermöglicht wird. Das Gesamtsystem wird an zwei Klemmstellen über eine Grundplatte am Analogie-Prüfstand fixiert. Die mechanische Anbindung erfolgt dabei ausschließlich im Bereich geringer Amplitude, d.h. idealerweise in den Knotenebenen der Schwingungsbewegung, wo die durch den Körper gehende Longitudinalwelle eine Amplitude von Null aufweist (Abbildung 5.1). Die Gestaltung der Koppelstellen ist von entscheidender Bedeutung, da diese nicht nur Auswirkungen auf Verluste in der Schallübertragung, sondern auch auf die mechanische Steifigkeit und Flexibilität des Gesamtsystems im Hinblick auf die Bearbeitungsaufgabe hat.

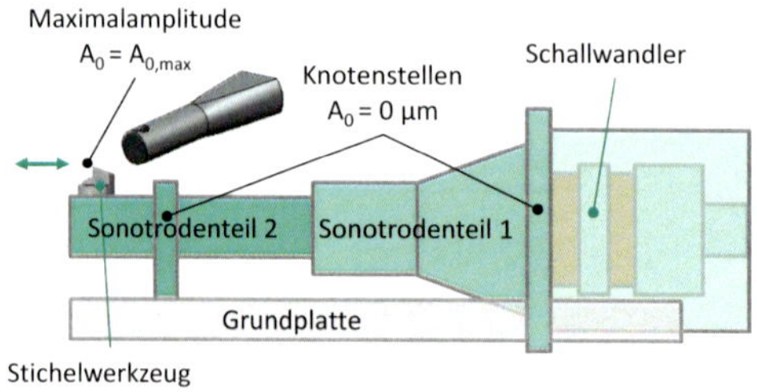

Schwingungscharakteristik
- Wirkrichtung: Schnittrichtung
- Frequenz: ~20 kHz
- Max. Amplitude $A_{0,max}$: ±15 µm
- Fehlschwingung: < 0,1 A_0

Randbedingungen
- Thermische Schrumpfverbindung zu Stichelwerkzeugen
- Integration in Grundlagenprüfstand
- Ausreichende Steifigkeit

Abbildung 5.1: Konzeption und Aufbau des Ultraschall-Werkzeugsystems
Conception and structure of ultrasonic tool system

Basierend auf den oben definierten Systemanforderungen erfolgte eine anwendungsspezifische Auslegung der Sonotrode, welche aus einer Kooperation mit der Firma Leyer & Kiwus Ultraschall- und Lasertechnik GmbH aus Aachen resultierte. Die Grundlagen für die Auslegung des schwingungsfähigen Systems stellten dabei die Gesetzmäßigkeiten der Schallausbreitung in mechanisch isotropen und geometrisch homogenen Festkörpern dar. Um dabei möglichst effizient eine Dehnwelle in reiner Longitudinalrichtung innerhalb der Sonotrode zu erreichen, sollte mit geringen Querabmessungen (schlanker Schwinger) gearbeitet und das System in Resonanz betrieben werden. Die Systemlänge muss hierfür mindestens einem ganzzahligen Vielfachen der halben Schallwellenlänge λ_S entsprechen, wodurch die Länge der Sonotrode auf diskrete Längen beschränkt wird. Um den Forderungen nach einem schlanken Schwinger zu entsprechen, sollte der Durchmesser der Sonotrodenelemente zudem kleiner sein als ein Achtel der Schallwellenlänge [KUTT88].

Dem Ziel einer möglichst großen Amplitude am Zerspanwerkzeug folgend, ist die Verbindung zur Sonotrode über eine aus Schwingungssicht verlustarme thermische Schrumpfverbindung realisiert worden. Zum Schutz der piezoelektrischen Einheit vor zu hoher Temperatureinwirkung während des Fügens, wurde eine zweigeteilte und somit für den Werkzeugwechsel leicht demontierbare Sonotrodenlösung realisiert. Der am Schallwandler anliegende Sonotrodenteil wurde aus der Titanlegierung Ti6Al4V hergestellt. Die Verwendung von Titan als Konstruktionswerkstoff für schwingungstechnische Systeme folgt dabei der Forderung nach einem Werkstoff mit geringer Dichte, aber gleichermaßen hoher Festigkeit, um hohe Schallschnellen bei geringer Materialdämpfung zu gewährleisten. Als Schallschnelle wird dabei die Geschwindigkeit bezeichnet, mit der ein einzelnes Teilchen eines Schwingers in der Schallwelle ausgelenkt wird. Um den thermischen Fügevorgang zum Hartmetallwerkzeug zu ermöglichen, musste der werkzeugseitige Teil der Sonotrode vom idealen Titanwerkstoff abweichend aus Werkzeugstahl hergestellt werden, wodurch höhere Verluste und eine verminderte erreichbare Amplitude in Kauf genommen wurden.

Mit Hilfe der Gesetzmäßigkeiten für die Schallausbreitung sowie der allgemeinen Beziehung für harmonische Schwingungen kann über die Schallgeschwindigkeit der Dehnwelle C_D die resultierende Wellenlänge λ_S und damit die erforderliche Länge der Sonotrodenelemente bestimmt werden:

$$C_D = \sqrt{\frac{E}{\rho}} \tag{5.1}$$

$$\lambda_S = \frac{C_D}{f_S} \tag{5.2}$$

Mit den Kenngrößen der beiden verwendeten Werkstoffe (Tabelle 5.1) und der anvisierten Schwingungsfrequenz von 20 kHz ergibt sich überschlagsmäßig eine erforderliche Länge von 123,5 mm für die Titanlegierung und 129,8 mm für den Werkzeugstahl.

Tabelle 5.1 Bestimmung der Wellenlänge für beide Sonotrodenelemente

Sonotrodenelement	E-Modul N/mm²	Dichte kg/m³	Schallgeschwindigkeit m/s	Wellenlänge mm
1 - Titanlegierung	108*10³	4,43*10³	4937,53	246,87
2 - Werkzeugstahl	212*10³	7,86*10³	5193,46	259,67

Als Maßnahme zur Steigerung der erreichbaren Schwingungsamplitude erfolgt die Verwendung einer geometrisch inhomogenen Sonotrode mit veränderlichem Querschnitt. Werden die Schwingungsverluste aufgrund innerer Reibung vernachlässigt, kann für einen zylindrischen Eigenschwinger ein mechanischer Transformationsgrad von eins angenommen werden, d.h. die Amplituden an der Ein- und Auskoppelstelle sind identisch. Weist die Geometrie der Sonotrode eine von der Stelle der Schalleinkopplung ausgehende Durchmesserverjüngung auf, kann die Amplitude an der Auskoppelseite verstärkt werden. Die Amplitude verhält sich dabei umgekehrt proportional zur vorliegenden Querschnittfläche, was sich aus dem Hookeschen Gesetz herleiten lässt.

Im dem vorliegendem Fall der zweigeteilten Sonotrode ist das Mittel des sogenannten Boosters an beiden Segmenten angewendet worden. Während das aus Titan bestehende Sontrodenelement kegelförmig auf einen Durchmesser von 28 mm zuläuft und eine maximale Amplitude von A_0 = 12 µm an der Anschraubfläche der Sonotrode erzeugt, weist die Stahlvariante einen Durchmesser von 35 mm an der Ankoppelstelle auf und verjüngt sich auf den finalen Wert von 20 mm. Die hierdurch erzeugte Dreifach-Amplitudentransformation musste durch die aus Kollisionsgründen erforderliche Abflachung der Sonotrode im Bereich des Schnitts reduziert werden, so dass letztlich eine maximale Amplitude von $A_{0,max}$ = 18 µm am Stichelwerkzeug erzielt und das in Abbildung 5.1 geforderte Schwingungsniveau bei einer Frequenz von 21,1 kHz realisiert werden konnte.

5.2 *Kinematische Prozessmodellierung für den orthogonalen Schnitt*

Kinematic Process Modelling for Orthogonal Cut

Bei der konventionellen Zerspanung mit einer zeitlich konstanten Schnittgeschwindigkeit v_c erfährt das Werkzeug keine Beschleunigung während der Schnittbewegung. Die über der Zeit aufgetragene Werkzeugposition x_k kann daher über folgenden linearen Zusammenhang beschrieben werden (Abbildung 5.2):

$$x_k = v_c \cdot t \tag{5.3}$$

Wird dieser Bewegung eine in Schnittrichtung des Werkzeuges aufgebrachte harmonische Schwingung überlagert, muss die Werkzeugposition entsprechend um den aus der Schwingung resultierenden Anteil x_s erweitert werden:

$$x_s = A_0 \cdot sin(2\pi \cdot f_s \cdot t) \tag{5.4}$$

Die daraus resultierende Werkzeugbewegung für die ultraschallunterstützte Bearbeitung ist somit definiert über:

$$x_{us} = A_0 \cdot sin(2\pi \cdot f_s \cdot t) + v_c \cdot t \tag{5.5}$$

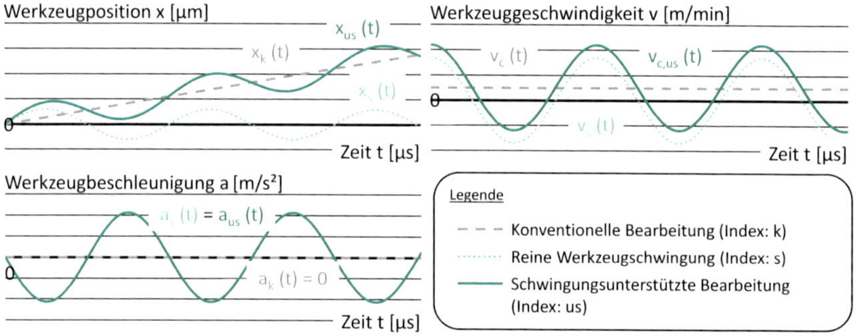

Abbildung 5.2: Werkzeugposition, -geschwindigkeit und -beschleunigung für die konventionelle und schwingungsunterstützte Bearbeitung
Cutting tool position, velocity and acceleration for conventional and vibration assisted machining

Über die zeitliche Ableitung der Bewegungsgleichung kann der Verlauf der Werkzeuggeschwindigkeit (effektive Schnittgeschwindigkeit) für die ultraschallunterstützte Bearbeitung bestimmt werden:

$$\dot{x}_{us}(t) = v_{c,us}(t) = 2\pi \cdot f_s \cdot A_0 \cdot \cos(2\pi \cdot f_s \cdot t) + v_c \tag{5.6}$$

Aus der nochmaligen Ableitung der Bewegungsgleichung resultiert die Beschleunigungsgleichung für die ultraschallunterstützte Bearbeitung:

$$\ddot{x}_{us}(t) = a_{us}(t) = -4\pi^2 \cdot f_s^2 \cdot A_0 \cdot sin(2\pi \cdot f_s \cdot t) \tag{5.7}$$

Die sinusförmige Beschleunigung des Werkzeuges ergibt somit einen wellenförmigen, um die beim konventionellen Prozess eingestellte konstante Schnittgeschwindigkeit v_c schwankenden Verlauf der resultierenden Schnittgeschwindigkeit $v_{c,us}$. Der genaue zeitliche Schnittgeschwindigkeitsverlauf $v_{c,us}(t)$ kann dabei für eine gegebene Schnittgeschwindigkeit v_c über die Schwingungsparameter Frequenz und Amplitude beeinflusst werden.

Schnittgeschwindigkeitsbezogene Kenngrößen

Abbildung 5.3 zeigt den Verlauf von ausgewählten Schnittgeschwindigkeitsverläufen für unterschiedliche Schnittgeschwindigkeiten v_c und Schwingungsamplituden für die im Rahmen dieser Arbeit angewandte Schwingungsfrequenz von 21 kHz sowie darüber hinaus für 30 kHz und 40 kHz. Die einzelnen Kurvenverläufe für unterschiedliche Schnittgeschwindigkeiten v_c sind dabei aus Gründen der Übersichtlichkeit phasenverschoben illustriert.

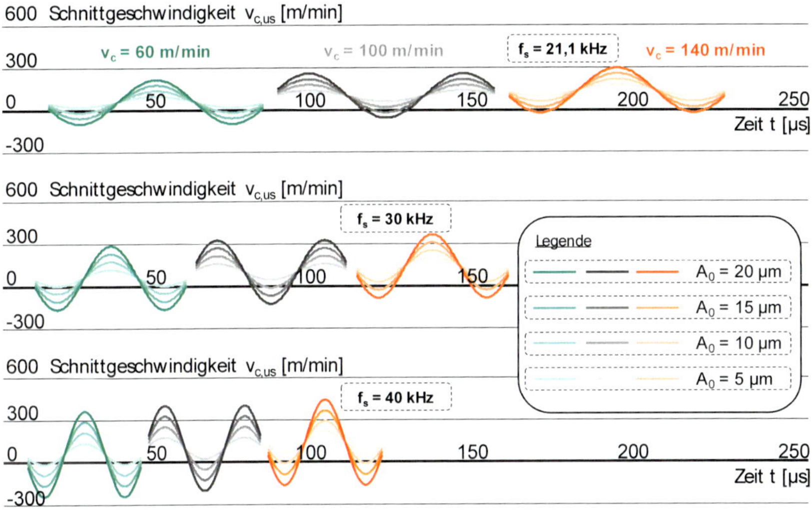

Abbildung 5.3: Zeitlicher Verlauf der effektiven Schnittgeschwindigkeit $v_{c,us}$ für unterschiedliche v_c und A_0 bei einer Schwingungsfrequenz von 21, 30 und 40 kHz
Resulting tool velocity over time for different v_c and A_0 at a vibration frequency of 21, 30 and 40 kHz

Die hochfrequente Werkzeugschwingung führt gemäß Abbildung 5.3 zu einer zeitlich begrenzten Steigerung der resultierenden Schnittgeschwindigkeit. Der Maximalwert der Schnittgeschwindigkeit wird hierbei erreicht, sobald die aus der reinen Schwingung resultierende Geschwindigkeit maximal wird:

$$v_{c,us,max} = 2\pi \cdot f_s \cdot A_0 \cdot \cos(0°) + v_c = 2\pi \cdot f_s \cdot A_0 + v_c \qquad (5.8)$$

Aufgrund der Tatsache, dass eine Sonotrode jeweils nur monofrequent in Resonanz schwingen kann, ist die Variation der Schwingungsfrequenz nur über die Modifizierung der Sonotrodengeometrie möglich. Damit wird in der Regel die Sonotrode im Vorfeld einer Prozessoptimierung ausgelegt und das Schwingungssystem während der Prozessuntersuchung nicht mehr verändert. Die aus der Werkzeugschwingung resultierenden Prozesskenngrößen, welche nachfolgend näher ausgeführt werden sollen, können unter diesen Umständen als Funktion der Schwingungsamplitude A_0 und der Schnittgeschwindigkeit v_c beschrieben werden. Jede Kombination der beiden Parameter liefert dabei unterschiedliche Niveaus für sämtliche Prozesskenngrößen, die rein aus der Kinematik des Werkzeuges resultieren. Folglich kann über das Auftragen der Schwingungsamplitude über der Schnittgeschwindigkeit ein Kennlinienfeld für jede relevante Prozesskenngröße berechnet werden. Aus Gründen der Übersichtlichkeit wird nachfolgend auf die Darstellung von Isolinien, also Linien mit kontanten Niveaus, zurückgegriffen. Dabei ist zu beachten, dass die grafischen Darstellungen für $f_s = 21{,}1$ kHz einen Schnittgeschwindigkeitsbereich von $v_c = 0$ m/min bis $v_c = 150$ m/min umfassen, während die Isolinien für $f_s = 30$ kHz und $f_s = 40$ kHz lediglich im Bereich zwischen $v_c = 30$ m/min bis $v_c = 90$ m/min betrachtet werden.

Die Berechnung der Isolinien für die maximale resultierende Schnittgeschwindigkeit $v_{c,us,max}$ (Abbildung 5.4) erfolgt aus der Umstellung von Gleichung (*5.8*):

$$A_0 = \frac{v_{c,us,max} - v_c}{2\pi \cdot f_s} = -\frac{1}{2\pi \cdot f_s} \cdot v_c + \frac{v_{c,us,max}}{2\pi \cdot f_s} \tag{5.9}$$

Die Isolinien für die maximale Schnittgeschwindigkeit $v_{c,us,max}$ weisen einen linearen Verlauf mit einer negativen, direkt vom Kehrwert der Schwingungsfrequenz abhängigen, Steigung auf. Dabei gilt, je höher die Schwingungsfrequenz, desto flacher ist der Verlauf der Isolinien wie an den Ausschnitten auf der rechten Seite von Abbildung 5.4 zu erkennen ist.

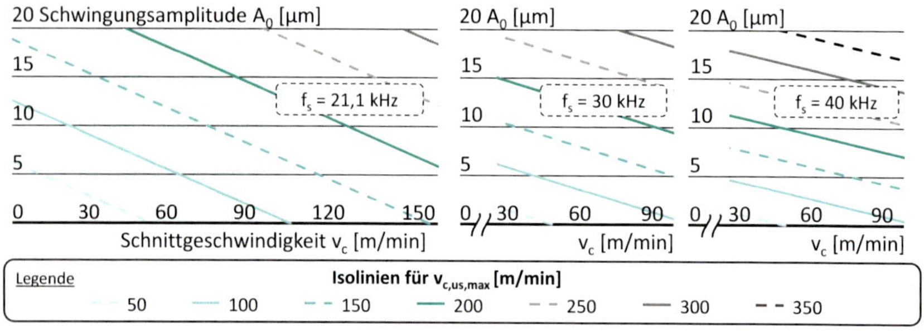

Abbildung 5.4: Isolinien für $v_{c,us,max}$ in Abhängigkeit von v_c und A_0 bei unterschiedlichen f_s
Isolines for $v_{c,us,max}$ depending on v_c and A_0 at different f_s

Das identische Niveau der maximalen Schnittgeschwindigkeit kann bei Steigerung der Schwingungsfrequenz entsprechend über eine kleinere Schwingungsamplitude realisiert werden. Es gilt der in Gleichung (*5.8*) dargestellte Zusammenhang:

$$v_{c,us,\max\_1} = 2\pi \cdot f_{s,1} \cdot A_{0,1} + v_c = 2\pi \cdot f_{s,2} \cdot A_{0,2} + v_c = v_{c,us,\max\_2}$$

$$f_{s,1} \cdot A_{0,1} = f_{s,2} \cdot A_{0,2}$$

$$A_{0,2} = \frac{f_{s,1}}{f_{s,2}} \cdot A_{0,1} \tag{5.10}$$

Um beispielsweise bei einer festgelegten Schnittgeschwindigkeit v_c von 100 m/min eine maximale Schnittgeschwindigkeit $v_{c,us,max}$ von 168 m/min zu erreichen, muss bei einer Schwingungsfrequenz von 20 kHz eine Amplitude von 9 µm eingestellt werden. Erfolgt eine Steigerung der Schwingungsfrequenz auf 30 kHz, reicht bereits eine Amplitude von 6 µm aus. Bei einer Schwingungsfrequenz von 40 kHz liegt die erforderliche Amplitude bei lediglich 4,5 µm.

Als weitere Prozesskenngröße für die ultraschallunterstützte Bearbeitung soll an dieser Stelle das Verhältnis zwischen der maximalen Schnittgeschwindigkeit $v_{c,us,max}$ und der eingestellten Schnittgeschwindigkeit v_c, nachfolgend als Verstärkungsfaktor (VF) für die Schnittgeschwindigkeit v_c bezeichnet, eingeführt werden:

$$VF_{vc} = \frac{v_{c,us,max}}{v_c} = \frac{2\pi \cdot f_s \cdot A_0 + v_c}{v_c} \tag{5.11}$$

Die Isolinien für den Verstärkungsfaktor werden aus der Umstellung von Gleichung (5.11) ermittelt und sind in Abbildung 5.5 dargestellt:

$$A_0 = \frac{VF_{vc} \cdot v_c - v_c}{2\pi \cdot f_s} = \frac{VF_{vc} - 1}{2\pi \cdot f_s} \cdot v_c \tag{5.12}$$

Der Verlauf der Isolinien ist linear mit einer vom Verstärkungsfaktor und der Schwingungsfrequenz abhängigen, positiven Steigung. Analog zur maximalen Schnittgeschwindigkeit gilt auch beim Verstärkungsfaktor der in Gleichung (5.10) aufgezeigte Zusammenhang. Neben der bereits beschriebenen Steigerung der Schnittgeschwindigkeit kann diese bei der ultraschallunterstützten Bearbeitung unter bestimmten Voraussetzungen auch negativ werden, wie aus Abbildung 5.3 zu entnehmen ist. Für den Fall einer negativen Schnittgeschwindigkeit wird der Kontakt zwischen dem Werkzeug und dem Werkstück entsprechend getrennt.

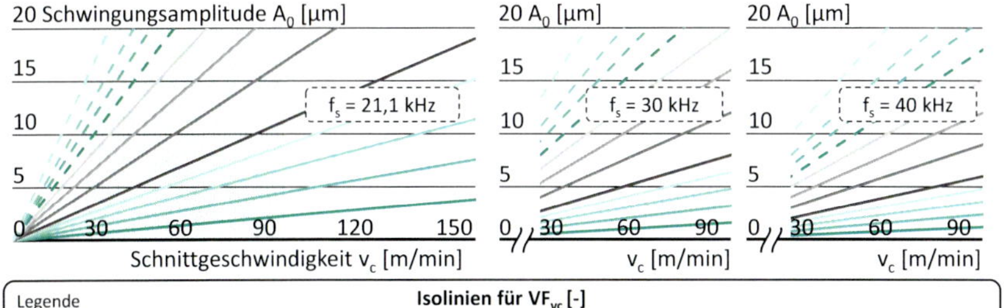

Abbildung 5.5: Isolinien VF_{vc} in Abhängigkeit von v_c und A_0 bei unterschiedlichen f_s
Isolines for VF_{vc} depending on v_c and A_0 at different f_s

Vereinfachend wird an dieser Stelle angenommen, dass sich das Werkstück ideal starr verhält und beim Rückzug des Werkzeugs nicht zurückfedert. Um bei diesen Bedingungen eine Schnittunterbrechung zu realisieren, muss die Schwingung unter Beachtung der eingestellten Schnittgeschwindigkeit v_c entweder ausreichend schnell oder mit ausreichend hoher Amplitude ausgeführt werden. Folgende Voraussetzung muss hierfür erfüllt sein:

$$v_{c,us,min}(t) = 2\pi \cdot f_s \cdot A_0 \cdot \cos(180°) + v_c < 0$$

$$-2\pi \cdot f_s \cdot A_0 < -v_c \quad \rightarrow \quad A_0 > \frac{v_c}{2\pi \cdot f_s} \tag{5.13}$$

Im Falle der Schnittunterbrechung liegt die minimale Schnittgeschwindigkeit, bei der sich das Werkzeug mit dem Werkstück im Kontakt befindet, definitionsgemäß bei 0 m/min. Bei ausreichend hoher Amplitude gemäß der Bedingung aus Gleichung (5.13) vollzieht das Werkzeug eine Rückzugsbewegung und die Schnittgeschwindigkeit liegt im negativen Wertebereich. Wird die obige Bedingung nicht erfüllt, verbleibt das Werkzeug dauerhaft im Werkstückkontakt. Die resultierende Schnittgeschwindigkeit variiert dabei zwischen dem bereits erwähnten Maximalwert $v_{c,us,max}$ und dem Minimalwert $v_{c,us,min}$. Das Minimum der resultierenden Schnittgeschwindigkeit bei der sich das Werkzeug noch mit dem Werkstück im Kontakt befindet, lässt sich somit unter Einhaltung der Bedingung aus Gleichung (5.13) folgendermaßen ermitteln:

$$v_{c,us,min} = \begin{cases} 2\pi \cdot f_s \cdot A_0 \cdot \cos(180°) + v_c = -2\pi \cdot f_s \cdot A_0 + v_c \ , & A_0 \leq \dfrac{v_c}{2\pi \cdot f_s} \\ \leq 0, & A_0 > \dfrac{v_c}{2\pi \cdot f_s} \end{cases} \tag{5.14}$$

Analog zur maximalen Schnittgeschwindigkeit $v_{c,us,max}$ werden auch für die minimale Schnittgeschwindigkeit $v_{c,us,min}$ die charakteristischen Isolinien bestimmt (Abbildung 5.6), wobei lediglich positive Schnittgeschwindigkeiten, die für den Kontakt zwischen Werkzeug und Werkstück relevant sind, aufgeführt werden. Hierfür wurde Gleichung (5.14) entsprechend umgestellt zu:

$$A_0 = \frac{1}{2\pi \cdot f_s} \cdot v_c - \frac{v_{c,us,min}}{2\pi \cdot f_s} \tag{5.15}$$

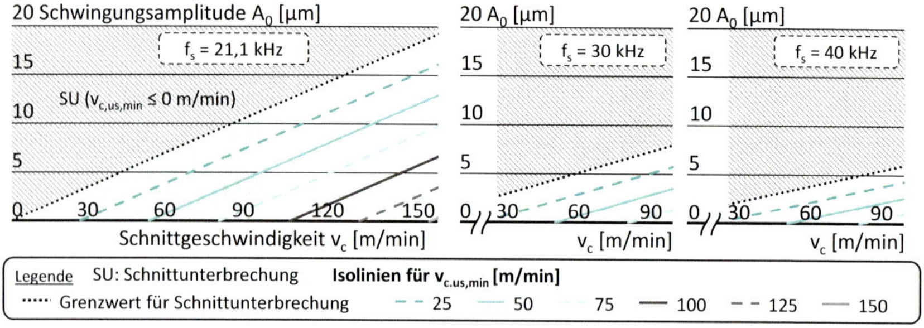

Abbildung 5.6: Isolinien für $v_{c,us,min}$ in Abhängigkeit von v_c und A_0 bei unterschiedlichen f_s

Isolines for $v_{c,us,min}$ depending on v_c and A_0 at different f_s

Die Isolinien für die minimale Schnittgeschwindigkeit $v_{c,us,min}$ weisen einen linearen Verlauf mit einer positiven, direkt vom Kehrwert der Schwingungsfrequenz abhängigen, Steigung auf. Kommt es aufgrund der Werkzeugschwingung zu einer Schnittunterbrechung, erreicht die minimale Schnittgeschwindigkeit den negativen Bereich. Mit Zunahme der Schwingungsfrequenz wird der Verlauf der Isolinien flacher und die Schnittunterbrechung wird schon bei geringeren Schwingungsamplituden realisiert.

Relative Eingriffsdauer

Kommt es zu einer Schnittunterbrechung, verliert das Werkzeug den Kontakt zum Werkstück sobald die Schnittgeschwindigkeit in den negativen Bereich übergeht (Zeitpunkt $t_{a,1}$ in Abbildung 5.7).

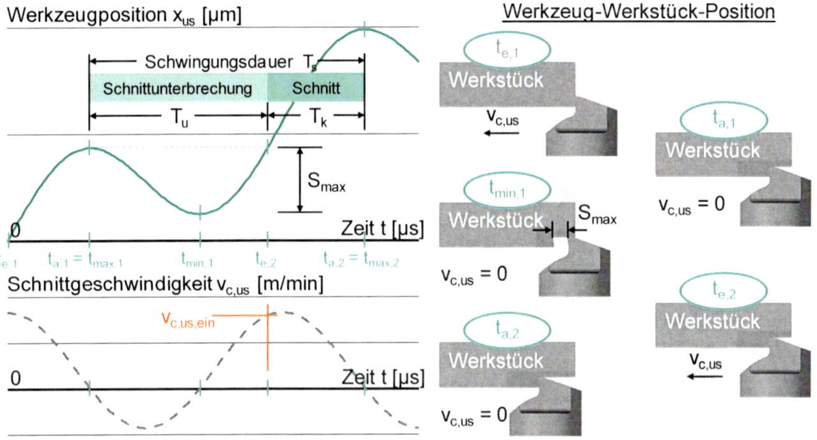

Abbildung 5.7: Qualitativer Verlauf von Position und v_c im Falle einer Schnittunterbrechung
Qualitative course of tool position and cutting speed in case of cut interruption

Im gesamten Bereich der negativen Schnittgeschwindigkeit entfernt sich das Werkzeug zunehmend vom Werkstück, so dass zum Zeitpunkt $t_{min,1}$ der maximale Abstand S_{max} zwischen Werkzeug und Werkstück erreicht wird. Das Werkzeug erfährt an diesem Punkt kurzzeitig keine Bewegung, wird anschließend wieder in Richtung des Werkstücks beschleunigt und dringt mit der Schnittgeschwindigkeit $v_{c,ein}$ zum Zeitpunkt $t_{e,2}$ wieder in das Werkstück. Während der Unterbrechungsdauer T_u zwischen dem Austrittszeitpunkt $t_{a,1}$ und dem nachfolgenden Eintrittszeitpunkt $t_{e,2}$ ist das Werkzeug nicht im Eingriff. Die Kontaktdauer T_k, in der das Werkzeug den eigentlichen Trennvorgang vollzieht, ist somit durch den dann folgenden Austrittszeitpunkt $t_{a,2}$ an dem die Schnittgeschwindigkeit erneut in den negativen Bereich übergeht, definiert.

Die relative Eingriffsdauer des Werkzeuges berechnet sich demnach zu:

$$ED_{rel} = \frac{T_k}{T_k + T_u} = \frac{T_k}{T_s} = T_k \cdot f_s \tag{5.16}$$

Die Bestimmung der Kontakt- sowie der Unterbrechungsdauer setzt die Kenntnis der Ein- und Austrittszeitpunkte des Werkzeuges voraus:

$$T_u = t_{e,2} - t_{a,1} \tag{5.17}$$

$$T_k = T_s - T_u \tag{5.18}$$

Während des Austrittzeitpunktes findet keine Werkzeugbewegung statt. Die Geschwindigkeitsgleichung (5.6) kann daher zu Null gesetzt werden, um diesen Arbeitspunkt rechnerisch zu ermitteln:

$$v_{c,us}(t) = 2\pi \cdot f_s \cdot A_0 \cdot \cos(2\pi \cdot f_s \cdot t) + v_c = 0$$

$$t = \frac{arccos\left(\frac{-v_c}{2\pi \cdot f \cdot A_0}\right)}{2\pi \cdot f_s} \tag{5.19}$$

Aufgrund des periodischen Geschwindigkeitsverlaufs folgt daraus für die Berechnung der lokalen Extrema:

$$t_{max} = t_a = \frac{2\pi \cdot i + arccos\left(\frac{-v_c}{2\pi \cdot f \cdot A_0}\right)}{2\pi \cdot f_s} \quad i \in Z \tag{5.20}$$

$$t_{min} = \frac{2\pi \cdot i + arccos\left(\frac{-v_c}{2\pi \cdot f \cdot A_0}\right)}{2\pi \cdot f_s} \quad i \in Z \tag{5.21}$$

Die in Abbildung 5.7 aufgeführten Extrempunkte lassen sich daher folgendermaßen bestimmen:

$$t_{max,1} = t_{a.1} = \frac{2\pi \cdot 0 + arccos\left(\frac{-v_c}{2\pi \cdot f \cdot A_0}\right)}{2\pi \cdot f} = \frac{arccos\left(\frac{-v_c}{2\pi \cdot f \cdot A_0}\right)}{2\pi \cdot f} \tag{5.22}$$

$$t_{min,1} = \frac{2\pi \cdot 1 + arccos\left(\frac{-v_c}{2\pi \cdot f \cdot A_0}\right)}{2\pi \cdot f} \tag{5.23}$$

Der Moment des Werkzeugwiedereintritts $t_{e,2}$ lässt sich an dieser Stelle nicht durch eine einfache Nullstellenberechnung ermitteln. Im Zeitpunkt des Eintritts entspricht die Position des Werkzeugs jedoch der Position zum vorangegangenen Austrittszeitpunkt:

$$x_{us}(t_{e,2}) = x_{us}(t_{a,1})$$

Durch Einsetzen von Gleichung (5.5) ergibt sich daraus:

$$A_0 \cdot sin(2\pi \cdot f_s \cdot t_{e,2}) + v_c \cdot t_{e,2} = A_0 \cdot sin(2\pi \cdot f_s \cdot t_{a,1}) + v_c \cdot t_{a,1} \tag{5.24}$$

Die gesuchte Größe $t_{e,2}$ befindet sich in Gleichung (5.24) sowohl im Argument der transzendenten trigonometrischen Funktion als auch außerhalb dieser. Die Gleichung ist in dieser Form nicht analytisch lösbar, so dass an dieser Stelle zur Berechnung des Eintrittszeitpunktes eine numerische Näherungslösung mit Hilfe der Software Matlab von MathWorks zugrunde gelegt wird.

Unter Verwendung der Gleichungen (5.16) bis (5.18) sowie (5.22) und (5.24) sind analog zu den bereits vorgestellten Prozesskenngrößen die Isolinien für die relative Eingriffsdauer des Werkzeuges in Abhängigkeit von der Schnittgeschwindigkeit v_c sowie der Schwingungsamplitude A_0 bei einer Schwingungsfrequenz von 21, 30 und 40 kHz ermittelt worden (Abbildung 5.8).

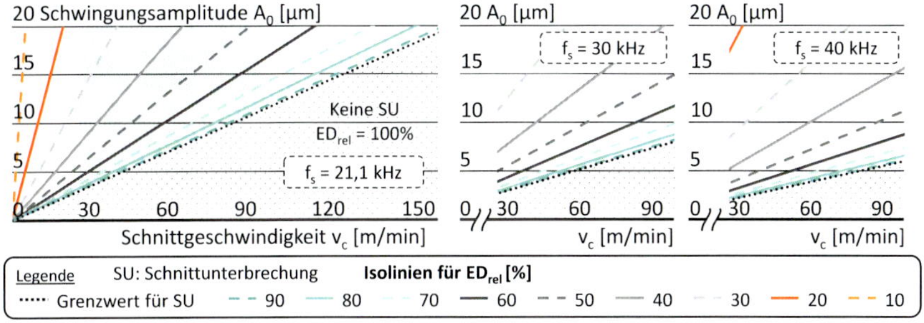

Abbildung 5.8: Isolinien für die ED_{rel} in Abhängigkeit von v_c und A_0 bei unterschiedlichen f_s
Isolines for ED_{rel} depending on v_c and A_0 at different f_s

Für die Isolinien der relativen Eingriffsdauer resultieren durch den Nullpunkt gehende Geradengleichungen, welche durch die Bedingung der Schnittunterbrechung aus Gleichung (5.13) begrenzt werden. Für die Steigung der begrenzenden Geraden bei einem relativen Eingriffsverhältnis von 100 % ergibt sich somit folgender Zusammenhang:

$$m_{ED}\ (EDrel = 100\ \%) = \frac{1}{2\pi \cdot f_s} \tag{5.25}$$

Mit sinkender relativer Eingriffsdauer nimmt die Steigung der Isolinien zu. Insgesamt verlaufen die Kurven bei höheren Schwingungsfrequenzen flacher, so dass zur Realisierung einer gewünschten Isolinie abermals kleinere Amplituden ausreichen.

Eintrittsgeschwindigkeit

Als charakteristische Eigenschaft der gegebenen Werkzeugkinematik mit intermittierendem Schnittverlauf ist insbesondere auch der impulsartige Eingriffsstoß nach der kontaktfreien Zeit des Oszillationszyklus von Interesse. Der Eingriffsstoß lässt sich dabei mit Hilfe der Eintrittsgeschwindigkeit $v_{c,us,ein}$, welche aus dem zuvor numerisch berechneten Eintrittszeitpunkt $t_{e,2}$ bestimmt werden kann, charakterisieren:

$$v_{c,us,ein} = v_{c,us}(t_{e,2}) = 2\pi \cdot f_s \cdot A_0 \cdot \cos(2\pi \cdot f_s \cdot t_{e,2}) + v_c \tag{5.26}$$

Der impulsartige Energieeintrag wird in diesem Zusammenhang als signifikant für die Aktivierung der nachfolgenden Zerspanvorgänge angesehen. Analog zu den anderen Kennzahlen sind auch für die Eintrittsgeschwindigkeit Isolinien berechnet worden. Abbildung 5.9 zeigt den resultierenden hyperbolischen Verlauf dieser Kurven.

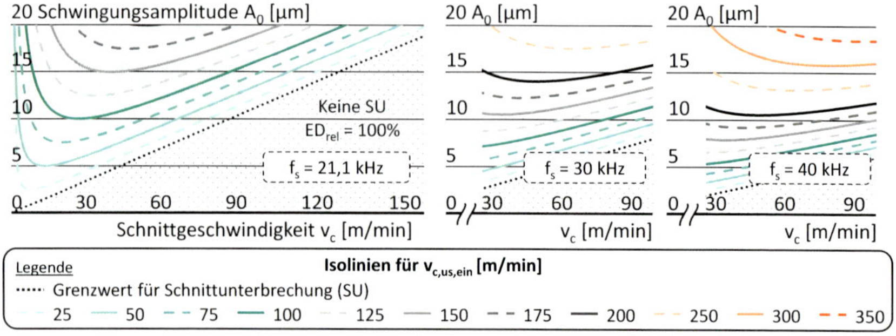

Abbildung 5.9: Isolinien für $v_{c,us,ein}$ in Abhängigkeit von v_c und A_0 bei unterschiedlichen f_s
Isolines for $v_{c,us,ein}$ depending on v_c and A_0 at different f_s

Bei konstanter Vibrationsfrequenz kann sich die Eintrittsgeschwindigkeit $v_{c,us,ein}$ je nach Einstellung der Amplitude sowohl unterhalb als auch oberhalb der konventionell eingestellten Schnittgeschwindigkeit v_c bewegen, wie Abbildung 5.10 anhand unterschiedlicher Werkzeugeintrittsszenarien verdeutlicht.

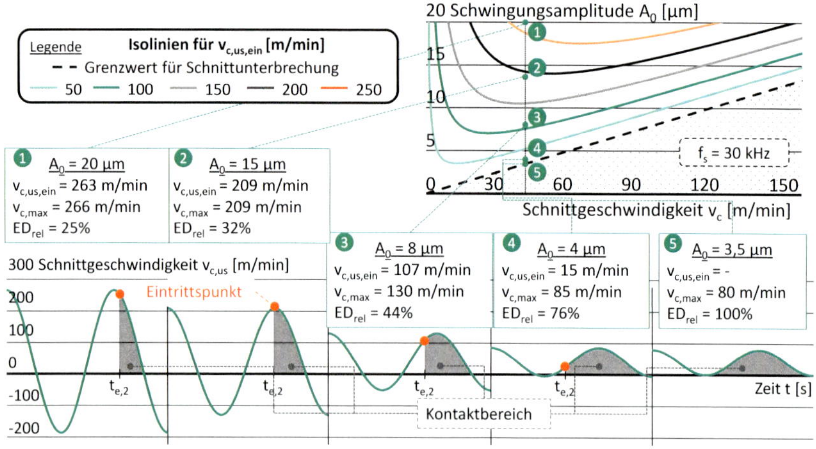

Abbildung 5.10: Werkzeugeintrittsszenarien bei v_c = 40 m/min und f_s = 30 kHz
Tool entry scenarios at v_c of 40 m/min and a f_s of 30 kHz

In Punkt 4 bei einer eingestellten Amplitude A_0 = 4 µm liegt die Eintrittsgeschwindigkeit mit 15 m/min deutlich unterhalb der eingestellten Schnittgeschwindigkeit v_c = 40 m/min. Mit Steigerung der Schwingungsamplitude steigt die Eintrittsgeschwindigkeit kontinuierlich an. Bei einer Verdopplung der Amplitude auf A_0 = 8 µm (Punkt 3) liegt die Eintrittsgeschwindigkeit bereits im

Bereich von 107 m/min und damit mehr als 2,5-fach höher im Vergleich zur eingestellten Schnittgeschwindigkeit v_c. Punkt 2 stellt den Grenzfall der Betrachtung dar. Bei einer Amplitude von A_0 = 15 µm tritt das Werkzeug mit der für diese Prozesseinstellung maximal möglichen Schnittgeschwindigkeit von 209 m/min in das Werkstück ein, was mehr als einem Verfünffachen der eingestellten Schnittgeschwindigkeit v_c entspricht.

Bis zu diesem Grenzwert wird die Werkzeugschneide während des Schnitts zunächst auf die maximale Schnittgeschwindigkeit beschleunigt und anschließend wieder bis in den negativen Geschwindigkeitsbereich verzögert, so dass beim Nulldurchgang eine Schnittunterbrechung verzeichnet wird. Der Maximalwert der Schnittgeschwindigkeit wird demnach während des eigentlichen Schnittvorgangs erreicht.

Wird die Amplitude über den Grenzwert hinaus weiter gesteigert, erhöht sich der Absolutwert der Werkzeugeintrittsgeschwindigkeit weiter (Punkt 1). Der Eintrittszeitpunkt befindet sich hierbei rechts vom Maximum der Schnittgeschwindigkeit $v_{c,us}$. Die maximale Schnittgeschwindigkeit $v_{c,us,max}$ wird demzufolge außerhalb des Schnitts erreicht. Das Werkzeug erfährt während des Schnitts eine reine Abbremsbewegung.

Analog zum Verstärkungsfaktor für die maximale Schnittgeschwindigkeit VF_{vc} wird an dieser Stelle ein ähnlicher Faktor für die Eintrittsgeschwindigkeit eingeführt. Aufgrund der Tatsache, dass die Eintrittsgeschwindigkeit auch unterhalb der Schnittgeschwindigkeit v_c liegen kann, wird diese Kenngröße nicht als Verstärkungs-, sondern als Geschwindigkeitsfaktor definiert:

$$GF_{vc,ein} = \frac{v_{c,us,ein}}{v_c} = \frac{2\pi \cdot f_s \cdot A_0 \cdot \cos\left(2\pi \cdot f_s \cdot t_{e,2}\right) + v_c}{v_c} \tag{5.27}$$

Die Isolinien für den Geschwindigkeitsfaktor der Eintrittsgeschwindigkeit werden aus der Umstellung von Gleichung (5.27) ermittelt und sind in Abbildung 5.11 dargestellt:

$$A_0 = \frac{GF_{vc,ein} \cdot v_c - v_c}{2\pi \cdot f_s \cdot \cos\left(2\pi \cdot f_s \cdot t_{e,2}\right)} = \frac{GF_{vc,ein} - 1}{2\pi \cdot f_s \cdot \cos\left(2\pi \cdot f_s \cdot t_{e,2}\right)} \cdot v_c \tag{5.28}$$

Der Verlauf der Isolinien ist vergleichbar mit denen der relativen Eingriffsdauer. Es handelt sich um durch den Nullpunkt gehende Geradengleichungen, die nach unten hin durch die Schnittunterbrechung begrenzt werden. Um den impulsartigen Effekt der Schnittgeschwindigkeit im Bereich des Werkzeugeintrittspunktes nutzbar zu machen, sollte die Wiedereintrittsgeschwindigkeit nach Möglichkeit über dem Niveau der Schnittgeschwindigkeit aus dem konventionell eingestellten Prozess liegen. Es reicht demnach nicht aus eine Schnittunterbrechung mit einer relativen Eingriffsdauer von knapp unterhalb von 100 % zu realisieren. Vielmehr kommt es darauf an, dass die Schnittunterbrechung ausreichend hoch dimensioniert wird, um ein $GF_{vc,ein}$ von größer eins zu erzielen.

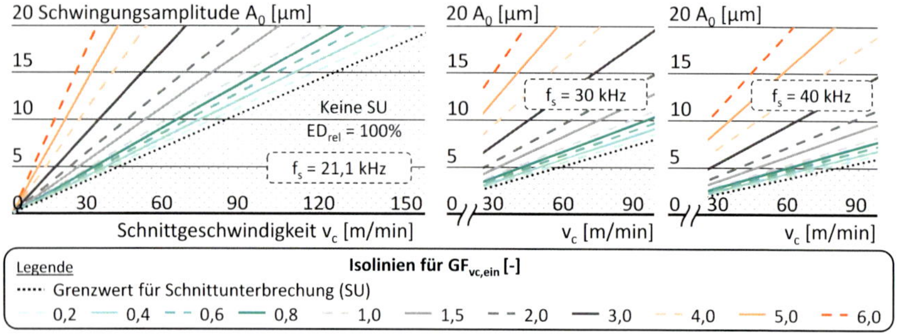

Abbildung 5.11: Isolinien für $GF_{vc,ein}$ in Abhängigkeit von v_c und A_0 bei unterschiedlichen f_s
Isolines for $GF_{vc,ein}$ depending on v_c and A_0 at different f_s

5.3 Versuchsumfang

Scope of Experiments

Im Folgenden wird, unter Beachtung der Randbedingungen am Analogie-Prüfstand, der systemtechnologischen Grenzen der Ultraschalleinheit, der Kenngrößen der kinematischen Prozessmodellierung und der geplanten Überführung auf die Fräsbearbeitung, der Versuchsraum eingegrenzt.

5.3.1 Versuche bei Anwendung des Orthogonalschnitts

In Tabelle 5.2 sind zunächst alle relevanten Prozessgrößen und deren Variationsstufen für den gesamten Versuchsumfang dargestellt. Insgesamt werden acht diskrete Fasertrennwinkel, sechs Spanungsdicken und sieben verschiedene Schnittgeschwindigkeiten untersucht. Darüber hinaus erfolgt neben den Versuchen für die konventionelle Bearbeitung, auch die Anwendung von vier Schwingungsamplituden bei einer konstanten Schwingungsfrequenz von 21,1 kHz und die Nutzung von Werkzeugen mit zwei unterschiedlichen Schneidkantenverrundungen. Je nach Fokus der jeweiligen Versuchsreihe erfolgt dabei eine gezielte Auswahl der hier aufgeführten Parameterstufen aus der gesamten Versuchsmatrix.

Tabelle 5.2 Übersicht des gesamten Versuchsumfangs

Variierte Prozessparameter	Variationsstufen							
Fasertrennwinkel Φ [°]	0	22,5	45	67,5	90	112,5	135	157,5
Spanungsdicke $h_{sp,or}$ [µm]	10	20	40	60	90	120		
Schnittgeschwindigkeit v_c [m/min]	1	10	40	70	100	130	140	
Schneidkantenverrundung r_β [mm]	20	45						
Schwingungsamplitude A_0 [µm]	0	5	9	13				
Schwingungsfrequenz f_s [Hz]	0	21,1						

Mit der Durchführung und Analyse der einzelnen Versuchsreihen sollen zentrale Aspekte der Forschungsfragen beantwortet werden. Die jeweilige Zielstellung der Versuchsreihen ist nachfolgend aufgeführt:

- Versuchsreihe 1: Analyse des Spanbildungsvorgangs für unterschiedliche Φ
- Versuchsreihe 2a: Einfluss der Ultraschallschwingung bei unterschiedlichen v_c und A_0
- Versuchsreihe 2b: Einfluss der Ultraschallschwingung bei unterschiedlichen $h_{sp,or}$
- Versuchsreihe 3: Ermittlung der spezifischen Zerspankraftkomponenten

Versuchsreihe 1

Die erste Versuchsreihe befasste sich mit der Untersuchung des Einflusses der Ultraschallschwingung bei Anwendung einer Schnittgeschwindigkeit von v_c = 1 m/min. Der Zerspanprozess wurde bei dieser geringen Schnittgeschwindigkeit maßgeblich von der ultraschallbedingten, hochfrequenten Schnittgeschwindigkeitsmodulation bestimmt. Die Veränderung der Fasertrennmechanismen sowie die hierfür verantwortlichen Wirkmechanismen bei Überlagerung der Ultraschallschwingung wurden an dieser Stelle über die zusätzliche Aufnahme von Hochgeschwindigkeitsvideos der Zerspanzone analysiert. Im Rahmen dieser Versuchsreihe sind die in Tabelle 5.3 aufgeführten Prozessgrößen variiert worden. Darüber hinaus enthält die Tabelle als Zusatzinformation die aus der Schwingungsüberlagerung resultierenden Prozesskenngrößen aus Kapitel 5.2. Auf die Darstellung der Geschwindigkeitsfaktoren ist an dieser Stelle bewusst verzichtet worden, da sie sich für v_c = 1 m/min direkt aus den entsprechenden Geschwindigkeiten ergeben.

Tabelle 5.3 Variierte Prozessgrößen in Versuchsreihe 1

Variierte Prozessparameter	Variationsstufen					
Fasertrennwinkel Φ [°]	0		45		90	135
Spanungsdicke $h_{sp,or}$ [µm]				60		
Schnittgeschwindigkeit v_c [m/min]	1					
Schneidkantenverrundung r_β [mm]	20					
Schwingungsamplitude A_0 [µm]	0			13		
Schwingungsfrequenz f_s [Hz]	0	21,1				

v_c = 1 m/min	$v_{c,us,max}$ [m/min]	ED_{rel} [%]	$v_{c,us,ein}$ [m/min]
A_0 = 0 µm	1	100	-
A_0 = 13 µm	104,41	5,6	35,54

Neben der konstanten Schnittgeschwindigkeit blieben auch die Schneidkantenverrundung und die Spanungsdicke unverändert, so dass lediglich Werkzeuge mit r_β = 20 µm bei h_{sp} = 60 µm zum Einsatz kamen. Darüber hinaus erfolgte die Bearbeitung bei vier verschiedenen Fasertrennwinkeln und mit Hilfe des konventionellen Orthogonalschnitts sowie zusätzlich bei Anwendung der Ultraschallüberlagerung mit einer Schwingungsfrequenz f_s = 21,1 kHz und einer Amplitude von A_0 = 13 µm.

Versuchsreihe 2

Im ersten Teil der zweiten Versuchsreihe blieben Fasertrennwinkel Φ, Spanungsdicke h_{sp}, die Schneidkantenverrundung der Werkzeuge r_β sowie die Schwingungsfrequenz f_s im Vergleich zur ersten Versuchsreihe unverändert. Der Fokus der Untersuchung lag in der Analyse des Ultraschalleinflusses auf das Zerspanverhalten bei Variation von Schnittgeschwindigkeit und der Schwingungsamplitude. Die Kombinationen aus v_c und A_0 sind an dieser Stelle derart gewählt worden, dass ultraschallunterstützte Prozesse sowohl bei kontinuierlichem Schnitt als auch mit Schnittunterbrechung mit unterschiedlichen relativen Eingriffsdauern und Werkzeugeintrittsgeschwindigkeiten untersucht werden konnten (Tabelle 5.4). An dieser Stelle sind erneut Zusatzinformation zu den in Kapitel 5.2 erarbeiteten Prozesskenngrößen ergänzt.

Tabelle 5.4 Variierte Prozessgrößen in Versuchsreihe 2.1

Variierte Prozessparameter	Variationsstufen						
Fasertrennwinkel Φ [°]	0		45		90		135
Spanungsdicke $h_{sp,or}$ [µm]				60			
Schnittgeschwindigkeit v_c [m/min]			40	70	100	130	
Schneidkantenverrundung r_β [mm]	20						
Schwingungsamplitude A_0 [µm]	0	5	9	13			
Schwingungsfrequenz f_s [Hz]	0	21,1					

A_0 [µm]	v_c [m/min]	$v_{c,us,max}$ [m/min]	VF_{vc} [-]	ED_{rel} [%]	$v_{c,us,ein}$ [m/min]	$GF_{vc,ein}$ [-]
0	40	40	1	100	-	-
0	70	70	1	100	-	-
0	100	100	1	100	-	-
0	130	130	1	100	-	-
5	40	79,8	1,9	100	-	-
5	70	109,8	1,6	100	-	-
5	100	139,8	1,4	100	-	-
5	130	169,8	1,3	100	-	-
9	40	111,6	2,8	51,4	74,5	1,8
9	70	141,6	2,0	89,9	4,70	0,1
9	100	171,6	1,7	100	-	-
9	130	201,6	1,5	100	-	-
13	40	143,4	3,6	40,2	126,6	3,2
13	70	173,4	2,5	59,4	85,4	1,2
13	100	203,4	2,0	87,7	10,1	0,1
13	130	233,4	1,8	100	-	-

Insgesamt wurden vollfaktoriell vier verschiedene Schnittgeschwindigkeiten v_c (40, 70, 100 und 130 m/min) und drei verschiedene Schwingungsamplituden A_0 (5, 9 und 13 µm) untersucht.

Im Anschluss an die Untersuchung zum Einfluss der Ultraschallschwingung bei unterschiedlichen Schnittgeschwindigkeiten, wurde diese bei einer Schwingungsamplitude von A_0 = 13 µm auf einen Wert von v_c =70 m/min fixiert und die Spanungsdicke $h_{sp,or}$ zwischen 20 µm und 90 µm für alle acht Fasertrennwinkel und die beiden Schneidkantenverrundungen variiert (Tabelle 5.5).

Tabelle 5.5 Variierte Prozessgrößen in Versuchsreihe 2.2

Variierte Prozessparameter	Variationsstufen							
Fasertrennwinkel Φ [°]	0	22,5	45	67,5	90	112,5	135	157,5
Spanungsdicke $h_{sp,or}$ [µm]		20	40	60	90			
Schnittgeschwindigkeit v_c [m/min]				70				
Schneidkantenverrundung r_β [mm]	20	45						
Schwingungsamplitude A_0 [µm]	0			13				
Schwingungsfrequenz f_s [Hz]	0	21,1						

Versuchsreihe 3

Innerhalb der dritten Versuchsreihe sind alle Zerspanversuche ohne die Anwendung der Ultraschallunterstützung zur Ermittlung der spezifischen Zerspankraftkoeffizienten durchgeführt worden (Tabelle 5.6). Diese werden genutzt, um ein semi-empirisches Zerspankraftmodell sowohl für die konventionelle als auch ultraschallunterstützte Fräsbearbeitung von unidirektional kohlenstofffaserverstärkten Laminaten aufzustellen. Als Werkzeug kam durchgehend die Variante mit der Schneidkantenverrundung von r_β = 20 µm zum Einsatz.

Tabelle 5.6 Variierte Prozessgrößen in Versuchsreihe 3

Variierte Prozessparameter	Variationsstufen							
Fasertrennwinkel Φ [°]	0	22,5	45	67,5	90	112,5	135	157,5
Spanungsdicke $h_{sp,or}$ [µm]	10	20	40	60	90	120		
Schnittgeschwindigkeit v_c [m/min]	1	10	40	70	100		140	

5.3.2 Versuche bei Anwendung der Fräsbearbeitung

Versuchsreihe 4

Abweichend von den ersten drei Versuchsreihen, welche allesamt am Analogie-Prüfstand durchgeführt wurden, befasste sich die letzte Versuchsreihe mit der Fräsbearbeitung und hier insbesondere mit der Anwendung des Zerspankraftmodells bei der Bearbeitung mit einem rotierenden Werkzeug und somit fortlaufend veränderlicher Spanungsdicke und Fasertrennwinkel. Dabei lag der Hauptfokus auf der werkstückseitigen Zerspankraftmessung bei Anwendung unterschiedlicher Faserorientierungswinkel ψ, Schnittgeschwindigkeiten v_c und Zahnvorschüben f_z wie aus Tabelle 5.7 entnommen werden kann. Den Abschluss der Untersuchung bildete der Vergleich zwischen den gemessenen Werten der Zerspankraftkomponenten und den berechneten Schnitt- und Schnittnormalkraftwerten des zuvor erarbeiteten Kraftmodells.

Im Rahmen eines vollfaktoriellen Versuchsplans sind im ersten Schritt (Versuch 4.1) Vollnutschnitte bei vier unterschiedlichen Faserorientierungswinkeln, drei Schnittgeschwindigkeiten v_c = 10 m/min, v_c = 70 m/min und v_c = 140 m/min sowie zwei Spanungsdicken h_{sp} = 60 µm und h_{sp} = 120 µm durchgeführt worden. Die einzelnen Werte von h_{sp} und v_c sind explizit auch am

Analogieprüfstand zur Bestimmung der spezifischen Zerspankraftkomponenten herangezogen worden und bilden damit auch die Stützstellen des Kraftmodells.

Tabelle 5.7 Variierte Prozessgrößen in Versuchsreihe 4

Variierte Prozessparameter	Variationsstufen Versuch 4.1			
Faserorientierungswinkel ψ [°]	0	45	90	135
Schnittgeschwindigkeit v_c [m/min]	10	70	140	
Spanungsdicke h_{sp} [µm]	60	120		

Variierte Prozessparameter	Versuch 4.2			Versuch 4.3		
Faserorientierungswinkel ψ [°]	30		150	30		150
Schnittgeschwindigkeit v_c [m/min]	85			100		
Spanungsdicke h_{sp} [µm]	45	65	95	50	70	100

Bei den beiden Versuchsreihen (Versuch 4.2 und Versuch 4.3) sind zusätzliche Werte für die Schnittgeschwindigkeit und die Spanungsdicke untersucht worden. Für diese Zwischenparameter, welche nicht zur Versuchsmatrix der Orthogonalschnittversuche gehörten, ist ebenfalls ein vollfaktorieller Versuchsumfang realisiert worden.

6 Wirkmechanismen und Einflussfaktoren

Operating Mechanisms and Influencing Factors

Nachdem bislang die system- und prozesstechnologischen Gegebenheiten der schwingungsunterstützten Bearbeitung sowie die werkstoffspezifischen Eigenschaften des vorliegenden endlosfaserverstärkten Verbundwerkstofflaminats erläutert wurden, sollen im weiteren Verlauf die Wirkmechanismen während der Zerspanung analysiert werden. Aufbauend auf einer Abgrenzung zwischen der konventionellen und der schwingungsunterstützten Bearbeitung dienen grundlegende Bearbeitungsversuche dazu, die Haupteinflussfaktoren und Grenzen dieser Technologie zu erarbeiten.

6.1 Spanbildungsvorgang

Chip Formation Process

Bevor näher auf den Einfluss von Schnitt- und Schwingungsparametern auf die Zerspankraft und die resultierende Werkstückoberfläche eingegangen wird, erfolgt die Analyse des Spanbildungsvorgangs für unterschiedliche Fasertrennwinkel. Dabei wird zunächst der Prozess bei einer geringen Schnittgeschwindigkeit von $v_c = 1$ m/min betrachtet, um den dezidierten Einfluss der Werkzeugschwingung stärker separieren zu können. Im weiteren Schritt erfolgt die Analyse bei höheren Schnittgeschwindigkeiten.

Fasertrennwinkel $\Phi = 0°$

Bei einem Fasertrennwinkel von $\Phi = 0°$ und einem positiven Spanwinkel an der Schneide wird der Materialabtrag durch ein Abschälen der oberen Faserlagen initiiert. Die abgelösten Fasern gleiten entlang der Spanfläche ab und entfernen sich von der gerade erzeugten Bauteiloberfläche. Dabei kommt es zwangsläufig zum Durchbiegen der Fasern, was in einer überlagerten Zug-Druck-Belastung der einzelnen Bündel resultiert. Wird am Ort der maximalen Zugbelastung die Werkstofffestigkeit überschritten, kommt es zum eigentlichen Faserbruch. Dieser erfolgt deutlich vor der Schneide und ist im großen Maße von der Schnittgeschwindigkeit abhängig (Abbildung 6.1).

Bei einer kleinen Schnittgeschwindigkeit von lediglich $v_c = 1$ m/min kommt es zu einer großflächigen Ablösung der Faserbündel. Das Material gleitet dabei unter stetiger Schwankung der abgelösten Faserlänge in Form eines ausgebildeten Spans über die Spanfläche des Werkzeugs, ohne dass es zu einem definierten Faserbruch kommt. In diesem Fall besitzen die abgelösten Faserbündel ausreichend Zeit, um sich immer wieder vom Rest des Materials zu lösen, noch bevor der zum Bruch führende kritische Biegeradius unterschritten wird. Hierdurch entsteht ein klar ausgeprägter Span, welcher in seiner Gesamtheit als locker zusammenhängende Masse über die Spanfläche des Werkzeuges abgleitet.

Mit Zunahme der Schnittgeschwindigkeit reduziert sich die für eine bruchfreie Ablösung zur Verfügung stehende Zeit. Die Länge der Faserablösung wird verkürzt und es kommt zu einer stärkeren lokalen Biegung der Fasern, welche schließlich im Bruch mündet. Je höher die Schnittgeschwindigkeit ist, desto zahlreicher werden die Einzelbrüche, was an der Zunahme der Staubmenge zu erkennen ist. Darüber hinaus steigt auch die durch die Werkzeugbewegung hervorgerufene Materialvorspannung, so dass die beim Faserbruch entstehenden Bruchstücke mit wesentlich höherer Geschwindigkeit als der eingestellten Schnittgeschwindigkeit aus der Zerspanzone herauskatapultiert werden.

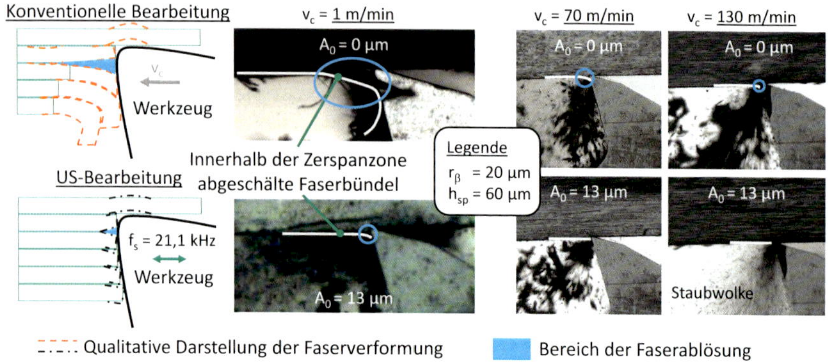

Abbildung 6.1: Spanbildungsprozess bei $\Phi = 0$
Chip formation process at $\Phi = 0°$

Die Überlagerung der Ultraschallschwingung hat einen ähnlichen Effekt wie die Steigerung der Schnittgeschwindigkeit jedoch mit deutlich stärkerer Ausprägung. Mit größer werdender Amplitude wird der Bereich der Faserdurchbiegung auch bei der kleinen Schnittgeschwindigkeit von v_c = 1 m/min drastisch reduziert. Die Reduktion lässt sich dabei mit Hilfe der starken, hochfrequenten Werkzeugbeschleunigung und der damit einhergehenden Steigerung der resultierenden Schnittgeschwindigkeit erklären. Durch die immense Beschleunigung der Schneide unterliegen die spröden Verstärkungsfasern einer nur wenige Mikrosekunden andauernden, aber extrem hohen mechanischen Peakbelastung, werden anschließend entlastet und innerhalb kürzester Zeit wieder komplett belastet. Bei ausreichend hoher Amplitude erfolgt hierdurch ein impulsinduzierter Faserbruch, wodurch die Fasertrennung bereits in unmittelbarer Nähe zum Schneidkeil erfolgt und die Faserablösung nahezu komplett unterbunden wird. Der Fasertrennvorgang an sich läuft in analoger Weise zur konventionellen Bearbeitung ab, jedoch innerhalb einer signifikant kürzeren Zeitdauer und damit stärker lokalisiert. Als Folge dessen entsteht insbesondere bei einer Überlagerung mit höheren Schnittgeschwindigkeiten eine großflächige Wolke aus feinsten Abtragspartikeln, welche mit einer im Vergleich zur konventionellen Bearbeitung nochmals deutlich höhere Geschwindigkeit aus der Zerspanzone geschleudert werden und damit eine stärkere Materialvorspannung durch die Impulsbelastung signalisieren.

Fasertrennwinkel $\Phi = 45°$

Trifft die Schneide mit einem Winkel von $\Phi = 45°$ auf das Laminat kommt es zunächst zu einer Rissbildung und partiellen Schädigung innerhalb der schwachen Matrixschichten, wodurch die ursprüngliche Stützwirkung für die Fasern nicht mehr vollständig gegeben ist. Die Fasern werden durch das voranschreitende Werkzeug hauptsächlich auf Druck und Schub quer zur Faserrichtung über ausgeprägte Quetsch- und Stauchvorgänge beansprucht und dabei lokal in Richtung des Werkstücks gedrückt. Bei diesen Eingriffsbedingungen mit einem lokalen Druckmaximum im Bereich der Schneidkantenverrundungen werden die werkzeugnahen Faserbündel am stärksten verformt und versagen bei Überschreitung der Faserfestigkeit. Aufgrund der Faserverformung kommt es zeitgleich zu einer Zugbelastung an den unmittelbar unterhalb der Schneide befindlichen Fasersträngen, wodurch es darüber hinaus im Material zu vereinzelten Faserbrüchen, die dauerhaft im Werkstück verbleiben, kommen kann (Abbildung 6.2).

Die Druckspannung auf die bereits durchtrennten Fasern stellt eine Schubbeanspruchung für das aus mechanischer Sicht schwache Matrixmaterial dar, so dass die gebrochenen Faserbündel/-schichten im zweiten Schritt durch einen erneuten Zwischenfaserbruch entlang der Faser-Matrix-Ebene in Richtung der Faserorientierung und schließlich entlang der Spanfläche abgleiten.

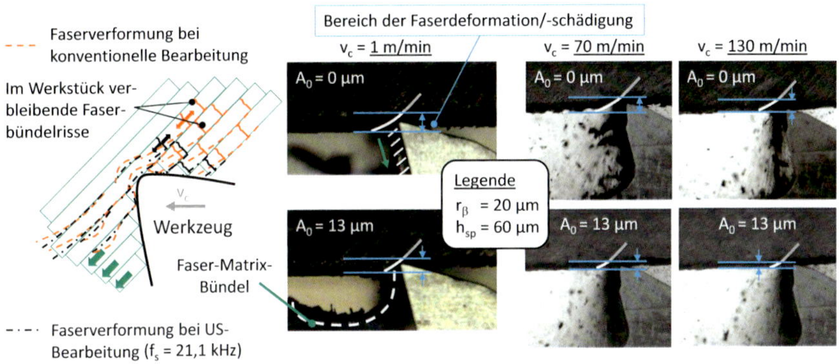

Abbildung 6.2: Spanbildungsprozess bei Φ = 45°
Chip formation process at Φ = 45°

Eine kleine Schnittgeschwindigkeit reicht nicht aus, um die zu unterschiedlichen Zeitpunkten durchtrennten Faserpakete vollständig voneinander zu separieren. Diese schmiegen sich vielmehr an die Spanfläche an und gleiten sukzessive hintereinander gestapelt vom Werkstück weg. Erst bei Überschreitung einer gewissen Spanlänge reißt die Verbindung der Stapel und der abgetrennte Teil wird aus der Zerspanzone befördert. Wird der kleinen Schnittgeschwindigkeit eine zusätzliche Ultraschallschwingung überlagert, verformt sich, aufgrund der zusätzlich eingebrachten Energie, der Matrixwerkstoff im Span und krümmt sich von der Spanfläche weg. Dabei tänzelt der Span aufgrund der lockeren Verbindung zwischen den Paketen vor der Schneide, ohne dass es zu einer definierten Trennung kommt. Wie bei der konventionellen Bearbeitung kommt es auch hier erst bei einer höheren Spanlänge zu einer unkontrollierten Abtrennung der Spansegmente. Insgesamt lässt sich bei überlagerter Ultraschallschwingung zudem eine deutlich geringere Beeinflussung der Werkstückrandzone in Form von durch den Schneidendruck gebogenen sowie gebrochenen Fasern festhalten.

Eine Verringerung der Randzonenbeeinflussung lässt sich auch bei höheren Schnittgeschwindigkeiten ausmachen. Durch die schnellere Werkzeugbewegung steht den Fasern weniger Zeit zur Verfügung, um vor der Schneide auszuweichen. Folglich wird der kritische Biegeradius, bei dem die zulässige Zugfestigkeit der Fasern überschritten wird, schneller erreicht. Mit höher werdender Schnittgeschwindigkeit steigt die Anzahl der Einzelbrüche. Das Material wird immer stärker in seine Einzelkomponenten zerlegt und die im Werkstück verbleibenden Fasern weniger stark verformt.

Diese Effekte werden bei zusätzlicher Überlagerung der Ultraschallschwingung noch deutlich sichtbar verstärkt. Die impulsartige Faserbelastung mit partiell signifikant höherer Gesamtschnittgeschwindigkeit pulverisiert das Werkstückmaterial. Die resultierenden Abtragsprodukte bestehen aus ganz kurzen Faserbruchstücken und feinsten Stäuben mit entsprechend positiven Folgen für die Ausprägung der Randzonenverformung/-schädigung.

Fasertrennwinkel $\Phi = 90°$

Stehen die Verstärkungsfasern senkrecht zur Vorschubrichtung der Schneide muss jede Faser einzeln getrennt werden. Beim frontalen Auftreffen des Werkzeuges auf das Laminat wird die Faser-Matrix-Struktur zunächst zusammengestaucht, wobei erste vorlaufende Matrixbrüche hervorgerufen werden. Die Fasern verlieren innerhalb des vorgeschädigten Bereiches die Stützwirkung und verformen sich in Vorschubrichtung des Werkzeuges, wobei Sie in den tiefer liegenden Laminatbereichen weiterhin ihre aus dem Herstellungsverfahren resultierende Verbundhaftung aufweisen und damit starr fixiert sind. Hierdurch kommt es zu einer in Vorschubrichtung des Werkzeuges orientierten Verbiegung der Verstärkungsfasern. Wird dabei die zulässige Dehnung am äußeren Biegeradius der Fasern überschritten, kommt es zum vollständigen Bruch (Abbildung 6.3).

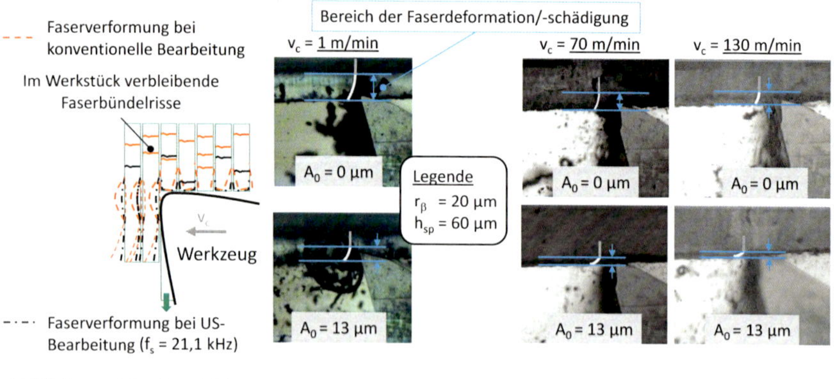

Abbildung 6.3: Spanbildungsprozess bei $\Phi = 90°$
Chip formation process at fiber cutting angle of 90°

Durch die ausgeprägte Biegung der Fasern kommt es darüber hinaus zu Grenzflächenbrüchen, die in Faserrichtung orientiert sind und sich bei ungünstigen Bedingungen über die Schnittkante hinaus bis ins Innere des Werkstücks fortpflanzen und damit dauerhaft im Bauteil verbleiben können. Der durch die Faserbiegung betroffene Bereich kann dabei durch die Anwendung höherer Schnittgeschwindigkeiten, den Einsatz scharfkantiger Werkzeuge sowie die Überlagerung der Ultraschallschwingung in seiner Ausprägung reduziert werden.

Die Wirkungsweise der zusätzlichen Ultraschallbewegung kann aus der Beschreibung der Vorgänge bei den bereits behandelten Fasertrennwinkeln übernommen werden. Die hochfrequente Schwingung bietet demnach in Kombination mit einer höheren Schnittgeschwindigkeit das Potenzial zur Reduzierung von prozessinduzierten Laminatschädigungen. Dies gilt insbesondere für die Zerspanung unter einem Fasertrennwinkel von $\Phi = 90°$, da die Faserbiegung nur im Bereich der erzeugten Werkstückkante erfolgt und durch die hochfrequente Belastung sowie die damit einhergehende Vervielfachung der Einzelbrüche, die für eine Fortpflanzung von ungewünschten Zwischenfaserbrüchen zur Verfügung stehende Zeit minimiert wird. Damit steigt die Wahrscheinlichkeit, dass ein initiierter Zwischenfaserbruch vom Werkstück abgetrennt wird, bevor es sich ins Innere ausbreiten kann.

Fasertrennwinkel $\Phi = 135°$

Überschreitet der Fasertrennwinkel einen Wert von $\Phi = 90°$ stehen die Fasern entgegengesetzt zur Richtung des Werkzeugvorschubs (stechende Anordnung in Bezug auf die Orientierung der Schnittgeschwindigkeit). Die im Kontakt mit der Schneide stehenden Fasern werden hierbei nicht nur senkrecht zur Faserachse belastet, sondern zusätzlich auch in Längsrichtung. Dabei werden sie in Faserrichtung in den Verbund hineingestaucht und gleichzeitig in Schnittrichtung gebogen, wodurch sie eine kombinierte Druck-Biege-Belastung erfahren (Abbildung 6.4).

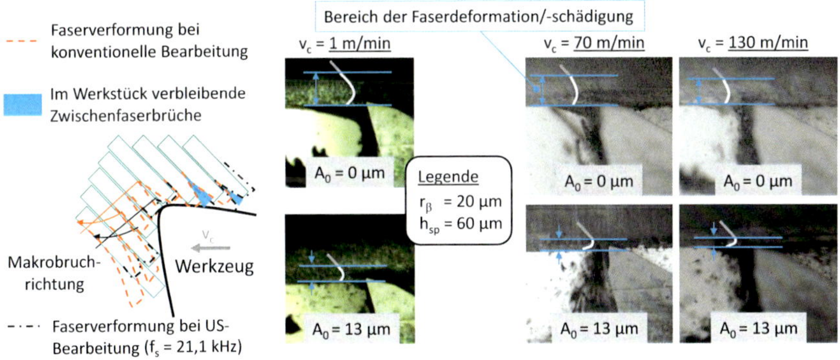

Abbildung 6.4: Spanbildungsprozess bei bei $\Phi = 135°$
Chip formation process at fiber cutting angle of 135°

In unmittelbarer Nähe zur Werkzeugspitze entsteht zunächst ein vorlaufender Zwischenfaserbruch. Das Werkzeug fungiert an dieser Stelle in Form eines Keils, der sich zwischen die Faserlagen schiebt und die oberhalb des entstandenen Zwischenfaserbruchs befindlichen Faserbündel aufgrund ihrer fehlenden Stützwirkung stark verformt. Sobald die Verformung der Fasern durch das

Entlanggleiten auf der Spanfläche zu groß wird, reißen diese aufgrund der Überschreitung der ertragbaren Faserbiegung. An dieser Stelle wird der Riss senkrecht zur Faserorientierung bis zum Erreichen der Werkstückoberfläche umgelenkt und das Faserpaket entlang der Spanfläche aus der Zerspanzone befördert. Bedingt durch die übermäßige Faserverformung während des Trennvorgangs wird das Laminat stark verzerrt. Dies gilt insbesondere für kleine Schnittgeschwindigkeiten und verschlissene Werkzeuge mit großer Schneidkantenverrundung.

Analog zu den bereits beschriebenen Spanbildungsvorgängen bei den anderen Fasertrennwinkeln lässt sich der durch ungewünschte Faserbiegung beeinflusste Bereich auch bei stechender Faseranordnung über die Anwendung der Ultraschalltechnologie merklich reduzieren, was an dieser Stelle ebenfalls auf die impulsartige Belastung der Fasern und die damit einhergehende hochfrequente Entstehung von Einzelbrüchen zurückgeführt wird.

Zusammenfassend lässt sich festhalten, dass die zusätzlich überlagerte Ultraschallschwingung bei allen untersuchten Fasertrennwinkeln zu einer stärkeren Bruchlokalisierung bei gleichzeitiger Vermehrung von Fasereinzelbrüchen führt. Die zwangsläufig während der mechanischen Bearbeitung induzierten Zwischenfaserbrüche können sich dadurch nicht in weiter von der Werkzeugschneide befindliche Bereiche fortpflanzen, weil die zum Wachstum des Bruchs zur Verfügung stehende Zeit zwischen mehreren aufeinanderfolgenden mechanischen Impulsen, nicht ausreicht. Im Vergleich zur konventionellen Bearbeitung brechen die Fasern in kürzere Bruchstücke, welche wiederum einfacher und schneller aus der Zerspanzone befördert werden können, so dass weniger Quetsch- und Reibungsvorgänge zwischen Werkzeug und Werkstück stattfinden, was wiederum in einem weniger stark verformten Randbereich der Werkstückoberfläche resultiert. Insgesamt ist somit davon auszugehen, dass die Ultraschallüberlagerung zu einer Reduktion der Zerspankraft sowie einer Verbesserung der Oberfläche führt. Inwiefern diese Vermutung zutrifft, soll in den nachfolgenden Kapiteln näher beleuchtet werden.

6.2 Einfluss von Schnitt- und Schwingungsparametern auf Zerspankraft

Influence of Cutting and Vibration Parameters on Process Force

Bevor auf den Einfluss der Ultraschallüberlagerung auf die beiden Zerspankraftkomponenten (Schnitt- und Schnittnormalkraft) eingegangen wird, soll im ersten Schritt die konventionelle Bearbeitung analysiert werden. Das Ziel dieser Analyse ist die Sicherstellung der Vergleichbarkeit der Ergebnisse vom Analogie-Prüfstand mit den aus der Literatur bekannten Erkenntnissen. Gleichzeitig wird eine Basis geschaffen, um die Veränderung durch die Anwendung der Ultraschallschwingung quantifizieren zu können.

6.2.1 Konventionelle Bearbeitung

Abbildung 6.5 zeigt die Schnittkraft über dem Schnittweg für zwei bei identischen Bedingungen durchgeführte Einzelschnitte und die vier zuvor betrachteten Fasertrennwinkel. Gemäß der Darstellung lässt sich von einer ausreichend guten Wiederholgenauigkeit der Einzelschnitte am Analogie-Prüfstand ausgehen. Lediglich bei $\Phi = 135°$ weisen die Kraftkurven etwas unterschiedliche Verläufe auf, was an der Makrobruch-Faserbruchcharakteristik liegt.

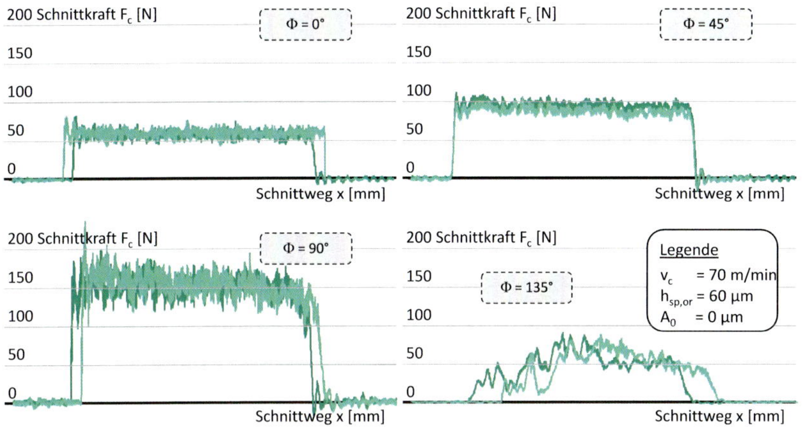

Abbildung 6.5: Vergleich der Rohsignale für F_c bei sonst gleichen Schnittbedingungen
Comparison of raw signals for principle force at equal conditions

Wie aus zahlreichen Veröffentlichungen bereits bekannt, ist sowohl das Niveau als auch die Dynamik der Schnittkraft, aber auch der hier nicht angeführten Schnittnormalkraft, für die verschiedenen Fasertrennwinkel unterschiedlich stark ausgeprägt. Aus Gründen der guten Vergleichbarkeit zwischen Messungen dieser Arbeit und bereits bekannten Ergebnissen erfolgt an dieser Stelle keine erneute Erklärung, sondern lediglich ein Verweis auf die Erkenntnisse der Literatur.

Werden die Rohdaten der Kraftmesssignale für die konventionelle Zerspanung bei einer Spanungsdicke von $h_{sp,or}$ = 60 µm gemäß Kapitel 4.2 aufbereitet, der Mittelwert aus drei Einzelmessungen ermittelt und für die unterschiedlichen Fasertrennwinkel über der Schnittgeschwindigkeit aufgetragen, ergibt sich das in Abbildung 6.6 dargestellte Bild.

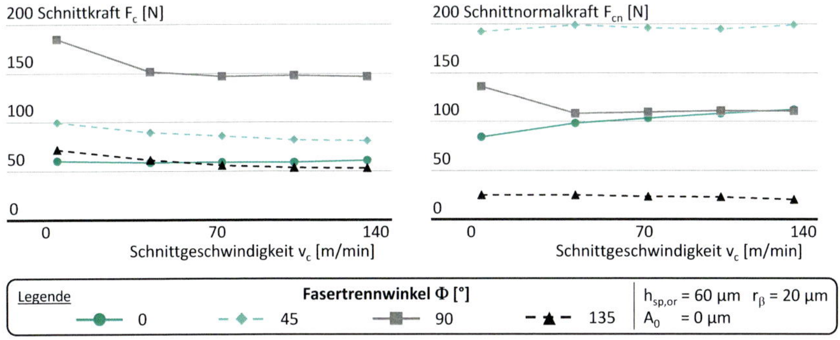

Abbildung 6.6: Einfluss der Schnittgeschwindigkeit auf die Zerspankraftkomponenten
Influence of cutting speed on process force components

Demnach lässt sich eine Reduzierung der Schnittkraft im Bereich niedriger Schnittgeschwindigkeiten (bis v_c = 40 m/min) mit Zunahme von v_c für alle Fasertrennwinkel außer Φ = 0° beobachten. Wir die Schnittgeschwindigkeit darüber hinaus gesteigert, erfolgt keine weitere Veränderung der Schnittkraftwerte. Als Begründung hierfür kann neben der temperaturbedingten Matrixerweichung auch die höhere Auftreffgeschwindigkeit des Werkzeuges herangeführt werden. Diese sorgt insbesondere bei den energieaufwändigeren druck- bzw. schubinduzierten Fasertrennmechanismen für eine Verbesserung des Bruchvorgangs, jedoch nur im Bereich kleiner Schnittgeschwindigkeiten.

Anders als die Schnittkraft verzeichnet die Schnittnormalkraft bis auf einzelne Ausnahmefälle eine minimale Zunahme bei Steigerung der Schnittgeschwindigkeit. Lediglich bei einem Fasertrennwinkel von Φ = 135° mit dem insgesamt geringsten Kraftniveau und im niedrigen Bereich der Schnittgeschwindigkeit bei einem Schnittwinkel von Φ = 90° bleiben die Kraftwerte konstant oder reduzieren sich. Insgesamt ist der Einfluss von v_c auf die Schnittnormalkraft für praxisrelevante Niveaus der Schnittgeschwindigkeit vernachlässigbar klein, so dass von einem konstanten Niveau ausgegangen werden kann.

Neben dem Einfluss der Schnittgeschwindigkeit auf das Niveau der Zerspankraftkomponenten ist auch die Abhängigkeit der beiden Werte von der am Analogie-Prüfstand eingestellten Spanungsdicke untersucht worden (Abbildung 6.7). Die Schnittkraft kann hierbei in einen direkten linearen Zusammenhang mit der Spanungsdicke gebracht werden, was am Anstieg der senkrecht zur Vorschubrichtung stehenden Materialfläche liegt.

Die Steigung der Geraden hängt dabei maßgeblich vom Fasertrennwinkel ab, wobei sich die höchste Sensitivität für einen Fasertrennwinkel von Φ = 90°, bei der die Fasertrennung über eine besonders energieintensive Druck-/Schubbelastung erfolgt, einstellt.

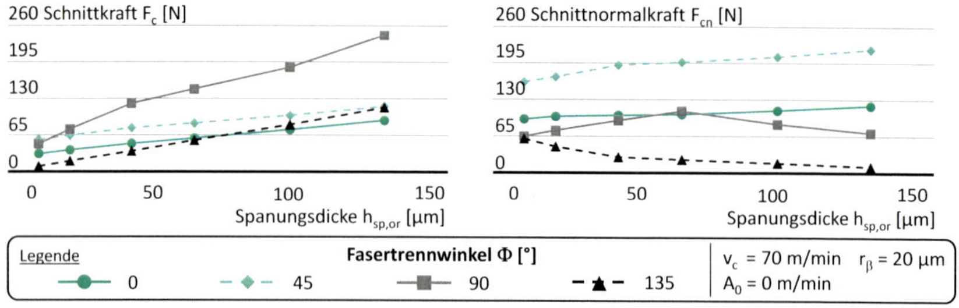

Abbildung 6.7: Einfluss der Spanungsdicke auf die Zerspankraftkomponenten
Influence of cutting depth on process force components

Die Schnittnormalkraft zeigt eine andere Art der Abhängigkeit von der Spanungsdicke. Für den Fasertrennwinkelbereich unterhalb von Φ = 90° zeichnen sich die Kurven durch zwei klar voneinander getrennte lineare Regionen mit positiver Steigung aus. Dieses Verhalten lässt sich, wie bereits im Stand der Technik aufgezeigt, auf den höheren Anteil der Materialrückfederung bei einem kleinen Verhältnis zwischen der Spanungsdicke h_{sp} und der Schneidkantenverrundung r_β (Knick der Kurvenverläufe bei $h_{sp,or} / r_\beta = 2$) zurückführen.

Davon abweichend verhalten sich die Verläufe der Schnittnormalkraft für einen Fasertrennwinkel von $\Phi = 90°$ und darüber hinaus. Nach einem linearen Anstieg bis zu einem Schnitttiefenverhältnis von drei, was einer Spanungsdicke von $h_{sp} = 60$ µm entspricht, reduziert sich die Kraft anschließend wieder. Das mit einem positiven Spanwinkel von $\gamma = 15°$ versehene Werkzeug erfährt bei höheren Spanungsdicken eine immer stärker anwachsende Kraft in Richtung des Werkstücks, welche durch die noch nicht vollständig getrennten Faserpakete hervorgerufen wird. Hierdurch wird die Schneide entgegen der sonstigen Kraftorientierung zum Werkstück gezogen. Aus der Überlagerung der beiden Kraftkomponenten ergibt sich eine insgesamt geringere Schnittnormalkraft. Dieses Verhalten zeigt sich ebenfalls bei allen Fasertrennwinkeln größer 90°, wobei die Kraftreduzierung an dieser Stelle auch im Bereich kleiner Spanungsdicken zu beobachten ist, wie anhand des Fasertrennwinkels von $\Phi = 135°$ ersichtlich wird. Die Schnittnormalkraft sinkt hier kontinuierlich mit Steigerung der Spanungsdicke.

Nachdem die Kraftverhältnisse bei der konventionellen Zerspanung geklärt wurden, soll sich der Fokus im weiteren Verlauf auf den Einfluss der Ultraschallschwingung bei unterschiedlichen Bearbeitungszuständen richten.

6.2.2 Ultraschallunterstützte Bearbeitung

In Abbildung 6.8 sind zunächst die Rohsignale der Kraftmessung für die konventionelle und ultraschallunterstützte Bearbeitung bei einer Schnittgeschwindigkeit von $v_c = 1$ m/min, einer Spanungsdicke von $h_{sp} = 60$ µm und einem Fasertrennwinkel von $\Phi = 45°$ vergleichend dargelegt. Neben den unterschiedlichen Kraftniveaus für beide Zerspankraftkomponenten ist auch die Zunahme der Prozessdynamik bei überlagerter Ultraschallschwingung ersichtlich. Die höhere Dynamik lässt dabei die Vermutung zu, dass es zu einer höheren Anzahl an Einzelbrüchen im Laminat kommt, was die Aussagen beim Erklärungsmodel des Spanbildungsvorgangs bekräftigen würde. Die einzelnen Zyklen der hochfrequenten Schwingung lassen sich bei ausreichender Messsignalauflösung auch im Rohsignal der Kraftmessung wiederfinden.

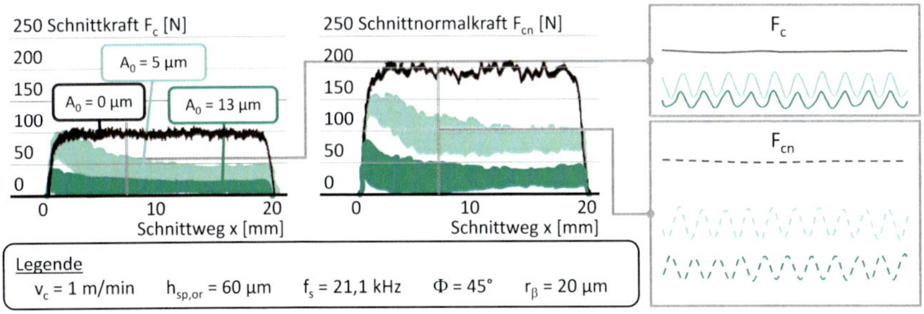

Abbildung 6.8: Rohdaten der Kraftaufnahme und qualitativer Vergleich der Kraftmessungen
Raw data of force measurement and qualitative comparison of force measurements

Darüber hinaus wird aus den Kraftsignalen mit überlagerter Ultraschallschwingung ersichtlich, dass bei diesem Prozess eine längere Zeitdauer zur Stabilisierung der Kraftmessung erforderlich ist. Der Eintrittsbereich ist deutlich größer als bei der konventionellen Zerspanung. Dies wird bei der Wahl der Auswertebereiche entsprechend berücksichtigt, um ungewünschte Effekte der Ein- und Auslaufregionen zu eliminieren.

Im nächsten Abschnitt wird im ersten Schritt untersucht, wie sich die Überlagerung der Ultraschallschwingung auf die beiden relevanten Zerspankraftkomponenten bei unterschiedlichen Schnittgeschwindigkeiten auswirkt.

Einfluss der Schnittgeschwindigkeit auf die Zerspankraftkomponenten bei der US-Bearbeitung

Abbildung 6.9 zeigt die Mittelwerte und Standardabweichungen von Schnitt- und Schnittnormalkraft bei der konventionellen Bearbeitung mit einer Schnittgeschwindigkeit von v_c = 1 m/min sowie einer Spanungsdicke von $h_{sp,or}$ = 60 µm und vergleicht diese mit den Messungen bei überlagerter Ultraschallschwingung. Die Frequenz der Schwingung betrug f_s = 21,1 kHz, wobei zwei unterschiedliche Amplituden von A_0 = 5 und A_0 = 13 µm an der Werkzeugspitze eingestellt wurden. Darüber hinaus erfolgte der Vergleich für zwei unterschiedliche Werkzeugtypen, die in Form der Schneidkantenverrundung von r_β = 20 µm und r_β = 45 µm Realisierung finden.

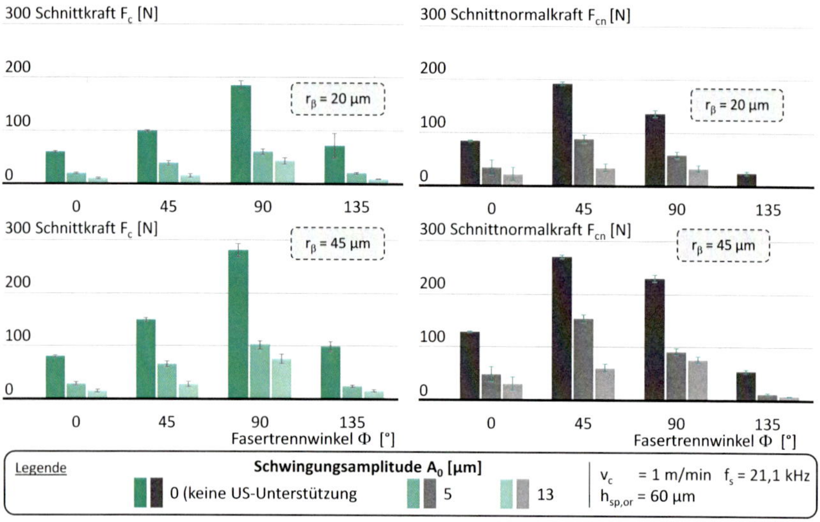

Abbildung 6.9: F_c und F_{cn} für unterschiedliche Φ, A_0 und r_β bei v_c = 1 m/min
Principle and thrust force for different Φ, A_0 and r_β for v_c = 1 m/min

Insgesamt lässt sich festhalten, dass das Niveau beider Zerspankraftkomponenten durch die Ultraschallunterstützung deutlich gesenkt wird. Die Reduzierung fällt bei größerer Schwingungsamplitude stärker aus, wobei der Unterschied zwischen konventioneller und ultraschallunterstützter Bearbeitung deutlicher ausfällt als zwischen den beiden untersuchten Amplituden. Die Kraftunterschiede zwischen den verschiedenen Fasertrennwinkeln mit entsprechend unterschiedlichen Fasertrennmechanismen sind bei der schwingungsunterstützten Zerspanung signifikant kleiner.

Die Anisotropie des Werkstoffes tritt hier offensichtlich weniger stark zum Vorschein. Bei dezidierter Betrachtung der Kraftniveaus für die diskreten Fasertrennwinkel lässt sich eine nahezu gleiche prozentuale Reduktion bei beiden Zerspankraftkomponenten über den gesamten Versuchsumfang beobachten. Dies gilt grundsätzlich auch bei Zunahme der Schneidkantenverrundung, die hier stellvertretend für einen höheren Werkzeugverschleiß steht. Der Einfluss der Ultraschallschwingung lässt sich damit bei der Schnittgeschwindigkeit v_c = 1 m/min eindeutig anhand der gemittelten Schnitt- und Schnittnormalkraft nachweisen. Inwieweit das auch bei höheren für die Praxis relevanten Schnittgeschwindigkeiten zutrifft, soll nachfolgend analysiert werden.

Abbildung 6.10 zeigt die Mittelwerte der Schnitt- und Schnittnormalkraft für die konventionelle und schwingungsunterstützte Bearbeitung bei drei unterschiedlichen Amplitudenniveaus und fünf diskreten Schnittgeschwindigkeitswerten.

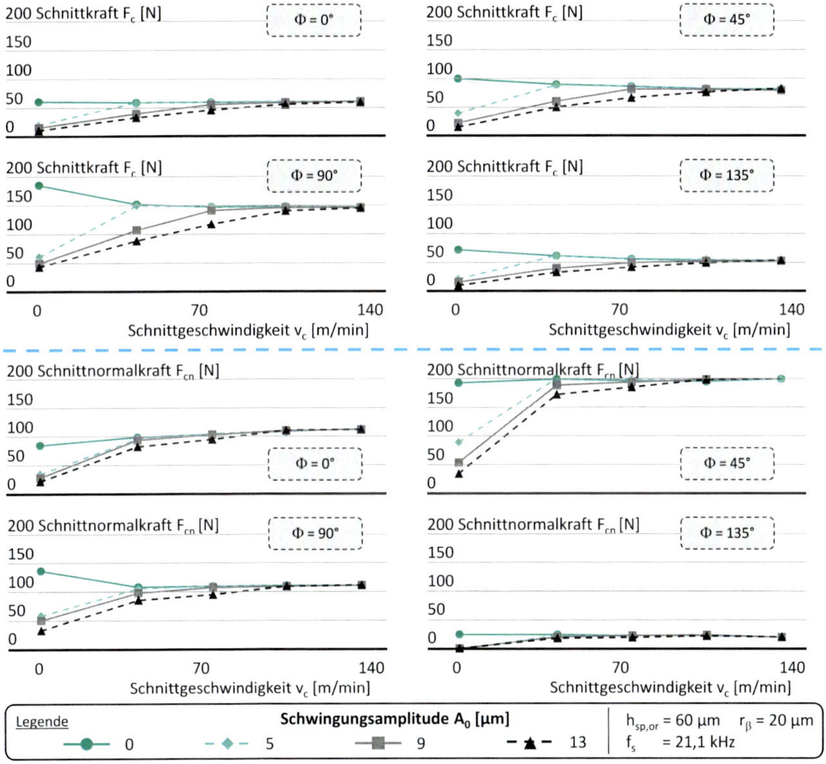

Abbildung 6.10: F_c und F_{cn} für unterschiedliche Φ und A_0 bei Variation von v_c

Principle and thrust force for different Φ and A_0 at varying v_c

Unabhängig vom Fasertrennwinkel nähern sich die Niveaus beider Zerspankraftkomponenten bei Zunahme der Schnittgeschwindigkeit einander an. Im Bereich von v_c = 130 m/min unterscheiden sich die Kraftwerte aller untersuchten Prozessvarianten nicht mehr nennenswert voneinander.

Wird die Schnittgeschwindigkeit reduziert, entfernen sich die Kurvenverläufe voneinander. Die Höhe der eingestellten Schwingungsamplitude entscheidet hierbei über die im Vergleich zur konventionellen Bearbeitung vorherrschenden Kraftverhältnisse. Während die Bearbeitung bei einer Schwingungsamplitude von A_0 = 5 µm ab einer Schnittgeschwindigkeit von v_c = 40 m/min die gleichen Kraftniveaus wie die konventionelle Zerspanung erzeugt, kann für eine Amplitude von A_0 = 13 µm erst im Bereich von v_c = 130 m/min kein Unterschied mehr zwischen konventioneller und schwingungsunterstützter Bearbeitung festgestellt werden. Dieses Verhalten gilt gleichermaßen für die Werte von Schnitt- und Schnittnormalkraft, so dass im weiteren Verlauf über den Satz des Pythagoras, die sich auf beiden Komponenten zusammensetzende Zerspankraft F_Z bestimmt und zur Analyse verwendet wird.

Um einen Erklärungsansatz für die Ausprägung der Zerspankraftverläufe bei Anwendung verschiedener Schwingungsparameter zu finden, soll primär die aus Abschnitt der kinematischen Prozessmodellierung (Kapitel 5.2) bekannte Prozesskenngröße der relativen Eingriffsdauer ED_{rel} als rein aus der Prozesskinematik hergeleitete Größe zur Beschreibung der Kontaktunterbrechung beim ultraschallunterstützten Prozess herangezogen werden (Abbildung 6.11). Bei Betrachtung der höchsten untersuchten Schnittgeschwindigkeit aus der konventionellen Werkzeugbewegung von v_c = 130 m/min ergeben sich bei allen Prozessbedingungen die gleichen Kraftwerte. Dies liegt an der Tatsache, dass sich für die untersuchten Kombinationen aus Schwingungsfrequenz und -amplitude keine Schnittunterbrechung, also eine relative Eingriffsdauer von 100%, ergibt. Entsprechend kann der Einfluss der Schnittkraftschwankung/-erhöhung auf die gemittelte Zerspankraft vernachlässigt werden. Wie in Abbildung 6.6 bereits gezeigt, besteht nur ein sehr geringer Einfluss der Schnittgeschwindigkeit auf das Niveau beider Zerspankraftkomponenten, wodurch die einheitlichen Kraftniveaus erklärt werden können.

Kommt es durch die Ultraschallschwingung zu einer Unterbrechung des Schnittprozesses und somit auch zu einem impulsartigen Wiedereintritt des Werkzeuges ins Werkstück, lässt sich eine Reduzierung der gemittelten Kraft messtechnisch erfassen. Dabei lässt sich eine direkte Korrelation zwischen der relativen Eingriffsdauer ED_{rel} und der Zerspankraft herstellen. Als Maßnahme zur Reduzierung von ED_{rel} sei an dieser Stelle neben der Anhebung der Schwingungsamplitude, welche systemtechnisch begrenzt ist, auch die Verwendung von Schwingungssystemen mit höherer Schwingungsfrequenz (siehe Abbildung 5.8) genannt.

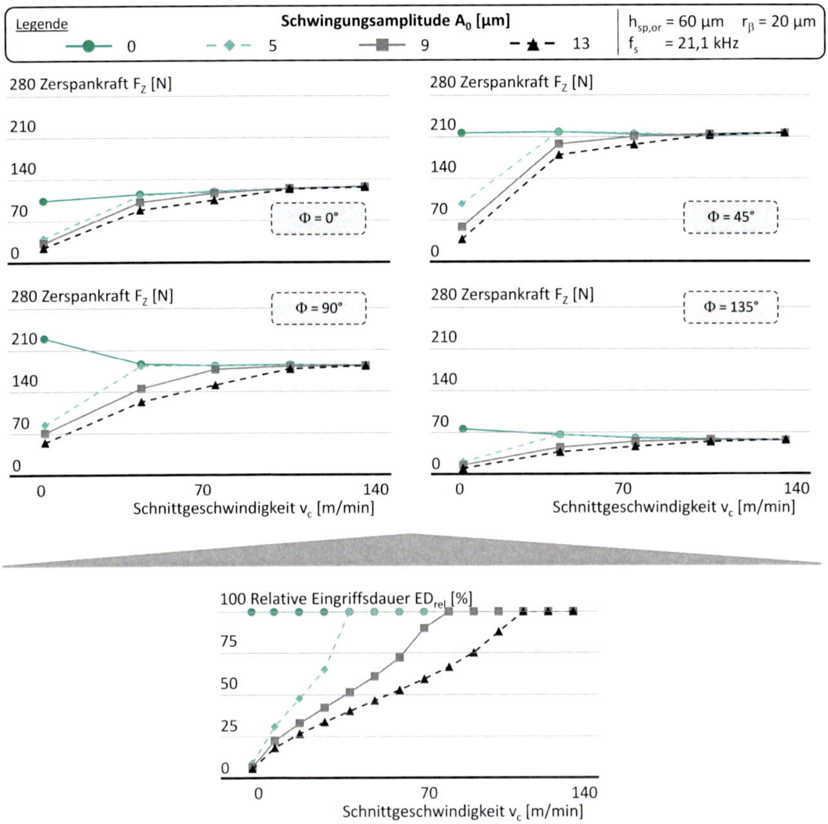

Abbildung 6.11: Zusammenhang zwischen Prozesskenngrößen und der Zerspankraft F_Z
Relation between characteristic process values and force

Einfluss der Spanungsdicke auf die Zerspankraftkomponenten bei der US-Bearbeitung

Im nächsten Schritt soll der Einfluss der Ultraschallschwingung auf die Komponenten der Zerspankraft bei unterschiedlichen Spanungsdicken untersucht werden. Hierfür wird eine konstante Schnittgeschwindigkeit von v_c = 70 m/min und eine Amplitude von A_0 = 13 µm bei der ultraschallunterstützten Variante eingestellt.

Tendenziell weisen die Kurvenzüge sowohl für die konventionelle als auch schwingungsunterstützte Bearbeitung bei allen Fasertrennwinkeln den gleichen Verlauf auf (Abbildung 6.12). Die Schnittkraft erfährt dabei für ansteigende Spanungsdicken eine immer größere Reduzierung durch die Ultraschallunterstützung, so dass beide Kurven zunehmend auseinanderdriften. Bei der Schnittnormalkraft muss hingegen zwischen Fasertrennwinkeln unterhalb und oberhalb von 90°

unterschieden werden. Während die Kraftsignale für die konventionelle und US-unterstützte Bearbeitung in der oberen Hälfte der Fasertrennwinkel eine nahezu konstante Reduzierung über dem gesamten Spanungsdickenbereich aufweisen, weichen die Kraftmessungen bei Fasertrennwinkeln unterhalb von 90° sowohl im niedrigen als auch hohen Bereich der untersuchten Spanungsdicke stärker voneinander ab. Die geringste Reduzierung wird bei einer Spanungsdicke von h_{sp} = 60 µm erreicht. Bei Verwendung des Werkzeuges mit größerer Schneidkantenverrundung (r_β = 45 µm) ist ein ähnliches Bild gezeichnet worden. Das entsprechende Diagramm ist im Anhang (A1) dieser Arbeit zu finden.

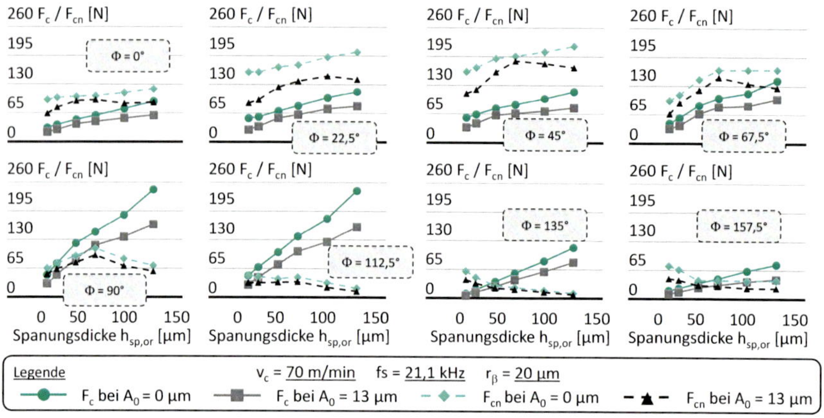

Abbildung 6.12: F_c und F_{cn} für unterschiedliche Φ und A_0 bei Variation der Spanungsdicke

Cutting and thrust force for different Φ and A_0 at varying cutting depth

Wird das Ziel einer möglichst geringen Kraftschwankung und damit die Reduzierung der besonders hohen Kraftniveaus (Fasertrennwinkelbereich um 90° für die Schnittkraft und 45° für die Schnittnormalkraft) bei gleichzeitig hoher Produktivität verfolgt, bietet sich an dieser Stelle das Mittel der Spanungsdickenanhebung an. Dieser Umstand wird ebenfalls anhand von Abbildung 6.13 verdeutlicht, bei dem die Zerspankraft für unterschiedliche Spanungsdicken über dem Fasertrennwinkel aufgetragen ist. Der Unterschied zwischen beiden Kurvenzügen ist für die Spanungsdicke von $h_{sp,or}$ = 120 µm über den gesamten Fasertrennwinkelbereich besonders stark zu erkennen. Die Zerspankraft für die ultraschallunterstützte Bearbeitung befindet sich hierbei trotz einer Verdopplung des Vorschubs auf einem ähnlich niedrigen Niveau wie für die Bearbeitung bei $h_{sp,or}$ = 60 µm. Insgesamt lässt sich demnach ein eindeutiger Zusammenhang zwischen der relativen Eingriffsdauer sowie der damit einhergehenden impulsartigen Energieeinbringung und dem Niveau der Zerspankraft im Vergleich zur konventionellen Bearbeitung nachweisen. In Abhängigkeit von den eingestellten Prozessgrößen bei der konventionellen Zerspanung kann damit gezielt über die Wahl der Schwingungsparameter auf die Zerspankraft eingewirkt werden. Im Hinblick auf die Zerspankraft sollte hierbei eine möglichst große Spanungsdicke eingestellt werden, um die Vorteilhaftigkeit der Ultraschalltechnologie vollständig auszunutzen.

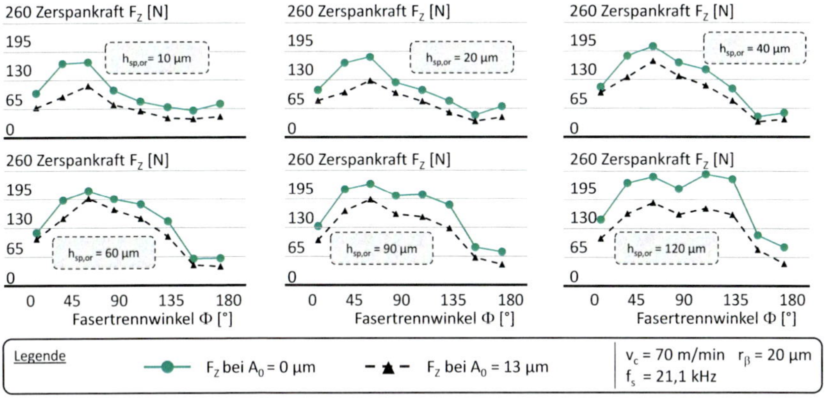

Abbildung 6.13: F_Z in Abhängigkeit von $h_{sp,or}$ und A_0 bei unterschiedlichen Fasertrennwinkeln
Process force for different $h_{sp,or}$ and A_0 for different fiber cutting angles

Im letzten Teil des Kapitels soll abschließend der Einfluss der Ultraschallschwingung auf die erzeugte Werkstückqualität aufgezeigt und damit ein gesamtheitliches Verständnis der Wirkzusammenhänge bei der schwingungsunterstützten Zerspanung von kohlenstofffaserverstärkten Kunststoffen erarbeitet werden.

6.3 Einfluss von Schnitt- und Schwingungsparametern auf Qualität

Influence of Cutting and Vibration Parameters on Quality

Bevor näher auf den Vergleich der Werkstückoberflächen eingegangen wird, soll an dieser Stelle auf die Randbereichsproblematik bei der Bearbeitung von unidirektional faserverstärkten Laminaten im Orthogonalschnitt eingegangen werden. Aufgrund der im Decklagenbereich fehlenden Stützwirkung durch Nachbarschichten sowie der Tatsache, dass über die gesamte Schnittlänge eine einzige gleichbleibende Faserorientierung geschnitten wird, kommt es bei allen von 0° abweichenden Fasertrennwinkeln zu einem unsauberen Schnitt im Randbereich des Laminats (Abbildung 6.14).

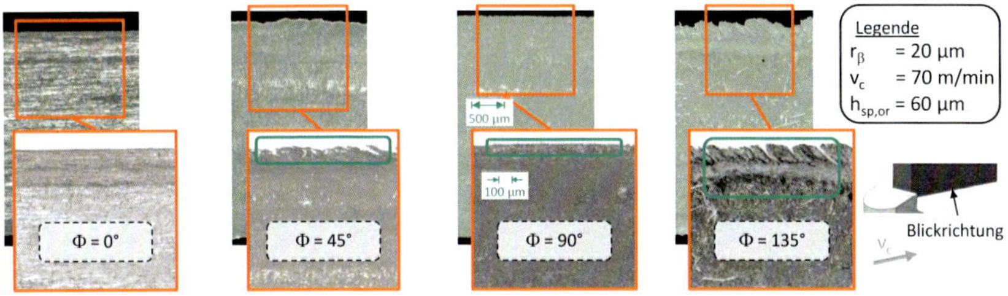

Abbildung 6.14: Schnittqualität der decklagennahen Bereiche beim Orthogonalschnitt
Cut quality of laminate regions close to the top layers for orthogonal cutting

Der Randbereich weist insbesondere bei einem Fasertrennwinkel von Φ = 135° starke Ausfransungen auf, da die decklagennahen Faserbündel der Werkzeugschneide ausweichen und lediglich zerfurcht anstatt sauber durchtrennt werden. Für andere Faserorientierung ist diese Laminatschädigung zwar weniger stark ausgeprägt, aber stets vorhanden. Im Rahmen der Qualitätsanalyse werden nur die mittigen Laminatschichten analysiert, da die Randzonenprobleme bei der Fräsbearbeitung von unidirektional verstärkten Schichten aufgrund des rotierenden Werkzeuges nicht auftreten.

6.3.1 Werkstückqualität bei geringer Schnittgeschwindigkeit

Der Einfluss der US-Schwingung auf den Spanbildungsvorgang und die Zerspankraft ist gemäß der beiden vorangegangenen Kapitel besonders stark bei der Anwendung einer kleinen Schnittgeschwindigkeit zum Tragen gekommen. Neben einem weniger stark deformierten Randbereich wurde eine signifikante Reduzierung der mittleren Zerspankraft im Vergleich zur konventionellen Bearbeitung detektiert. Inwieweit sich diese Aspekte auf die Werkstückqualität niederschlagen, wird zunächst bei ebendieser niedrigen Schnittgeschwindigkeit von v_c = 1 m/min untersucht.

Abbildung 6.15 zeigt hierzu sowohl die Flächenrauheit Sa als auch die arithmetische mittlere Welligkeit Wa für die konventionelle Bearbeitung und die ultraschallunterstützte Variante mit einer Amplitude von A_0 = 5 µm bzw. A_0 = 13 µm bei unterschiedlichen Fasertrennwinkeln. Darüber hinaus werden an dieser Stelle erneut Werkzeuge mit zwei unterschiedlichen Schneidkantenverrundung gegenübergestellt.

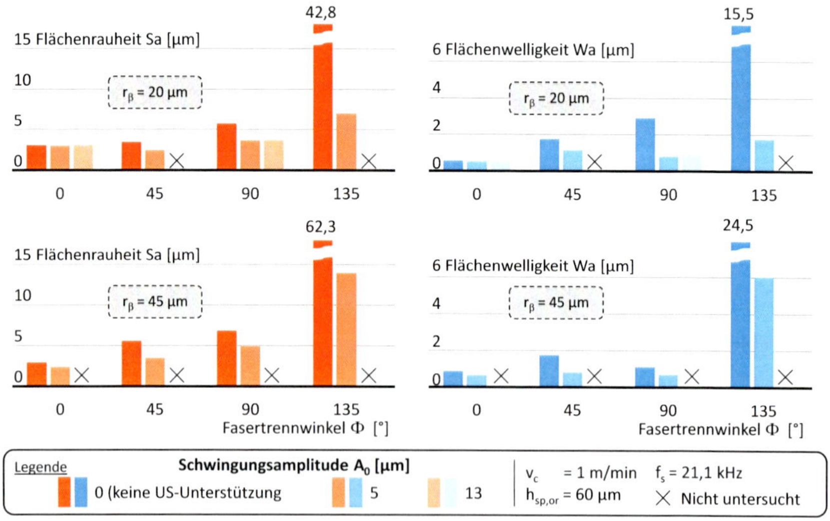

Abbildung 6.15: Sa und Wa für unterschiedliche Φ, A_0 und r_β bei v_c = 1 m/min
Sa and Wa for different Φ, A_0 and r_β for v_c = 1 m/min

Grundsätzlich lässt sich bereits an dieser Stelle festhalten, dass sich Flächenrauheit Sa und Flächenwelligkeit Wa im gleichen Maße bei Variation von Fasertrennwinkeln und Schwingungsparametern verändern, so dass die Auswertung einer der beiden Größe zur Quantifizierung der Werkstückqualität ausreichend erscheint. Im weiteren Verlauf wird daher nahezu ausschließlich die Flächenrauheit Sa betrachtet.

Die Flächenrauheit vergrößert sich für den konventionellen Prozess kontinuierlich, aber nur leicht mit Zunahme des Fasertrennwinkels Φ von 0 auf 90° und deutlich stärker bei weiterer Steigerung des Fasertrennwinkels in den Bereich der „stechenden" Faseranordnung. Dies gilt gleichermaßen für beide Werkzeugvarianten, wobei insgesamt höhere Werte durch das Werkzeug mit der größeren Schneidkantenverrundung generiert werden. Bei Überlagerung der Ultraschallschwingung bleibt die Flächenrauheit für einen Fasertrennwinkel von $\Phi = 0°$ nahezu unverändert, reduziert sich ansonsten aber für alle anderen Winkel. Insbesondere wird bei $\Phi = 135°$ eine signifikante Verbesserung der Werkstückqualität ersichtlich. Um eine tiefergehende Analyse der Ergebnisse zu ermöglichen, werden nachfolgend REM-Aufnahmen der Schnittkanten und lichtmikroskopische Schliffbilder, die quer zur Vorschubrichtung des Werkzeuges aufgenommen wurden, bewertet.

Fasertrennwinkel $\Phi = 0°$

In Abbildung 6.16 sind ausgewählte rasterelektronische Mikroskopaufnahmen der Werkstückoberfläche bei einem Fasertrennwinkel von $\Phi = 0°$ und verschiedenen Prozesseinstellungen sowie Werkzeugvarianten dargestellt. Unabhängig von den untersuchten Randbedingungen offenbaren die mikroskopischen Aufnahmen beim Werkzeug mit der kleineren Schneidkantenverrundung von $r_\beta = 20$ µm keine bemerkenswerten Unterschiede bei der Oberflächenqualität. Die direkt mit der Schneide im Kontakt stehenden Fasern werden zwar durch die Überlagerung der Ultraschallschwingung weniger stark deformiert, jedoch werden diese durch das voranschreitende Werkzeug ohnehin komplett vom Werkstück entfernt, so dass die Reduzierung der Verformung für die Oberflächenerzeugung keine Rolle spielt.

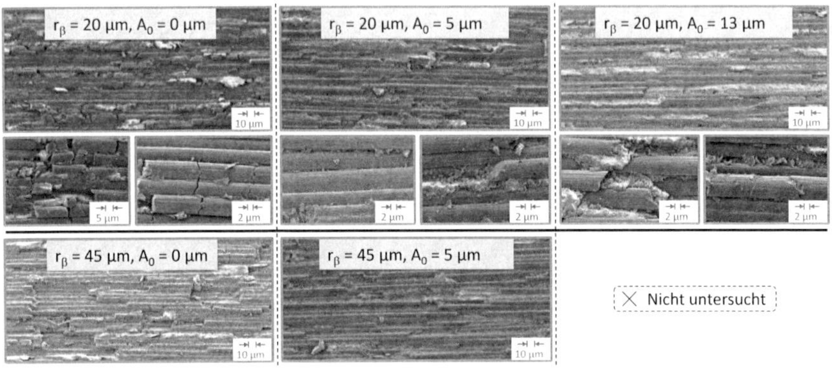

Abbildung 6.16: REM-Aufnahmen für $\Phi = 0°$ und $v_c = 1$ m/min
SEM pictures for $\Phi = 0°$ and $v_c = 1$ m/min

Die Oberflächen sind gekennzeichnet von Matrixbereichen und zumeist intakten Fasern, welche parallel in der obersten Schicht des Werkstücks vorliegen. Die Fasern liegen teilweise freigelegt oder gebrochen vor bzw. sind partiell aus der Oberfläche herausgetrennt, was auf eine hohe Druckbelastung senkrecht zum Laminat hinweist. Vereinzelt befinden sich Matrix- und Faserbruchstücke auf der Oberfläche und in den Faserzwischenräumen. Dabei handelt es sich um Material, welches im Anschluss an den Trennvorgang unter die Schneide gedrückt und unter hohem Druck in die unmittelbar zuvor erzeugte Werkstückoberfläche hineingepresst wurde. Insgesamt ist nur die oberste Faserlage durch den Zerspanprozess beeinflusst. Darüber hinaus lassen sich keine Risseingänge oder sonstige tiefere Schäden im Material identifizieren, so dass an dieser Stelle auf die Darstellung der lichtmikroskopischen Schliffbilder verzichtet wird.

Ähnliche Aussagen lassen sich auch für die durch das stärker verschlissene Werkzeug (r_β = 45 µm) generierten Oberflächen tätigen. Beim konventionellen Prozess finden sich lediglich größere Flächen mit partiell aus der Werkstückoberfläche herausgetrennten Fasern, welche in dieser Form bei der ultraschallunterstützten Variante nicht auftreten. Als mögliche Erklärung für dieses Ergebnis soll an dieser Stelle die Reduzierung der Druckbelastung genannt werden. Ist diese erhöht, steigt die Gefahr, dass Fasern in bestimmten Bereichen zu vielen kleinen Bruchstücken zerdrückt werden. Hierdurch verlieren sie ihre Matrixhaftung, werden zusammen mit den Abtragspartikeln aus der Zerspanzone abgeführt und hinterlassen stufige Vertiefungen in der obersten Faserlage.

<u>Fasertrennwinkel Φ = 45°</u>

Bei Betrachtung der Oberflächen für Φ = 45° ergibt sich ein etwas anderes Bild. Die Oberfläche beim schwingungsunterstützten Prozess mit A_0 = 5 µm (für A_0 = 13 µm sind bei v_c = 1 m/min keine Oberflächenaufnahmen analysiert worden) wirkt auf den ersten Blick deutlich glatter (Abbildung 6.17). Dies gilt insbesondere für die schärfere Werkzeugschneide. Nahezu die gesamte Schnittfläche ist von einer dichten Schicht bedeckt. Lediglich an vereinzelten Stellen sind die Bruchflächen der im Laminat befindlichen Kohlenstofffasern sowie undefiniert orientierte Faserbruchstücke ersichtlich.

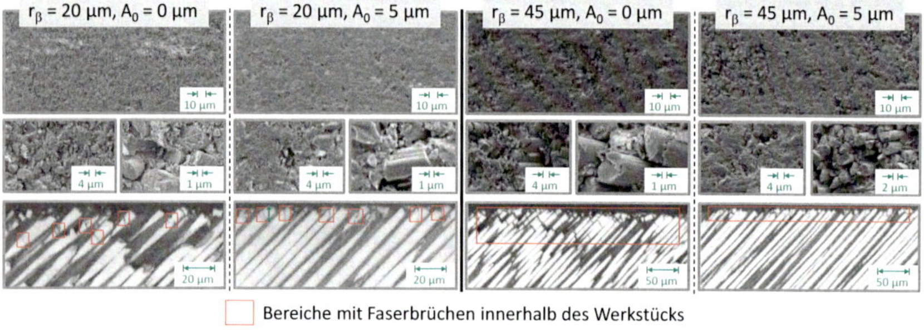

Abbildung 6.17: REM und lichtmikroskopische Aufnahmen für Φ = 45° und v_c = 1 m/min

SEM and light microscope pictures for Φ = 45° and v_c = 1 m/min

Die Oberfläche ist somit maßgeblich von Abtragspartikeln geprägt, welche während der Zerspanung zwischen die Faserenden auf die Werkstückoberfläche gepresst wurden und sich dabei mechanisch in die vorhandene Faserstruktur verhakt haben, bevor es schließlich durch das erweichte und plastisch verformte Matrixmaterial zur Verklebung kam. Da trotz des spröden Bruchverhaltens eine plastische Verformung der Matrix stattgefunden hat, ist von einer Kombination aus hoher lokaler Druckkraft und erhöhter Temperatur im Bereich der Schneidkantenverrundung auszugehen.

Die verbesserte Oberfläche bei ultraschallunterstützter Bearbeitung ist aber voraussichtlich nicht auf den Druck zurückzuführen, da dieser gemäß der Kraftmessung deutlich geringer als bei der konventionellen Bearbeitung ausfällt, sondern auf die Schnittunterbrechung. Durch das hochfrequente Zurückziehen des Werkzeuges wird die gleiche Stelle des Werkstücks mehrfach in beiden Richtungen (in und gegen die Richtung der konventionellen Schnittgeschwindigkeit) durchfahren, wodurch die erzeugten Abtragspartikel stärker in der Oberfläche verschmiert und die Schnittkante insgesamt großflächig geglättet wird.

Mit Hilfe von lichtmikroskopischen Schliffbildern ist auch die Randzonenbeeinflussung unterhalb der verschmierten Oberfläche sichtbar gemacht worden. Hierbei wird die beim Spanbildungsvorgang bereits identifizierte Reduzierung der Faserverformung deutlich. Unerwünschte in der Werkstückoberfläche befindliche Faserbrüche reichen beim ultraschallunterstützten Prozess nicht so tief ins Innere des Werkstücks wie bei der konventionellen Zerspanung. Während bei der konventionellen Bearbeitung mit einem Werkzeug der Schneidkantenverrundung von r_β = 20 µm Faserbrüche bis in einer Tiefe von 25 µm sichtbar sind, reichend die Faserschädigungen bei der ultraschallunterstützten Variante lediglich bis zu einer Tiefe von 11 µm. Noch stärker fällt der Unterschied bei einem verschlissenen Werkzeug aus (50 µm im Vergleich zu 17 µm).

<u>Fasertrennwinkel $\Phi = 90°$</u>

Die Oberfläche bei einem Fasertrennwinkel von $\Phi = 90°$ ist grundsätzlich mit der Ausprägung bei $\Phi = 45°$ vergleichbar, wenn auch nicht ganz so gleichmäßig und verschlossen, sondern eher schuppig (Abbildung 6.18) und mit mehr stufigen Vertiefungen. Zwischen den in die Oberfläche eingedrückten Faserbruchstücken und Matrixanhäufungen sind die Enden der geschnittenen Fasern deutlicher erkennbar. Die Faserenden haben dabei in der unmittelbaren Nähe der Schnittkante keinen vollflächigen Kontakt zum Matrixwerkstoff. Entweder sind diese nur partiell von der Matrix umgeben oder die Matrix ist vollständig von der Faser gelöst und teilweise sogar komplett weggebrochen und durch die Werkzeugbewegung aus der Oberfläche herausbefördert. Diese Grenzflächenbrüche können mit der ausgeprägten Deformation der Fasern bei einem Fasertrennwinkel von $\Phi = 90°$ erklärt werden. Die „Auswaschung" des Matrixwerkstoffes befindet sich dabei in verschiedenen Tiefen, wobei das Ausmaß der Schädigung durch die Überlagerung der Ultraschallschwingung reduziert werden kann. Dieses Ergebnis ist durch die Reduzierung des durch die Faserbiegung betroffenen Bereiches bei Anwendung der Ultraschalltechnologie erklärbar. Insgesamt wird dadurch die Oberflächenqualität bei schwingungsunterstützter Bearbeitung verbessert. Dies gilt nach Abbildung 6.15 insbesondere auch für die Welligkeit der erzeugten Oberfläche.

Bei Betrachtung der lichtmikroskopischen Aufnahmen wird ein weiterer Vorteil der zusätzlichen Werkzeugschwingung offenbart. Für die konventionelle Bearbeitung mit einem Werkzeug geringer Schneidkantenverrundung (r_β = 20 µm) weisen die Fasern nicht nur oberflächennahe Schädigungen auf, sondern sind als Gesamtheit in einer Tiefe von 80 µm gebrochen und haben ihre ursprüngliche Faserorientierung verändert. Beim gleichen Prozess mit Ultraschallunterstützung ist der großflächige Bruch nicht aufgetreten und auch die oberflächennahen Schädigungen treten lediglich an vereinzelten Stellen auf. Dies gilt insbesondere bei Zunahme der Schwingungsamplitude.

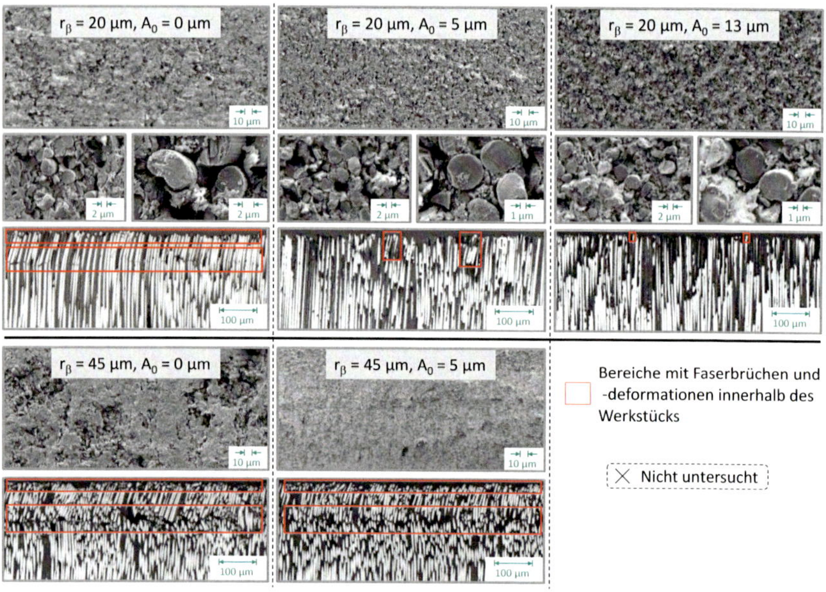

Abbildung 6.18: REM und lichtmikroskopische Aufnahmen für Φ = 90° und v_c = 1 m/min
SEM and light microscope pictures for Φ = 90° and v_c = 1 m/min

Wird ein Werkzeug mit größerer Schneidkantenverrundung (r_β = 45 µm) eingesetzt, verstärken sich die zuvor beschriebenen prozessinduzierten Schädigungen beim konventionellen Prozess, können dann aber auch nicht mehr über die zusätzliche Überlagerung der hochfrequenten Werkzeugschwingung verhindert bzw. reduziert werden.

Fasertrennwinkel Φ = 135°

Für einen Fasertrennwinkel Φ > 90° ändern sich die Eingriffsbedingungen gänzlich. Die in Bezug auf die Werkzeugvorschubrichtung „stechend" angeordneten Fasern werden durch den Einfluss der Schneide komplett hochgebogen. Die Faserorientierung der in Werkstücknähe liegenden Fasern entspricht nicht der ursprünglichen Anordnung. Insgesamt entsteht aufgrund der aufeinander folgenden Makrobrüche eine Sägezahnkontur, wodurch die Oberfläche bei einem Fasertrennwinkel von $\Phi = 135°$ den mit Abstand höchsten Rauheitswert aufweist. Die starke Verzerrung des Laminats mit partieller Auffächerung der Fasern induziert tiefe in das Werkstück hineinreichende Schädigungen, wobei die aus der Oberfläche hinausschauenden Fasern ungleiche Bruchlängen aufweisen. Augenscheinlich werden nicht alle Fasern bis zu einer einheitlichen Bruchfront delaminiert und anschließend gebrochen. Vielmehr kommt es zu Zwischenstufenbrüchen. Im Unterschied zu den anderen Fasertrennwinkeln zeigt sich unter dem Rasterelektronenmikroskop darüber hinaus keine Schicht aus in der Oberfläche festgesetzten Abtragspartikeln (Abbildung 6.19). Analog zum Fasertrennwinkel $\Phi = 45°$ fanden auch an dieser Stelle keine Obeflächenanalysen bei einer Schwingungsamplitude von $A_0 = 13$ µm statt.

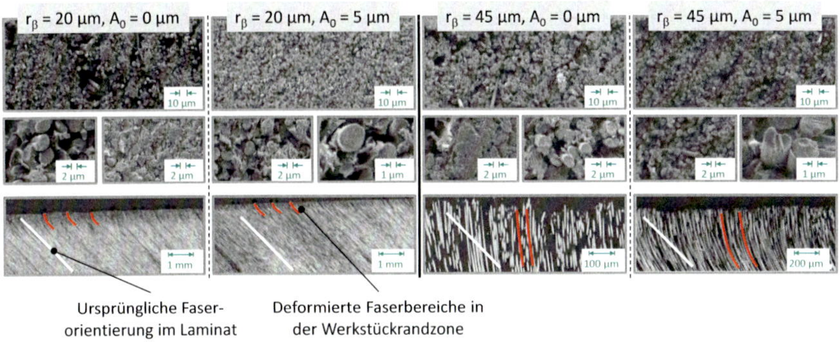

Abbildung 6.19: REM und lichtmikroskopische Aufnahmen für $\Phi = 135°$ und $v_c = 1$ m/min
SEM and light microscope pictures for $\Phi = 135°$ and $v_c = 1$ m/min

Beim Vergleich von konventioneller zu ultraschallunterstützter Zerspanung werden auch bei $\Phi = 135°$ durchgehend bessere Oberflächenqualitäten im Falle der Schwingungsüberlagerung erreicht. Dieses Ergebnis ist auf die Reduzierung des durch ungewünschte Faserbiegung beeinflussten Bereiches in Folge der impulsartigen Faserbelastung und der hierdurch hervorgerufenen hochfrequenten Einzelbruchentstehung zurückzuführen.

6.3.2 Werkstückqualität bei Steigerung der Schnittgeschwindigkeit

Ähnlich wie bei der Analyse der Spanbildung und der Schnittkraft soll abschließend auch der Einfluss der Ultraschallschwingung auf die Werkstückqualität bei höheren Schnittgeschwindigkeiten betrachtet werden. Abbildung 6.20 zeigt hierzu die Flächenrauheit Sa für vier verschiedene Fasertrennwinkel, eine Spanungsdicke von $h_{sp,or} = 60$ µm und unterschiedliche Schnittgeschwindigkeitswerte. Dabei findet ein direkter Vergleich zwischen der konventionellen und ultraschallunterstützten Zerspanung mit einer Schwingungsamplitude vom $A_0 = 9$ µm statt.

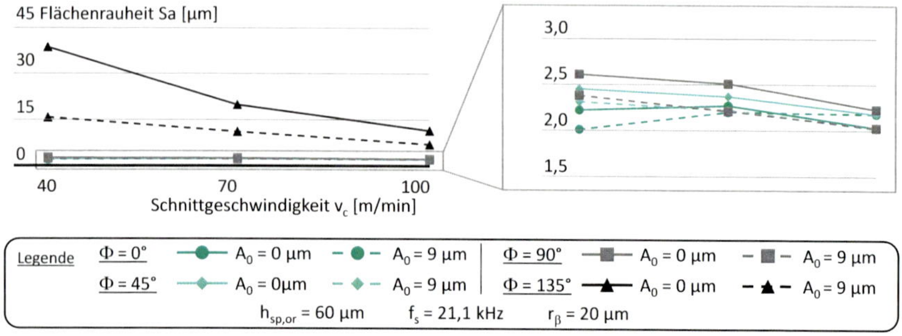

Abbildung 6.20: Flächenrauheit Sa für unterschiedliche Φ, A_0 und v_c
Sa for different Φ, A_0 and v_c

Insgesamt wird ersichtlich, dass sich die Flächenrauheit für alle Fasertrennwinkel größer Null mit steigender Schnittgeschwindigkeit verbessert. Die Verbesserung bei Fasertrennwinkeln $\Phi \leq 90°$ fällt dabei moderat aus, während die Veränderung bei $\Phi = 135°$ stärker zum Vorschein kommt. Mit steigender Schnittgeschwindigkeit unterscheiden sich die Flächenrauheitswerte bei unterschiedlichen Fasertrennwinkeln immer weniger voneinander. Der Unterschied zwischen konventioneller und schwingungsunterstützter Bearbeitung wird ebenfalls reduziert, wobei er bei einem Fasertrennwinkel von $\Phi = 135°$ auch bei der höchsten untersuchten Schnittgeschwindigkeit von $v_c = 100$ m/min immer noch deutlich sichtbar bleibt. Die Überlagerung der Ultraschallschwingung verbessert demnach insbesondere die Oberflächenqualität bei „stechender" Anordnung der Fasern in Bezug auf die Vorschubrichtung des Werkzeuges. Bei Betrachtung der REM-Aufnahmen (siehe Anhang A5) finden sich beim konventionellen Prozess starke Ähnlichkeiten zu den bereits unter $v_c = 1$ m/min dargestellten Ergebnissen. Rein optisch lassen sich keine signifikanten Unterschiede durch die Änderung der Schnittgeschwindigkeit feststellen. Der Einfluss der Ultraschalltechnologie und damit die Veränderung im Vergleich zur konventionellen Bearbeitung ist bei Fasertrennwinkeln unterhalb von 90° ebenfalls nicht so stark ausgeprägt, wodurch auch zwischen diesen beiden Prozessvarianten keine augenscheinlichen Unterschiede zu erkennen sind. Lediglich bei einem Fasertrennwinkel von $\Phi = 135°$ lässt sich die Verbesserung in Form einer Oberflächenglättung auch optisch erkennen, was durch die Messung der Flächenrauheit bestätigt wird.

Abschließend sollen die lichtmikroskopischen Aufnahmen (LiMi) der Schliffbilder für die unterschiedlichen Schnittgeschwindigkeiten und Fasertrennwinkel bewertet werden (Abbildung 6.21). Bei Bearbeitung eines Laminats mit einem Fasertrennwinkel von $\Phi = 0°$ wird im Falle der Ultraschallunterstützung lediglich die oberste Faserlage beschädigt, wohingegen bei der konventionellen Zerspanung auch Fasern der darunterliegenden Schichten Risse aufweisen. Zudem weist die oberste Schicht eine größere Anzahl an Einzelschädigungen auf. Dies gilt auch bei Anwendung hoher Schnittgeschwindigkeiten, wo messtechnisch kein Unterschied mehr zwischen den gemittelten Zerspankraftniveaus von konventioneller und ultraschallunterstützter Bearbeitung aufgezeigt werden konnte. In diesem Zusammenhang scheint sich die hochfrequente Werkzeugbewegung mit den zeitlich begrenzten Be- und Entlastungsvorgängen an der Werkstückkante positiv auf die Ausbildung von prozessinduzierten Bauteilschädigungen auszuwirken.

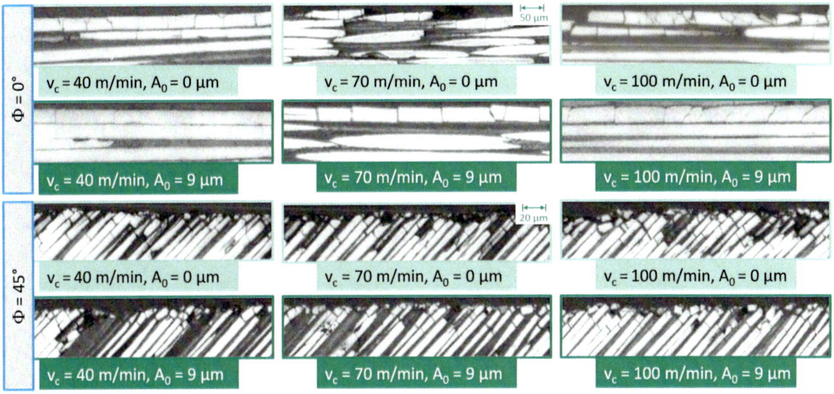

Abbildung 6.21: Lichtmikroskopische Aufnahmen für unterschiedliche v_c sowie $\Phi = 0°$ und 45°
Light microscope pictures for different v_c as well as $\Phi = 0°$ and 45°

Für einen Fasertrennwinkel von $\Phi = 45°$ ist kein Unterschied bezüglich der Tiefenschädigung zwischen der konventionellen und schwingungsunterstützten Bearbeitung zu erkennen. Bei näherer Betrachtung der in unmittelbarer Nähe zur Schneidkante befindlichen Faserbereiche, fällt jedoch die unregelmäßigere Oberflächenstruktur bei der konventionellen Bearbeitung auf. Die Oberfläche beinhaltet insgesamt größere Bereiche mit dunklen Stellen, welche auf den Abtrag von Faserbruchstücken aus dem Werkstück hindeuten. Einzelne Faserbruchstücke sind auch in der durch den schwingungsunterstützten Prozess erzeugten Oberfläche zu erkennen, jedoch verbleiben diese weiterhin im Werkstück und hinterlassen keine Fehlstellen in Form von Kavitäten. Durch die zusätzlich über die Ultraschallschwingung eingebrachte Energie und die hochfrequente Be- und Entlastung der Fasern wird der für den Faserbruch erforderliche Biegeradius innerhalb einer kürzeren Zeitspanne unterschritten, so dass der durch Faserbiegung betroffene Bereich verkleinert wird und insgesamt deutlich mehr und in ihrer Ausprägung erheblich kleinere Abtragsprodukte generiert werden. Die impulsartige Faserbelastung mit partiell signifikant höherer Schnittgeschwindigkeit pulverisiert das Werkstückmaterial und hinterlässt damit weniger Schädigungen im Laminat.

Müssen die Fasern senkrecht zum Werkzeugvorschub, wie bei einem Fasertrennwinkel von $\Phi = 90$, getrennt werden, kommt es zu einer vergleichsweise starken und in Vorschubrichtung orientierten Verbiegung jeder einzelnen Faser (Abbildung 6.22). Wie bereits bei der kleinen Schnittgeschwindigkeit für den konventionellen Prozess beschrieben, kommt es auch bei höheren Schnittgeschwindigkeiten sowohl zu oberflächennahen Schädigungen als auch zu einem großflächigen Laminatbruch in tieferen Werkstückbereichen, wodurch die Fasern im Bereich der Werkstückkante aufgrund einer kompletten Umlenkung ihre Orientierung verändern. Bei Anwendung der Ultraschalltechnologie sind die großflächigen Faserbrüche nicht erkennbar. Faserbrüche in tieferen Ebenen finden sich nur vereinzelt. Der Großteil der Fasern verbleibt im Verbund und behält seine ursprüngliche Faserorientierung bei oder ist durch die Schnittbelastung im Prozess lediglich leicht verbogen. Insgesamt können an dieser Stelle die gleichen Erklärungsansätze wie bei einem Fasertrennwinkel von $\Phi = 45°$ angeführt werden. Die hochfrequente Belastung führt zu einer stärkeren Separierung in Form von mehr Einzelbrüchen, so dass eine Ausbreitung von unerwünschten Zwischenfaser- und Faserbrüchen eher unterbunden und das Laminat weniger stark geschädigt wird.

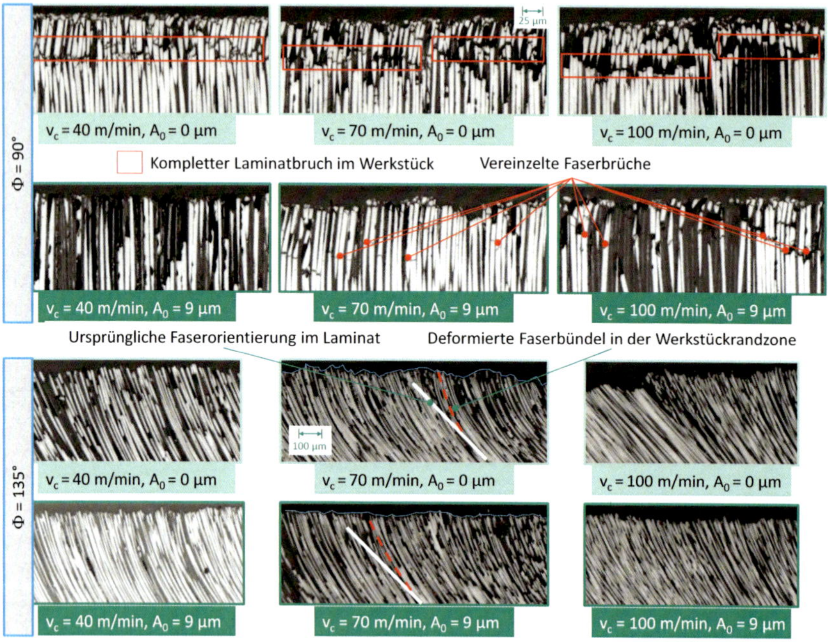

Abbildung 6.22: Lichtmikroskopische Aufnahmen für unterschiedliche v_c sowie $\Phi = 90°$ und 135°
Light microscope pictures for different v_c as well as $\Phi = 0°$ and 45°

Im Gegensatz zu den anderen betrachteten Fasertrennwinkeln, wird der Unterschied zwischen einer konventionell und mit Hilfe der überlagerten Ultraschallschwingung erzeugten Oberfläche bei $\Phi = 135°$ nicht anhand von im Laminat liegenden Schädigungen, sondern anhand der verbleibenden Faserbiegung und der Stufigkeit des Oberflächenprofils sichtbar. Unabhängig von der eingestellten Schnittgeschwindigkeit ist die im Werkstück verbleibende Biegung der einzelnen Faserstränge stets geringer, sofern der Schneidbewegung des Werkzeuges eine zusätzliche hochfrequente Schwingung überlagert wird. Die impulsartige Belastung der Faserbündel wirkt sich letztlich auch auf die Gleichmäßigkeit bzw. Ungleichmäßigkeit der erzeugten Werkstückoberfläche aus. Aufgrund der stärkeren Lokalisierung der Faserbruchebenen bei einer Ultraschallüberlagerung wird das Laminat insgesamt weniger verformt und hierdurch eine weniger stark ausgeprägte Sägezahnstruktur an der Bauteiloberfläche generiert.

6.4 *Zwischenfazit zu bisherigen Erkenntnissen*

Interim conclusion on previous findings

Zum Abschluss des Kapitels sollen nachfolgend die wichtigsten Erkenntnisse zum Einfluss der zusätzlich aufgebrachten Ultraschallschwingung stichpunktartig aufgeführt werden:

- Bei allen untersuchten Fasertrennwinkeln werden die spröden Verstärkungsfasern durch die nur wenige Mikrosekunden anhaltende und immer wiederkehrende Peakbelastung in unmittelbarer Nähe zum Schneidkeil pulverisiert. Durch die stärkere Bruchlokalisierung sowie die Vervielfachung von Einzelbrüchen wird die Fortpflanzung von ungewünschten Zwischenfaserbrüchen sowie Faserablösungen im Vergleich zur konventionellen Bearbeitung deutlich reduziert, so dass unerwünschte im Werkstück verbleibende Faserbrüche nicht so tief ins Innere des Materials reichen wie bei der konventionellen Zerspanung. Der Effekt ist umso stärker und die Oberfläche umso glatter, je geringer die Schnittgeschwindigkeit bzw. relative Eingriffsdauer gewählt sind. Dabei wird die Oberfläche insbesondere bei „stechender" Anordnung der Fasern in Bezug auf die Vorschubrichtung des Werkzeuges verbessert.
- Die Zerspankraft wird durch die Schwingungsüberlagerung reduziert, sofern es durch die eingestellten Parameter zu einer Schnittunterbrechung kommt. Dabei lässt sich eine direkte Korrelation zwischen der relativen Eingriffsdauer ED_{rel} und der mittleren Zerspankraft herstellen. Je geringer ED_{rel} und je höher die eingestellte Spanungsdicke, desto größer fällt die Kraftreduzierung im Vergleich zur konventionellen Bearbeitung aus. Dabei rücken die Kraftwerte bei unterschiedlichen Fasertrennwinkeln enger aneinander, so dass die Anisotropie des Materials nicht so stark zum Vorschein kommt.

Im Anschluss an die Analyse der Wirkmechanismen und die Ausarbeitung der Haupteinflussfaktoren auf den Spanbildungsvorgang, die Zerspankraft und die Bearbeitungsqualität im Rahmen des Orthogonalschnitts, soll im nächsten Kapitel ein Zerspankraftmodell für die Fräsbearbeitung aus den Daten des Analogie-Prüfstandes entwickelt werden und dieses eine Abschätzung der Kraftverhältnisse bei der ultraschallunterstützten Fräsbearbeitung des kohlenstofffaserverstärkten Laminats möglich machen.

7 Herleitung und Anwendung des Zerspankraftmodells

Derivation and Application of Force Model

Das nachfolgende Kapitel befasst sich mit der Herleitung eines Zerspankraftmodells für die ultraschallunterstützte Fräsbearbeitung eines endlosfaserverstärkten CFK-Laminats. Im ersten Schritt wird eine werkstoffunabhängige kinematische Prozessmodellierung der schwingungsunterstützten Fräsbearbeitung erarbeitet. Die kinematischen Verhältnisse sind dabei an die in Kapitel 5.2 vorgestellte Betrachtung des Orthogonalschnitts angelehnt. Das Ziel dieser Analyse ist die Ermittlung der lokal wirksamen Schnittgeschwindigkeit, welche eine von insgesamt drei Haupteingangsgrößen des Kraftmodells darstellt. Die zweite relevante, ebenfalls werkstoffunabhängige, Größe ist die lokal wirksame Spanungsdicke, welche auch aus der kinematischen Betrachtung hergeleitet und im Rahmen von Kapitel 7.2 detailliert behandelt wird. Schließlich erfolgt im dritten Teil die Bestimmung des lokal wirksamen Fasertrennwinkels. Diese Kenngröße spiegelt den schichtweisen Aufbau mit gerichteten Verstärkungsfasern eines FVW-Laminats in Bezug auf die Fräsbearbeitung wider und dient der Beschreibung der anisotropen Eigenschaften von endlosfaserverstärkten Verbundwerkstoffen.

Mit Hilfe der drei lokal vorherrschenden Hauptkenngrößen Schnittgeschwindigkeit, Spanungsdicke und Fasertrennwinkel sowie weiterer Eingangsgrößen und den empirisch ermittelten Kraftessmessdaten aus den Untersuchungen am Analogie-Prüfstand wird abschließend ein prädiktives Zerspankraftmodell für die konventionelle sowie ultraschallunterstützte Orthogonal- und Fräsbearbeitung eines unidirektional faserverstärkten CFK-Laminats hergeleitet.

7.1 Kinematische Prozessmodellierung für die US-Fräsbearbeitung

Kinematic Process Modelling for Ultrasonic Assisted Milling

Die kinematische Prozessmodellierung dient hauptsächlich der Darstellung der resultierenden Schneidentrajektorie sowie der effektiven Schnittgeschwindigkeit. Die Zusammenhänge werden dabei allgemeingültig aufgestellt und im Anschluss daran anhand der schwingungsunterstützten Bearbeitung bei unterschiedlichen Schwingungsamplituden veranschaulicht und mit dem konventionellen Fräsprozess verglichen.

7.1.1 Schneidentrajektorie bei überlagerter Torsionsschwingung

Bei einer in Schnittrichtung überlagerter Torsionsschwingung eines rotierenden Werkzeuges ändert sich die zeitliche und räumliche Position der Werkzeugschneide im Vergleich zur konventionellen Fräsbearbeitung. Bei Verwendung einer komponentenweisen Beschreibung der Werkzeugbahn ergibt sich für das konventionelle Fräsen mit konstanter Schnittgeschwindigkeit eine reine Kreisbewegung senkrecht zur Vorschubrichtung (x-Richtung). Diese Kreisbewegung resultiert aus der Werkzeugrotation und ist ebenfalls Teil der Werkzeugbahn der in Vorschubrichtung orientierten y-Komponente, wobei diese zusätzlich den aus dem Werkzeugvorschub resultierenden Linearanteil enthält. Folglich ergibt sich für die Beschreibung der Schneidentrajektorie bei der konventionellen Fräsbearbeitung folgender Zusammenhang:

$$X = X_{Kreis} = \frac{D}{2} \cdot \cos(\varphi_n) \qquad Y = Y_{Kreis} + Y_{Linear} = \frac{D}{2} \cdot \left(sin(\varphi_n) + \frac{v_f}{v_c} \cdot \varphi_n \right) \qquad (7.1)$$

mit $Y_{Linear} = v_f \cdot t$, $t = \frac{\varphi_n}{2 \cdot \pi \cdot n}$ und $v_f = f \cdot n = f \cdot \frac{v_c}{\pi \cdot D}$

Im Falle der ultraschallunterstützten Fräsbearbeitung mit einer in Schnittrichtung überlagerten Werkzeugschwingung wird dem Spindelrotationswinkel φ_n aus der Werkzeugdrehung, ein zusätzlicher Anteil aus der Ultraschallschwingung überlagert. Der effektive Rotationswinkel ergibt sich hiermit zu:

$$\varphi_{eff} = \varphi_n(t) + \varphi_{us}(t)$$

Für das nachfolgende kinematische Modell wird die Amplitude A_0 in vereinfachter Form gemäß Abbildung 7.1. angenommen. Die reale auf dem Kreisbogen befindliche Schwingungsamplitude A_{0_real} weicht hierbei um die Differenz Δ_A vom approximierten Wert ab. Für ein reales Zahlenbeispiel mit einem Werkzeugdurchmesser von 8 mm und einer vergleichsweise hohen Schwingungsamplitude von 20 µm beträgt die Abweichung lediglich 6 nm, was an dieser Stelle als vernachlässigbar gering angesehen wird.

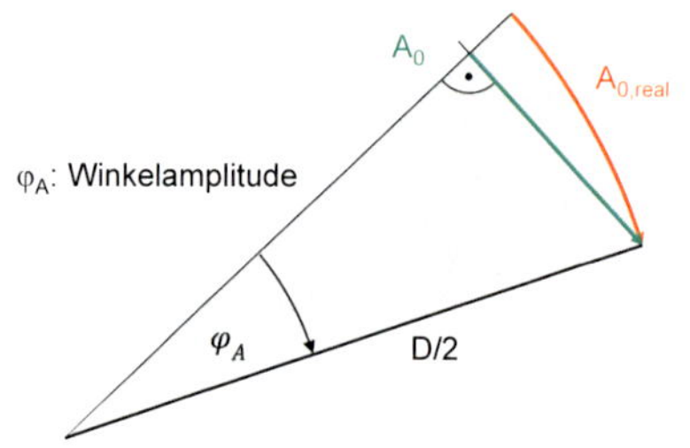

$$\varphi_A = arcsin\left(\frac{2 \cdot A_0}{D}\right)$$

$$A_{0,real} = \varphi_A \cdot \frac{D}{2}$$

$$\Delta_A = A_{0,real} - A_0 = arcsin\left(\frac{2 \cdot A_0}{D}\right) \cdot \frac{D}{2} - A_0$$

Abbildung 7.1: Approximation der Schwingungsamplitude für das kinematische Modell
Approximation of vibration amplitude for kinematic model

Bei Verwendung der Vereinfachung ergibt sich der effektive Rotationswinkel zu:

$$\varphi_{eff} = \varphi_n + \varphi_{us} = \varphi_n + \varphi_A \cdot sin(2\pi f_s \cdot t) = \varphi_n + \arcsin\left(\frac{2 \cdot A_0}{D}\right) \cdot sin\left(\frac{f_s \cdot \varphi_n}{n}\right) \qquad (7.2)$$

Für die Fräsbearbeitung mit überlagerter Torsionsschwingung ergibt sich damit der folgende Zusammenhang bei einer komponentenweisen analytischen Berechnung der Schneidenposition:

$$SP_x = \frac{D}{2} \cdot \cos(\varphi_n + \varphi_{US}) = \frac{D}{2} \cdot cos\left(\varphi_n + \varphi_A \cdot sin\left(\frac{f_s \cdot \varphi_n}{n}\right)\right) \qquad (7.3)$$

$$SP_y = \frac{D}{2} \cdot \left(sin(\varphi_n + \varphi_{US}) + \frac{v_f}{v_c} \cdot \varphi_n\right) = \frac{D}{2} \cdot \left(sin\left(\varphi_n + \varphi_A \cdot sin\left(\frac{f_s \cdot \varphi_n}{n}\right)\right) + \frac{v_f}{v_c} \cdot \varphi_n\right) \qquad (7.4)$$

Der effektive Rotationswinkel wird durch den sinusförmigen Einfluss der hochfrequenten Ultraschallschwingung im Vergleich zum Spindelrotationswinkel gesteigert oder reduziert. Demzufolge eilt die Schneide der konventionellen Werkzeugbewegung voraus oder bleibt hinter dieser zurück, wodurch sich für definierte zeitliche Betrachtungspunkte Unterschiede in der Position der Werkzeugschneide zwischen der konventionellen Schnittbewegung und der Werkzeugbahn der ultraschallunterstützten Bearbeitung ergeben. Im Folgenden sollen die Werkzeugbahnen der konventionellen und der ultraschallunterstützten Fräsbearbeitung miteinander verglichen werden (Abbildung 7.2).

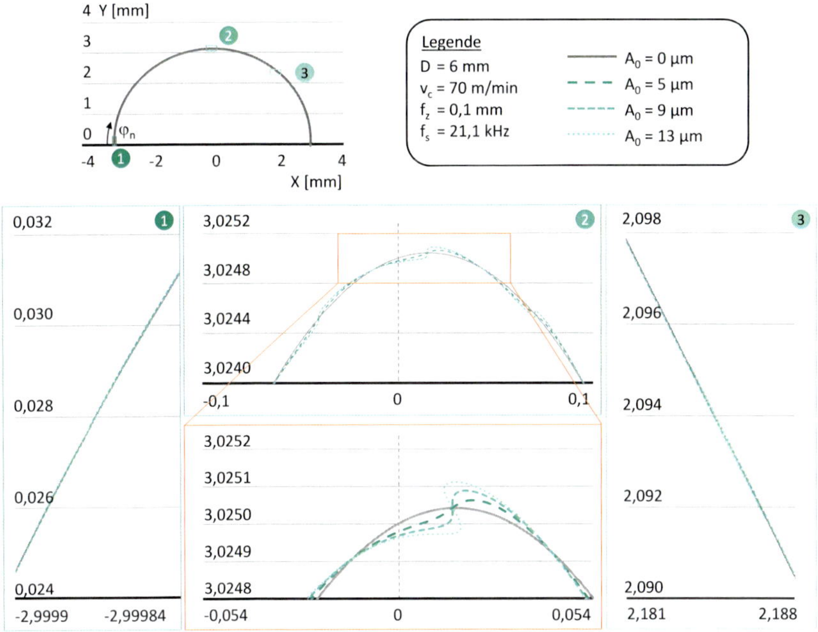

Abbildung 7.2: Werkzeugbahn der Schneide für unterschiedliche Schwingungsamplituden
Tool path of cutting edge for different vibrations amplitudes

Als Veranschaulichungsbeispiel wird ein Prozess mit einem Werkzeugdurchmesser von D = 6 mm, einer Schnittgeschwindigkeit von v_c = 70 m/min und einem Zahnvorschub von f_z = 0,1 mm herangezogen. Für den ultraschallunterstützten Fräsprozess werden zudem eine Schwingungsfrequenz von f_s = 21,1 kHz und drei unterschiedliche Amplituden A_0 von 5, 9 und 13 µm angenommen.

Weil sich die Unterschiede der Werkzeugbahnen im Bereich von nur wenigen Mikrometern bewegen, sind zur Visualisierung der Differenzen drei ausgewählte Abschnitte einer halben Werkzeugumdrehung stark vergrößert worden. Auf der linken Seite (Punkt 1, Abbildung 7.2) ist zunächst der Werkzeugeintrittsbereich dargestellt. Dieser Bereich beinhaltet mehr als eine komplette Ultraschallschwingung, so dass der Unterschied der Werkzeugbahnen eigentlich sichtbar sein müsste. Bei gleicher Skalierung zwischen der x- und y-Achse stellt die Werkzeugbahn in diesem

Bereich eine nahezu senkrechte Linie dar. Alle drei für die Werkzeugbahn relevanten Bewegungsvektoren (Vorschub-, konventionelle Schnitt- und Ultraschallbewegung) befinden sich auf dieser senkrechten Linie. Die hochfrequente Vor- und Nacheilbewegung der Werkzeugschneide bei der ultraschallunterstützten Bearbeitung erfolgt somit auch entlang dieser Vertikalen, so dass trotz der Verzerrung der Koordinatenachsen als Maßnahme zum Auseinanderschieben der Werkzeugbahnen kein Unterschied sichtbar wird. Dies gilt in ähnlicher Weise auch für den Werkzeugaustritt im rechten Bereich (Punkt 3) der Abbildung 7.2. Die Wirkrichtungen der Bewegungsvektoren sind hier anders orientiert. Dennoch kann bei der gewählten Vergrößerung auch hier kein sichtbarer Unterschied zwischen den Werkzeugbahnen der konventionellen und der mit unterschiedlichen Schwingungsamplituden ultraschallunterstützten Bearbeitung ausgemacht werden.

Im Bereich des Bahnscheitelpunktes (Punkt 2, Abbildung 7.2) ist der Unterschied der Werkzeugbahnen dagegen deutlich erkennbar. Hier wirken die Vektoren der konventionellen Schnittbewegung sowie der Ultraschallanteil senkrecht auf die Vorschubbewegung des Werkzeuges. Die Werkzeugbahn stimmt damit bei überlagerter Ultraschallschwingung nur noch in vereinzelten Punkten mit der Bahn der konventionellen Bearbeitung überein. Zwischen den Schnittpunkten der Bahnen weicht die Bahn mit Zunahme der Schwingungsamplitude immer stärker von der ursprünglichen Werkzeugbahn ab. Bei ausreichend großer Schwingungsamplitude ist der Anteil der Ultraschallschwingung höher als der aus der Spindeldrehung resultierende Schnittanteil, wodurch die Schneide insgesamt eine Rückzugsbewegung vollzieht und in dieser Zeit bis zum Wiedereintrittspunkt der Schneide keinen Schnittvorgang ausübt, sondern das Material lediglich um wenige Mikrometer staucht.

Das Ausmaß der Werkzeugbahndifferenz wird sowohl von der Schwingungsamplitude (siehe Abbildung 7.2) als auch von der über die Spindelrotation eingestellten Schnittgeschwindigkeit und den Zahnvorschub des Werkzeuges beeinflusst, wie aus Abbildung 7.3 entnommen werden kann. Hier sind die Werkzeugbahnen für den konventionellen Fräsprozess und die schwingungsunterstützte Bearbeitung mit einer Schwingungsamplitude von $A_0 = 9$ µm für zwei unterschiedliche Schnittgeschwindigkeiten v_c (70 und 140 m/min) und drei Zahnvorschübe f_z (0,05; 0,10 und 0,15 mm) dargestellt.

Anhand der Darstellung wird deutlich, dass die Ultraschallschwingung einen stärkeren Einfluss auf die Änderung der Werkzeugbahn bei kleineren Schnittgeschwindigkeiten aufweist. Dieses Verhalten kann durch das Verhältnis zwischen der konventionellen Schnittgeschwindigkeit und der durch die reine Ultraschallschwingung maximal erzeugten Werkzeuggeschwindigkeit erklärt werden. Für das oben betrachtete Beispiel mit einer Schwingungsamplitude von $A_0 = 9$ µm und einer Schwingungsfrequenz von $f_s = 21{,}1$ kHz wird durch die Schwingung eine maximale Werkzeuggeschwindigkeit von 71,6 m/min erzeugt. Unter Zugrundelegung einer konventionellen Schnittgeschwindigkeit von $v_c = 70$ m/min liegen beide Geschwindigkeiten im gleichen Bereich, wohingegen bei 140 m/min das Verhältnis zwischen v_c und der der durch die reine Ultraschallschwingung maximal erzeugten Werkzeuggeschwindigkeit nur noch bei 0,5 liegt und die Ultraschallschwingung dadurch einen schwächeren Einfluss auf die Werkzeugbahn hat. Wird hingegen der Vorschub des Werkzeuges gesteigert, kommt es zu einer stärkeren Verschiebung der beiden Bahnkurven, wodurch der Unterschied mit Zunahme des Vorschubs verstärkt wird.

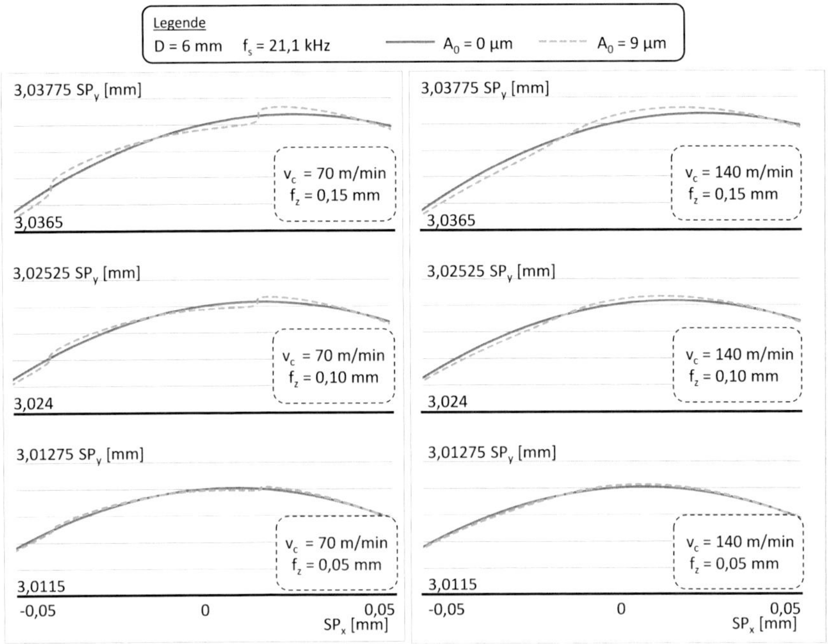

Abbildung 7.3: Werkzeugbahn der Schneide für unterschiedliche f_z und v_c
Tool path of cutting edge for different f_z and v_c

Für die bislang betrachteten Kurven sind die Werkzeugrotation und die Ultraschallschwingung zeitlich synchron gestartet worden. Der Start der Ultraschallschwingung ist damit exakt im Moment des Werkzeugeintritts erfolgt. In der Praxis lässt sich eine derartige Synchronität nicht realisieren. Zudem wirkt die Ultraschallschwingung kontinuierlich über viele Tausende Werkzeugeintritte, so dass ein synchroner Start mit allen Werkzeugeintrittspunkten nicht möglich ist. Aus diesem Grund sollen im nächsten Schritt phasenverschobene Werkzeugbahnen und deren Einfluss auf die Prozessmodellierung untersucht werden.

Die maximal mögliche Phasenverschiebung zwischen der Bahn der Werkzeugrotation und der Ultraschallschwingung beträgt 360° (2π). Darüber hinaus wiederholt sich die räumliche Position der Werkzeugbahn. Für den Fall einer Ultraschallfrequenz von f_s = 21,1 kHz können zwei Ultraschallschwingungen damit zeitlich maximal um 0,0474 ms auseinanderliegen. Die mögliche Phasenverschiebung spielt sich somit innerhalb eines extrem kurzen Zeitabschnitts ab. Alle anderen prozessrelevanten Größen wie die Spanungsdicke oder der Fasertrennwinkel, die im weiteren Verlauf der Modellierung noch Betrachtung finden werden, bleiben in diesem Zeitfenster nahezu unverändert. Für die finale Zerspankraftberechnung wird diese marginale Veränderung vernachlässigt, so dass die im Realprozess vorhandene Phasenverschiebung für die weitere Betrachtung keine Beachtung findet und die prozessrelevanten Großen aus der zeitsynchronen Werkzeugbahn ermittelt werden.

7.1.2 Schnittgeschwindigkeit bei überlagerter Torsionsschwingung

Die effektiv wirksame komponentenweise Schnittgeschwindigkeit in x- bzw. y-Richtung wird aus der zeitlichen Ableitung, also der Ableitung nach dem Spindelrotationswinkel φ_n der Bewegungsgleichungen (7.3) und (7.4) und ermittelt:

$$v_{c,us,x} = -\frac{D}{2} \cdot sin\left(\varphi_n + \varphi_A \cdot sin\left(\frac{f_s \cdot \varphi_n}{n}\right)\right) \cdot \left(1 + \varphi_A \cdot cos\left(\frac{f_s \cdot \varphi_n}{n}\right) \cdot \frac{f_s}{n}\right) \tag{7.5}$$

$$v_{c,us,y} = \frac{D}{2} \cdot \left(cos\left(\varphi_n + \varphi_A \cdot sin\left(\frac{f_s \cdot \varphi_n}{n}\right) \cdot \left(1 + \varphi_A \cdot cos\left(\frac{f_s \cdot \varphi_n}{n}\right) \cdot \frac{f_s}{n}\right)\right) + \frac{v_f}{v_c}\right) \tag{7.6}$$

Die Bestimmung der effektiv wirksamen Schnittgeschwindigkeit des Werkzeuges $v_{c,us,eff}$ erfolgt schließlich zu:

$$v_{c,us,eff} = \sqrt{\left(v_{c,us,x}\right)^2 + \left(v_{c,us,y}\right)^2} \tag{7.7}$$

Wie bereits gezeigt worden ist, ergeben sich im Bereich des Scheitelpunktes die größten Unterschiede zwischen den Werkzeugbahnen der konventionellen und der schwingungsunterstützten Fräsbearbeitung. Die Differenz der Werkzeugbahnen bewegt sich hierbei im niedrigen einstelligen Mikrometerbereich, was sich in der realen Zerspanung mit Zahnvorschüben von mindestens 50 µm nicht im relevanten Ausmaß auf das erzielte Prozessergebnis auswirken wird. Bei der Schnittgeschwindigkeit ergibt sich hingegen ein anderes Bild.

Abbildung 7.4 zeigt auf der linken Seite die effektive Schnittgeschwindigkeit im Scheitelbereich der Werkzeugbahn für die in Abbildung 7.1 eingeführten Randbedingungen. Die an diskreten Punkten berechneten Werte stehen hierbei senkrecht auf der resultierenden Werkzeugbahn und sollen der räumlichen Vorstellung dienen. Die Länge der einzelnen Linien kann direkt als Maßstab für die resultierende effektive Schnittgeschwindigkeit verwendet werden. Im rechten Teil der Abbildung wird der gleiche Abschnitt zeitlich über dem Spindeldrehwinkel betrachtet. Hierdurch soll ein besserer Eindruck über die zeitabhängigen Schnittgeschwindigkeitsbedingungen bei Anwendung unterschiedlicher Schwingungsamplituden vermittelt werden.

Bei konventioneller Fräsbearbeitung mit einer Schnittgeschwindigkeit von v_c = 70 m/min bleibt der eingestellte Wert, bei Vernachlässigung der Vorschubgeschwindigkeit, über die gesamte Werkzeugbahn auf dem gleichen Niveau. Wird der konventionellen Bearbeitung eine hochfrequente Torsionsschwingung überlagert, verändert sich die effektive Schnittgeschwindigkeit über dem zeitlichen Verlauf der Werkzeugbahn signifikant. Je nach Wirkrichtung der Ultraschallschwingung, in oder entgegen der Rotationsrichtung des Werkzeuges, wird die Schnittgeschwindigkeit im Vergleich zum eingestellten Wert von v_c = 70 m/min entsprechend vermindert oder gesteigert. Es entsteht ein harmonischer wellenförmiger Verlauf der resultierenden Schnittgeschwindigkeit, wobei die zeitlichen Abstände der lokalen Maxima ($v_{c,us,max}$) bzw. Minima ($v_{c,us,min}$) der Periodendauer der Ultraschallschwingung entsprechen. Bei der Darstellung ist im Bereich kleinerer v_c die Liniendichte erhöht, da mit einer konstanten Diskretisierung über der gesamten Eingriffsdauer des Werkzeuges gerechnet wurde und sich somit mehr Stützstellen im Bereich kleinerer Geschwindigkeiten befinden.

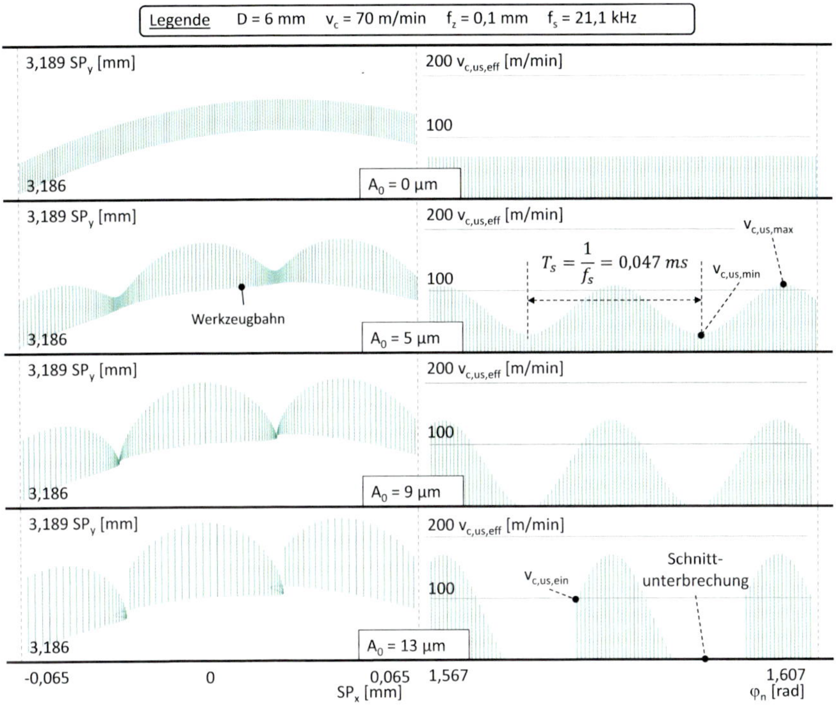

Abbildung 7.4: Räumliche (links) und zeitliche (rechts) Betrachtung der effektiven Schnittgeschwindigkeit im Scheitelbereich der Werkzeugbahn
Spatial (left) and temporal consideration of effective v_c at the apex of the tool path

Bei einer kleinen Amplitude (im aufgeführten Beispiel 5 µm) verbleibt die effektive Schnittgeschwindigkeit im positiven Wertebereich. Wird die Amplitude darüber hinaus gesteigert, kommt es zu einer Vergrößerung der Schwingweite für die resultierende effektive Schnittgeschwindigkeit. Die minimale Schnittgeschwindigkeit nähert sich dem Nullniveau an, was am Beispiel der Amplitude von 9 µm verdeutlicht wird. Bei weiterer Steigerung der Schwingungsamplitude geht die minimale Schnittgeschwindigkeit in den negativen Wertebereich über. An dieser Stelle kommt es zur Schnittunterbrechung. Für den Fall einer Schnittunterbrechung erfolgt kein Schnittvorgang am Werkstück, daher sind die Bereiche mit negativer Schnittgeschwindigkeit in Abbildung 7.4

ausgeblendet. Erst nach einer bestimmten schwingungsspezifischen Zeitspanne tritt das Werkzeug mit der Wiedereintrittsgeschwindigkeit $v_{c,us,ein}$ in das Werkstück ein und führt den Schnittvorgang fort.

Für einen Vollnutschnitt mit einem Umschlingungswinkel im Bereich von 180° entspricht die Länge eines einzelnen Schnitts bei der konventionellen Fräsbearbeitung in etwa dem halben Werkzeugumfang. Für das hier betrachtete Werkzeug mit einem Durchmesser von D = 6 mm ergibt sich damit eine Schnittlänge von näherungsweise 18,85 mm. Bei einer Schnittgeschwindigkeit von v_c = 70 m/min braucht das Werkzeug zum Zurücklegen dieser Strecke etwas mehr als 16 ms. Unter der Annahme der oben angeführten Ultraschallschwingung ergibt sich eine Periodendauer von nur 0,047 ms, woraus mehr als 340 Schwingzyklen über die gesamte Werkzeugeingriffsdauer eines Schnitts resultieren. Die effektive Schnittgeschwindigkeit erreicht während eines einzelnen Schnitts die entsprechend gleiche Anzahl an Maximal- und Minimalwerten, was die enorm hohe Prozessdynamik der ultraschallunterstützten Bearbeitung verdeutlicht.

Während die Vektoren der Schnittgeschwindigkeit und der torsionalen Ultraschallschwingung zu jedem Zeitpunkt parallel zueinanderstehen, ändert sich die Orientierung des Vorschubgeschwindigkeitsvektors zu den beiden besagten Vektoren laufend über der voranschreitenden Rotation des Werkzeuges. Im Eintrittsbereich erhöht der Vorschubvektor die effektive Schnittgeschwindigkeit, im Scheitelpunkt der Werkzeugbahn hat der Vorschubvektor keinen Einfluss und am Werkzeugaustritt wird die effektive Schnittgeschwindigkeit entsprechend um den Vorschubwert gemindert. Hierdurch ergeben sich Unterschiede in der lokal erreichten Maximalgeschwindigkeit bei Anwendung der Ultraschalltechnologie. Für das Beispiel einer eingestellten Schnittgeschwindigkeit von v_c = 70 m/min und einer Ultraschallschwingung mit f_s = 21,1 kHz und A_0 = 9 µm Amplitude resultiert bei Vernachlässigung der Vorschubgeschwindigkeit eine maximale effektive Schnittgeschwindigkeit von etwas mehr als $v_{c,us,eff}$ = 140 m/min. Diese Geschwindigkeit wird exakt im Scheitelpunkt der Werkzeugbahn erreicht. Wird die Vorschubgeschwindigkeit mitbetrachtet, müssen die Schnittgeschwindigkeit im Ein- und Austrittsbereich entsprechend korrigiert werden. Für einen Werkzeugdurchmesser von D = 6 mm, 4 Schneiden und einem vergleichsweise hohen Zahnvorschub von f_z = 0,1 mm ergibt sich eine Vorschubgeschwindigkeit von ungefähr v_f = 1,5 m/min. Die effektive Schnittgeschwindigkeit liegt somit im Eintrittsbereich maximal bei 141,5 m/min und im Austrittsbereich bei minimal 138,5 m/min. Die maximalen effektiven Schnittgeschwindigkeiten während der verschiedenen Schwingungszyklen innerhalb eines kompletten Einzelschnitts bewegen sich damit innerhalb einer Spanne vom zweifachen Wert der Vorschubgeschwindigkeit, was bei dem für den Fräsprozess relevanten Schnittgeschwindigkeitsbereich als vernachlässigbar klein angenommen werden kann. Demzufolge wird im weiteren Verlauf die maximale effektive Schnittgeschwindigkeit ohne die Betrachtung des Vorschubs und damit für alle lokalen Maxima gleich angenommen. Die Berechnung des relevanten Maximalwertes erfolgt damit in analoger Weise zum Orthogonalschnitt, so dass für die Fräsbearbeitung die Zusammenhänge aus Gleichung (5.8) und Abbildung 5.4 herangezogen werden können.

Als weitere für den Ultraschallprozess relevante Größe gilt die Wiedereintrittsgeschwindigkeit der Werkzeugschneide, welche für den Fall einer durch die Ultraschallschwingung herbeigeführten

Schnittunterbrechung bestimmt werden muss. Inwieweit auch für die Wiedereintrittsgeschwindigkeit die einfacheren Zusammenhänge aus dem Orthogonalschnitt gelten, soll im Folgenden überprüft werden. Da sich die Wiedereintrittsgeschwindigkeit nicht über analytische Ansätze ermitteln lässt, wird zur nummerischen Bestimmung die in Abbildung 7.5 aufgeführte Vorgehensweise angewendet. Hierbei spielt die Änderungsrate des effektiven Rotationswinkels aus Gleichung (7.2) eine entscheidende Rolle:

$$\varphi'_{eff} = \frac{d}{d\varphi_n}\left(\varphi_n + \varphi_A \cdot sin\left(\frac{f_s \cdot \varphi_n}{n}\right)\right) = 1 + \varphi_A \cdot cos\left(\frac{f_s \cdot \varphi_n}{n}\right) \cdot \frac{f_s}{n} \tag{7.8}$$

Im linken Bereich der Abbildung 7.5 ist der Bahnabschnitt, innerhalb dessen es zur Schnittunterbrechung kommt, stark vergrößert dargestellt. Die Werkzeugschneide bewegt sich hierbei mit zunehmendem Spindelrotationswinkel in Pfeilrichtung, wobei die Koordinaten der Schneidenposition über die beiden Funktionen SP_x und SP_y berechnet werden können. Die Austrittsposition des Werkzeuges wird erreicht, sobald die zuvor definierte Änderungsrate des effektiven Rotationswinkels den Wert Null annimmt.

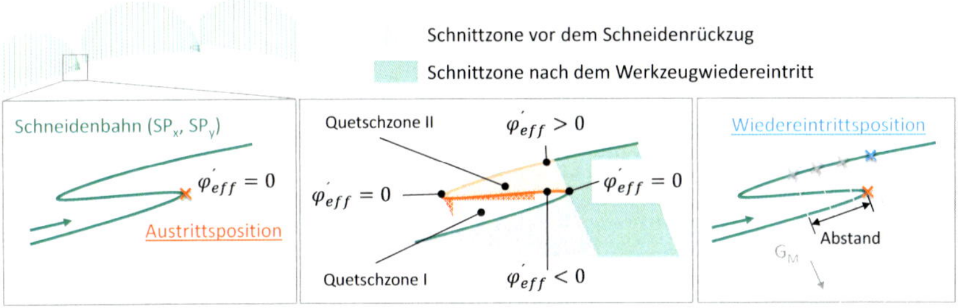

Abbildung 7.5: Bestimmung von Austritts- und Wiedereintrittspunkt der Werkzeugschneide bei einer Schnittunterbrechung
Determination of exit and re-entry point of the cutting edge in case of cut interruption

Nach Überschreitung der Austrittsposition wird die Werkzeugschneide trotz des zunehmenden Spindelrotationswinkels zurückgezogen. Die Rückzugsbewegung dauert an, solange sich die Änderungsrate des effektiven Rotationswinkels im negativen Bereich bewegt. Hierbei drückt der Freiflächenbereich der Schneide das Werkstückmaterial um wenige Mikrometer zusammen (Quetschzone I). Beim wiederholten Nulldurchgang der Änderungsrate wird das Werkzeug wieder in Richtung der Spindeldrehung beschleunigt. Hier erfolgt zunächst wieder ein Quetschvorgang, weil die Spanungsdicke bis zum Wiedereintrittspunkt des Werkzeuges ebenfalls nur wenige Mikrometer beträgt (Quetschzone II). Erst mit Eintritt des Werkzeugs ins „volle" Werkstückmaterial und die damit verbundene sprunghafte Änderung der Spanungsdicke wird der eigentliche Schnittvorgang fortgeführt.

Zur Bestimmung der Wiedereintrittsposition wird innerhalb des Bereiches der positiven Änderungsrate beim effektiven Rotationswinkel, der minimale Abstand zwischen der mit „G_M" gekennzeichneten Geraden eines jeden berechneten Bahnpunktes (graue Kreuze in Abbildung 7.5) und dem Austrittspunkt ermittelt. Zur Beschreibung und Berechnung von G_M sei an dieser Stelle auf die Ausführung in Kapitel 7.2 verwiesen. Je näher der aktuelle Punkt in Richtung des Wiedereintrittspunktes rückt, desto kleiner wird der berechnete Abstand. Der erste Punkt, an dem der Abstand sich im Vergleich zum vorangegangenen Wert wieder vergrößert, wird als Wiedereintrittsposition definiert. Die Genauigkeit der Berechnung hängt in direkter Weise mit dem Diskretisierungsgrad zusammen. Entsprechend wird für die Berechnung eine sehr hohe Punktedichte von 10.000 Einzelpunkten innerhalb einer Werkzeugumdrehung zugrunde gelegt. Alle Punkte, die sich anschließend zwischen dem Austritts- und Wiedereintritt des Werkzeuges befinden, werden aussortiert. Mit der Kenntnis der Wiedereintrittsposition kann anschließend über die Verwendung der Gleichungen (7.5) - (7.7) der Wert der Wiedereintrittsgeschwindigkeit ermittelt werden.

Beispielhaft sind in Abbildung 7.6 die nummerisch ermittelten Wiedereintrittsgeschwindigkeiten für eine Werkzeugumdrehung bei einem Vollnutschnitt unter den in der Legende aufgeführten Prozessrandbedingungen aufgeführt. Analog zur maximalen Schnittgeschwindigkeit ist auch hier der Anstieg der Wiedereintrittsgeschwindigkeit über dem Drehwinkel des Werkzeuges zu beobachten. Im Scheitelpunkt, an dem die Vorschubgeschwindigkeit keinen Einfluss auf die Schnittgeschwindigkeit hat, wird eine durchschnittliche Eintrittsgeschwindigkeit von 85,5 m/min berechnet. Dies ist der gleiche Wert, der beim vereinfachten Orthogonalschnitt bereits ermittelt wurde. Zum Zeitpunkt des Schnittbeginns ist die Wiedereintrittsgeschwindigkeit im Mittel um die Vorschubgeschwindigkeit erhöht, beim Austritt entsprechend um den gleichen Wert reduziert. Die mittlere Schwankung von 0,5 m/min innerhalb benachbarter Eintrittsgeschwindigkeiten ist auf die nummerische Ungenauigkeit der Berechnung zurückzuführen.

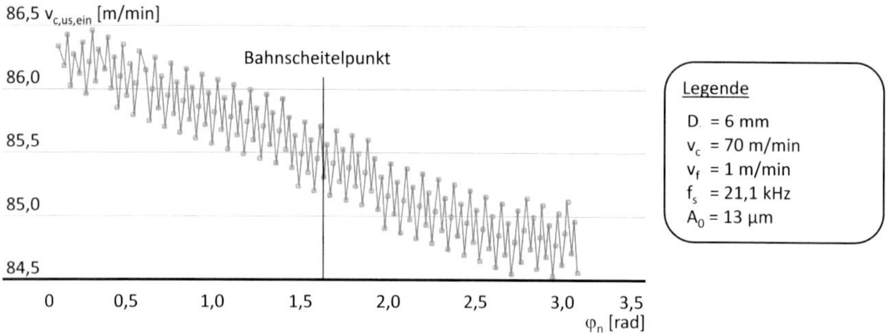

Abbildung 7.6: Numerische Bestimmung von $v_{c,us,ein}$ für den Vollnutschnitt
Numerical determination of re-entry speed in full slot milling

Die Berechnung der Wiedereintrittsgeschwindigkeit kann damit ebenfalls in guter Näherung über die einfacheren Zusammenhänge des Orthogonalschnitts erfolgen. Daraus folgt, dass auch die Berechnung der relativen Eingriffsdauer und des Verstärkungsfaktors für die Schnittgeschwindigkeit aus den Betrachtungen des Orthogonalschnitts hergeleitet bzw. übernommen werden können.

7.2 Bestimmung der lokalen Spanungsdicke

Determination of Local Uncut Chip Thickness

Neben der aktuellen Werkzeuggeschwindigkeit kommt auch der Spanungsdicke bei der Prozessanalyse eines Fräsprozesses eine signifikante Rolle zu. *MARTELLOTTI* hat bereits vor einigen Jahrzehnten gezeigt, dass eine vereinfachte Betrachtung der Spannungsdicke im Bereich realistischer Zerspanparameter bei der Fräsbearbeitung ausreicht [MART41, MART45]. Inwiefern diese Vereinfachung auch für das ultraschallunterstützte Fräsverfahren zutrifft, soll durch die nachfolgende Betrachtung gezeigt werden. In Anlehnung an die von *MARTELLOTTI* durchgeführten Arbeiten wird hierzu zunächst eine Methode zur Bestimmung der lokalen Spanungsdicke über dem gesamten Werkzeugeingriff für die konventionelle Fräsbearbeitung vorgestellt. Im Anschluss daran erfolgt die Anpassung an die Gegebenheiten des torsional ultraschallunterstützten Fräsverfahrens.

7.2.1 Spanungsdickenverlauf bei der konventionellen Fräsbearbeitung

Die Bestimmung der Spanungsdicke erfolgt rein aus der Kinematik der Werkzeugbewegung und ist daher unabhängig von dem zu bearbeitenden Werkstoff. Folglich wird an dieser Stelle auf den Zusammenhang zur Beschreibung der Werkzeugbahn aus Gleichung (7.1) zurückgegriffen. Die komponentenweise ermittelten Werkzeugbahnpositionen ergeben bei Betrachtung mehrerer Werkzeugumdrehungen den Kurvenverlauf einer verkürzten Zykloide (Abbildung 7.7). Das illustrierte Beispiel stellt die Zykloide für ein Werkzeug mit einem Durchmesser von D = 6 mm dar.

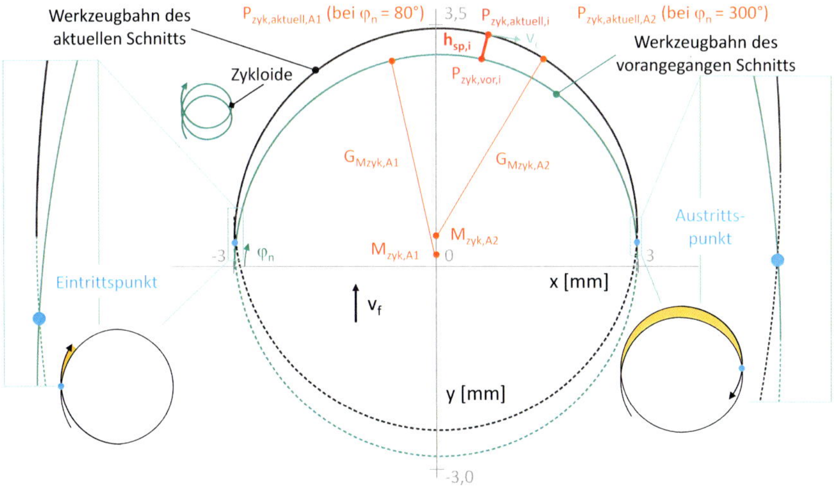

Abbildung 7.7: Bestimmung der Spanungsdicke anhand der zykloiden Werkzeugbahn

Determination of uncut chip thickness using cycloidal tool path

Die Werkzeugrotation beginnt bei $\varphi_n = 0$ im linken oberen Quadranten. Zeitgleich mit der Werkzeugrotation wird die Schneide mit der Vorschubgeschwindigkeit v_f entlang der positiven Y-Richtung verfahren. Durch diese überlagerte Werkzeugbewegung ergibt sich eine Zykloide, deren Mittelpunkt M_{zyk} sich mit steigendem Spindelrotationswinkel entlang der Y-Achse bewegt. Die Bewegung des Mittelpunktes lässt sich folgendermaßen ermitteln:

$$M_{zyk} = \begin{pmatrix} M_{x,zyk} \\ M_{y,zyk} \end{pmatrix} = \begin{cases} 0 \\ \dfrac{v_f \cdot D}{2 \cdot v_c} \cdot \varphi_n \end{cases} \tag{7.9}$$

Eine beliebige aktuelle Werkzeugposition $P_{zyk,aktuell}$ und der dazugehörige Zykloidenmittelpunkt $M_{zyk,aktuell}$ werden durch die Gerade G_M miteinander verbunden. Die Gerade lässt sich dabei bestimmen aus:

$$G_M = \begin{cases} x \\ \dfrac{Y(\varphi_n) - \frac{D}{2} \cdot \frac{v_f}{v_c} \cdot \varphi_n}{X(\varphi_n)} x + \dfrac{D}{2} \cdot \dfrac{v_f}{v_c} \cdot \varphi_n \end{cases} \tag{7.10}$$

Die Spanungsdicke ist definiert zwischen dem Ein- und Austrittspunkt des Werkzeuges und entspricht dem radialen Abstand zwischen einem frei wählbaren Punkt des aktuellen Schnitts ($P_{zyk,aktuell,i}$) und dem zugehörigen Punkt des vorangegangenen Schnitts ($P_{zyk,vor,i}$). Zur Bestimmung der Spanungsdicke sind damit zwei volle Werkzeugumdrehungen zu betrachten, um daraus die Eingriffsregion des Werkzeuges auf den resultierenden Umschlingungswinkel (Winkel zwischen Eingriffs- und Austrittswinkel) einzugrenzen.

Bestimmung der Ein- und Austrittspunkte

Die beiden zur Bestimmung der Eingriffsregion charakteristischen Punkte werden durch den Schnittpunkt der Zykloiden mit sich selbst beschrieben und sind damit nicht mit Hilfe von analytischen Methoden berechenbar. Zur Ermittlung des Eintrittspunktes muss zunächst $\varphi_{n,ein}$ (Rotationswinkel am Eintrittspunkt) aus dem Schnittpunkt der durchgehenden, grünen Linie (Bewegungsgleichung im Rotationswinkelbereich von 0 bis π) mit der gestrichelten, grünen Linie (Bewegungsgleichung im Rotationswinkelbereich von π bis 2π) ermittelt werden. Hierfür wird die Zykloidenfunktion segmentweise innerhalb der oben aufgeführten Rotationswinkelbereiche definiert und die komponentenweise definierten Positionsgleichungen gleichgesetzt:

$$X(\varphi_{n,1}) = \frac{D}{2} \cdot \cos(\varphi_{n,1}) = \frac{D}{2} \cdot \cos(\varphi_{n,2}) = X(\varphi_{n,1}), \quad 0 \leq \varphi_{n,1} < \pi;\ \pi \leq \varphi_{n,2} < 2\pi$$

$$Y(\varphi_{n,1}) = \frac{D}{2} \cdot \left(\sin(\varphi_{n,1}) + \frac{v_f}{v_c} \cdot \varphi_{n,1}\right) = \frac{D}{2} \cdot \left(\sin(\varphi_{n,2}) + \frac{v_f}{v_c} \cdot \varphi_{n,2}\right) = Y(\varphi_{n,2})$$

Die Bestimmung des Schnittpunktes wird dabei in ein Nullstellenproblem überführt, wobei der Abstand zweier, auf den jeweils relevanten Zykloidenabschnitten befindlichen, Punkte minimiert wird:

$$\sqrt{[X(\varphi_{n,1}) - X(\varphi_{n,2})]^2 + [Y(\varphi_{n,1}) - Y(\varphi_{n,2})]^2} = 0$$

Das Nullstellenproblem wird iterativ mit einer Genauigkeit von 10^{-12} in Matlab gelöst (Abbildung 7.8). Als Startwerte für die Iteration sind für den Eintrittswinkel 0 (Startbereich der durchgehenden, grünen Linie) bzw. 2π (Endbereich der gestrichelten, grünen Linie) gewählt worden.

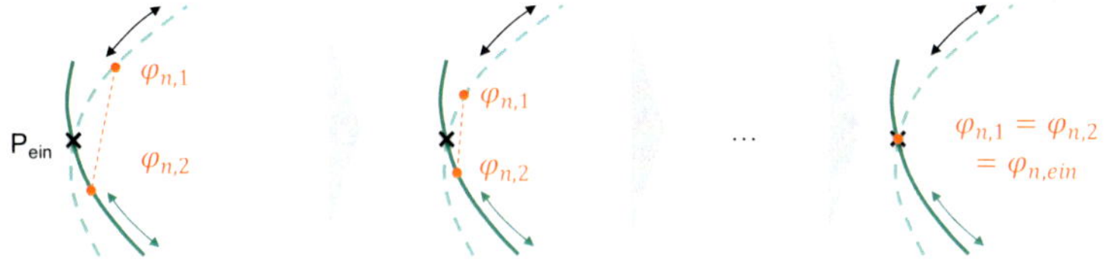

Abbildung 7.8: Eintrittswinkelbestimmung über iterative Lösung eines Nullstellenproblems
Determination of entry angle by iterative solution of a root problem

Die Bestimmung des Austrittswinkels $\varphi_{n,aus}$ erfolgt in analoger Weise, wobei an dieser Stelle der Schnittpunkt zwischen der durchgehenden, grünen Linie (Bewegungsgleichung im Rotationswinkelbereich von 0 bis π) und der gestrichelten, schwarzen Linie (Bewegungsgleichung im Rotationswinkelbereich von 3π bis 4π) ermittelt werden muss. Entsprechend sind als Startwerte zur Ermittlung des Austrittspunktes π (Endbereich der durchgehenden, grünen Linie) bzw. 3π (Startbereich der gestrichelten, schwarzen Linie) gewählt worden.

Bestimmung der lokalen Spanungsdicke

Mit Kenntnis von Ein- und Austrittswinkel erfolgt die Bestimmung des Umschlingungswinkels, innerhalb dessen Grenzen die Spanungsdicke an einer Vielzahl von diskreten Punkten berechnet wird. Im ersten Schritt wird mit Hilfe eines im Umschlingungswinkelbereich befindlichen Rotationswinkelwertes der Punkt $P_{zyk,aktuell,i}$ an der i-ten Stelle berechnet. Im zweiten Schritt muss der für die Spanungsdicke relevante Punkt $P_{zyk,vor,i}$ aus dem Vorschnitt ermittelt werden. Dieser Punkt ist gleichbedeutend mit dem Schnittpunkt zwischen der Geraden G_M, die durch den aktuellen Punkt $P_{zyk,aktuell,i}$ und den zugehörigen aktuellen Zykloidenmittelpunkt $M_{zyk,schnitt,i}$ geht, und der Zykloidenbahn des vorangegangenen Schnitts. Die Berechnung von $P_{zyk,vor,i}$ erfolgt ebenfalls mit Hilfe des oben beschriebenen iterativen Lösungsansatzes (Abbildung 7.9).

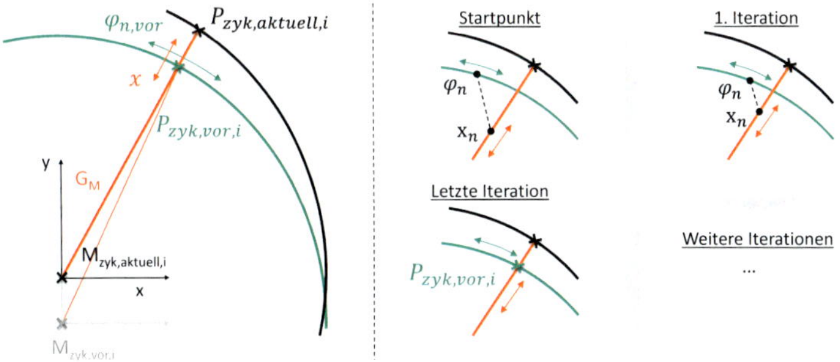

Abbildung 7.9: Bestimmung von $P_{zyk,vor,i}$ über die iterative Lösung eines Nullstellenproblems
Determination of $P_{zyk,vor,i}$ by iterative solution of a root problem

Sind sowohl $P_{zyk,aktuell}$ als auch $P_{zyk,vor}$ an einer Stelle i bekannt, kann die lokale Spanungsdicke $h_{sp,i}$ auf folgende Weise berechnet werden:

$$h_{sp,i} = \sqrt{[x(P_{zyk,aktuell,i}) - x(P_{zyk,vor,i})]^2 + [y(P_{zyk,aktuell,i}) - y(P_{zyk,vor,i})]^2} \tag{7.11}$$

Werden die errechneten Spanungsdickenwerte über dem Spindelrotationswinkel aufgetragen, entsteht ein parabelförmiger Kurvenverlauf (Abbildung 7.10). Bedingt durch die aus der Werkzeugbewegung resultierende Zykloidenbahn, ist die resultierende Kurve nicht exakt symmetrisch, sondern leicht in Richtung der Gleichlaufregion verschoben. Die Spanungsdickenverläufe zwischen dem Gleich- und Gegenlauf sind damit marginal unterschiedlich. Die maximale Spanungsdicke liegt im Bereich des Gleichlaufs und entspricht einem Wert, der aufgrund der Linearbewegung des Werkzeuges, etwas höher als der eingestellte Zahnvorschub ist. Über die Steigerung des Zahnvorschubs und die damit verbundene Vergrößerung der maximalen Spanungsdicke kann die Kurve entsprechend stärker gestreckt werden.

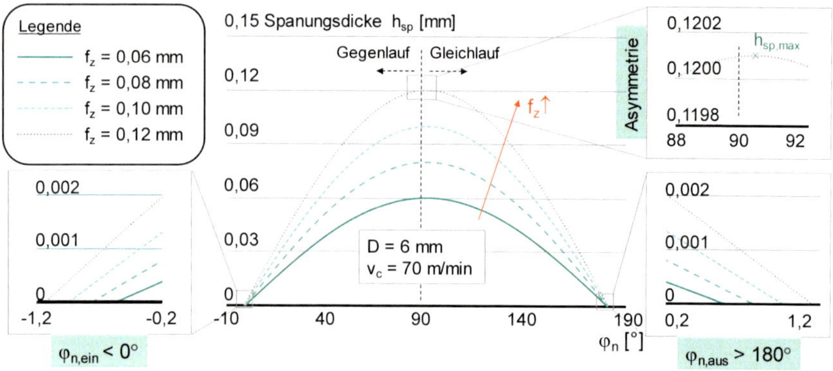

Abbildung 7.10: Spanungsdickenverlauf beim konventionellen Fräsen mit verschiedenen f_z
Uncut chip thickness curves for conventional milling with different f_z

Der Umschlingungswinkel beim Vollnutschnitt liegt oberhalb des halben Werkzeugumfangs von 180° und begründet sich mit der Tatsache, dass die Materialaufmaßsituation aus der vorangegangenen Schnittbewegung berücksichtigt wird. Für die Darstellung der Spanungsdickenkurven in Abbildung 7.10 sind alle Werte, die gemäß Abbildung 7.7 während der zweiten Werkzeugumdrehung berechnet werden, zur besseren Verständlichkeit um 360° verschoben worden. Dadurch rückt der Eingriffspunkt des Werkzeuges in den negativen Wertebereich des Spindelrotationswinkels.

7.2.2 Spanungsdickenverlauf bei der US-Fräsbearbeitung

Die Bestimmung der lokalen Spanungsdicke beim ultraschallunterstützten Fräsen erfolgt in analoger Weise zur konventionellen Fräsbearbeitung, so dass an dieser Stelle nicht nochmals auf das genaue Vorgehen eingegangen wird. Es sind lediglich andere Bewegungsgleichungen (7.3) und

(7.4) anzusetzen, wodurch sich leichte Änderungen beim Spanungsdickenverlauf aufgrund der harmonisch schwingenden Schnittgeschwindigkeit bei ansonsten konstantem Werkzeugvorschub und einer eventuell vorliegenden Schnittunterbrechung ergeben. Abbildung 7.11 zeigt die sich ergebenden Unterschiede bei Anwendung einer Ultraschallschwingung für unterschiedliche Amplituden A_0 von 5, 9 und 13 µm bei einer Anregungsfrequenz von f_s = 21,1 kHz. Zur Berechnung sind insgesamt 10.000 Stützstellen innerhalb der Werkzeugeingriffsregion (Umschlingungswinkelbereich) gewählt worden.

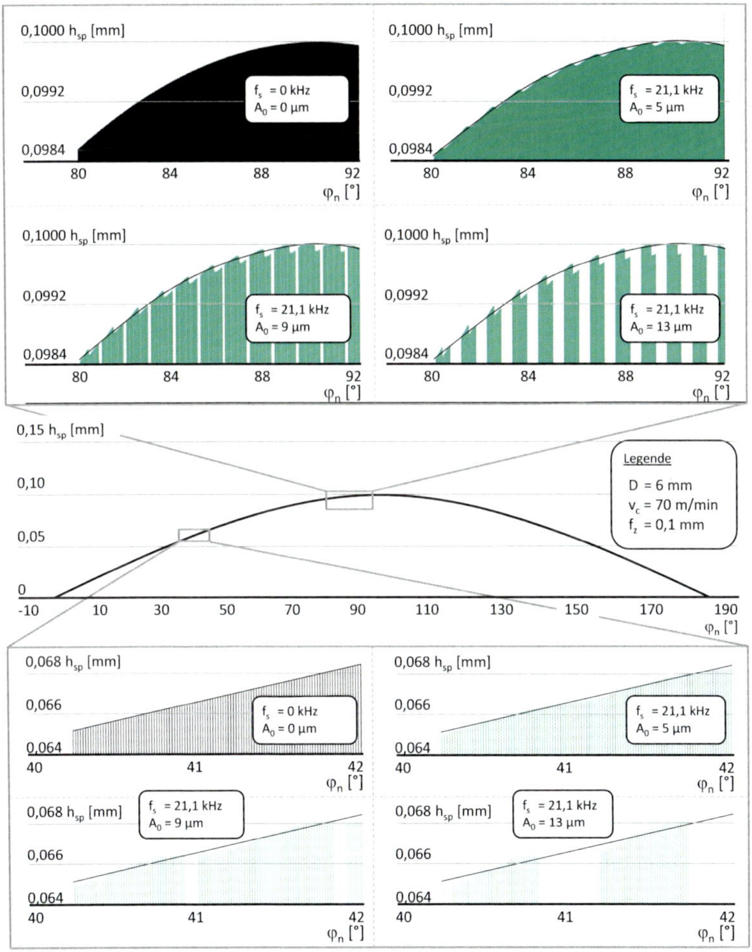

Abbildung 7.11: Spanungsdickenverläufe für die ultraschallunterstützte Fräsbearbeitung
Uncut chip thickness curves for ultrasonic assisted milling

Bei Betrachtung des gesamten Werkzeugeingriffsbereichs sind hierbei zunächst keine Differenzen zwischen der konventionellen und der ultraschallunterstützten Fräsbearbeitung mit unterschiedlichen Amplituden zu erkennen. Diese werden erst bei einer stärkeren Vergrößerung ausgewählter Bereiche sichtbar.

Die Anwendung der Ultraschalltechnologie mit einer Amplitude von $A_0 = 5$ µm führt zu einem welligen Verlauf der Spanungsdicke über dem Rotationswinkel. Im Vergleich zur Dimension der Spanungsdicke der konventionellen Bearbeitung, ist die entstehende Wellenform jedoch vernachlässigbar gering. Mit größer werdender Amplitude und der damit einhergehenden stärkeren Schwankung der effektiven Schnittgeschwindigkeit, steigt auch die Amplitude der Wellenform bei der Spanungsdicke. Bezogen auf das Absolutniveau der Spanungsdicke bleibt der Schwingungsanteil jedoch auch bei großen Amplituden vernachlässigbar. Kommt es durch die Werkzeugschwingung zu einer Schnittunterbrechung, erfolgt bis zum Wiedereintritt der Werkzeugschneide kein Zerspanvorgang. Entsprechend resultiert daraus eine zeitliche Lücke beim Spanungsdickenverlauf. Gleichzeitig entsteht in den einzelnen, zwischen zwei Schnittunterbrechungen befindlichen Spanungsdickensegmenten, ein mit der Schwingungsamplitude steigender Sprung der Spanungsdickenwerte. Dieser ist darauf zurückzuführen, dass bei der Berechnung der Spanungsdicke auch die Werkzeugbahn des Vorschnitts berücksichtigt wird. Für den Fall einer Schnittunterbrechung wird der schnittfreie Bereich aus der Werkzeugbahn geschnitten (siehe Kapitel 7.1). Der hierdurch entstehende Höhenunterschied zwischen der Bahn vor und nach der Schnittunterbrechung, führt zu dem erwähnten Sprung im Spanungsdickenverlauf (Abbildung 7.12). Der Sprung fällt höher aus als die Wellenbewegung der Spanungsdicke, ist aber im Kontext der Absolutwerte ebenfalls vernachlässigbar klein.

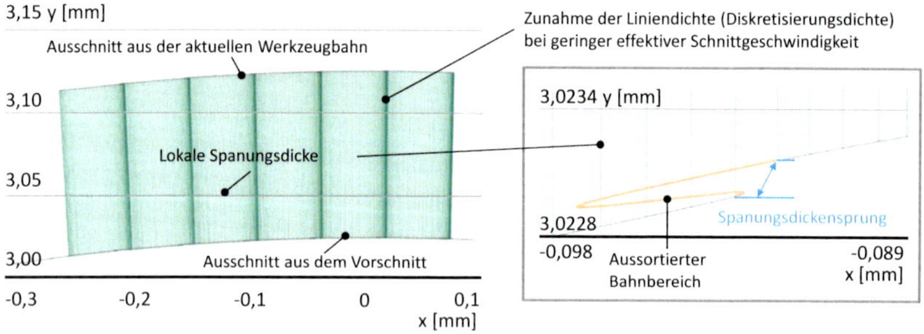

Abbildung 7.12: Spanungsdickensprung bei ultraschallunterstützter Fräsbearbeitung
Uncut chip thickness step for ultrasonic assisted milling

Insgesamt wird der Spanungsdickenverlauf durch die Überlagerung der Ultraschallbewegung im Vergleich zur konventionellen Fräsbearbeitung nur im Mikro- oder sogar Submikrobereich beeinflusst. Für die Modellierung der Zerspankraft wird daher folgende Vereinfachung getroffen:

- Ultraschallunterstützte Bearbeitung ohne Schnittunterbrechung
  - Nutzung des exakten Spanungsdickenverlaufs aus der konventionellen Fräsbearbeitung

- Ultraschallunterstützte Bearbeitung mit Schnittunterbrechung
    - Nutzung des Spanungsdickenverlaufs aus der konventionellen Fräsbearbeitung mit zusätzlichen Aussparungen im Bereich der Schnittunterbrechung

7.3 *Berechnung des Fasertrennwinkels*

Calculation of Fiber Cutting Angle

Für die konventionelle Fräsbearbeitung im Vollnutschnitt und der vereinfachten Betrachtung eines konstanten Umschlingungswinkels von 180° lässt sich der Fasertrennwinkel Φ (FTW) für unterschiedliche Faserorientierungswinkel Ψ (FOW) gemäß Gleichung (2.2) berechnen.

Soll zusätzlich der exakte Randbereich beim Ein- und Austritt des Werkzeuges, welcher über die vereinfachte Betrachtung des halben Werkzeugumfangs als Umschlingungswinkel hinausgeht, Berücksichtigung finden, muss der Eingriffswinkel über eine komplette Werkzeugumdrehung von 360° betrachtet werden:

$$\Phi = \begin{cases} 180° - \varphi_n - \Psi, & 0° \leq \varphi_n + \Psi \leq 180° \\ 360° - \varphi_n - \Psi, & 180° < \varphi_n + \Psi \leq 360° \\ 540° - \varphi_n - \Psi, & 360° < \varphi_n + \Psi \leq 540° \end{cases} \tag{7.12}$$

Der hierdurch resultierende Verlauf des Fasertrennwinkels in Abhängigkeit von der Werkzeugrotation ist in Abbildung 7.13 für ausgewählte Faserorientierungswinkel grafisch visualisiert. Im Bereich des Werkzeugeintritts (350° ≤ φ_n ≤ 360°) wird, analog zu Abbildung 7.10, ein negativer Werkzeugeintrittswinkel verwendet.

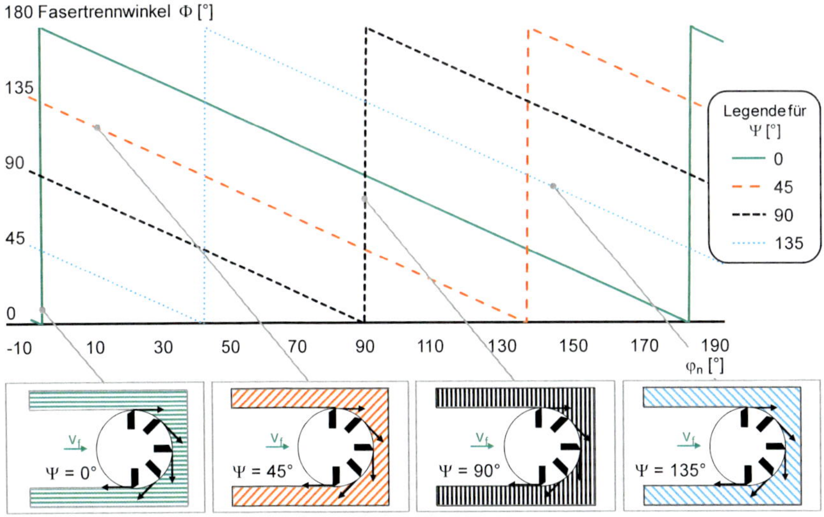

Abbildung 7.13: Fasertrennwinkel in Abhängigkeit von φ_n und Ψ beim konventionellen Fräsen

Fiber cutting angle depending on φ_n and Ψ for conventional milling

Der Verlauf des Fasertrennwinkels weist für alle Faserorientierung die gleichen Charakteristika auf. Bei einem kompletten Werkzeugumlauf von 360° sind die Kurven von zwei linear sinkenden Abschnitten geprägt, die je nach Faserorientierungswinkel an unterschiedlichen Stellen im Diagramm durch einen Sprung von 0 auf 180° miteinander verbunden sind. Da es für eine gerichtete Endlosfaser keine Rolle spielt, ob sie von links oder rechts geschnitten wird, also ob es zu einer Trennung unter 0° oder 180° kommt, liegt aus Sicht des Zerspanprozesses kein Unterschied vor. Der Kurvensprung wird lediglich eingeführt, um die bei weiterer Werkzeugdrehung resultierenden Fasertrennwinkel in richtiger Weise beschreiben zu können.

Aus dem gleichen Grund wie bei der Spanungsdicke weist auch der Fasertrennwinkelverlauf bei überlagerter Ultraschallbewegung eine hochfrequente Schwankung sowie Sprünge im Bereich der Schnittunterbrechung auf. Darüber hinaus ändert sich der Fasertrennwinkel unmittelbar vor dem Werkzeugrückzug ruckartig, was auf die Änderung der Orientierung des Schnittgeschwindigkeitsvektors zurückzuführen ist. Insgesamt sind aber alle im Vergleich zum konventionellen Fräsen resultierenden Unterschiede auf einen derart kurzen Zeitraum beschränkt, dass kein Einfluss auf den Prozess zu erwarten ist. Folglich werden bei der Modellierung der Zerspankraft die gleichen Vereinfachungen für den Fasertrennwinkel wie bei der Spanungsdicke angenommen.

7.4 Modellierung der Zerspankraft

Modeling of Machining Force

Für die Modellierung der Zerspankraft wird die Fräswerkzeugbahn anhand einer Vielzahl von diskreten Punkten und den dort lokal vorherrschenden Zustandsgrößen Schnittgeschwindigkeit, Spanungsdicke und Fasertrennwinkel beschrieben. Jedem dieser Betrachtungspunkte soll aus dem Zerspankraftmodell ein eindeutiger Wert für die mittlere Schnitt- und Schnittnormalkraft zugeordnet werden können. Über die anschließende Mittelwertbildung aus den einzelnen Kraftwerten wird im letzten Schritt die mittlere Zerspankraft für eine komplette Werkzeugumdrehung ermittelt (Abbildung 7.14).

Als Basis für das Zerspankraftmodell wird der mechanistische Ansatz nach Altintas gewählt. Schnitt- und Schnittnormalkraft werden hierbei zunächst separat betrachtet, wobei sich beide Zerspankraftkomponenten jeweils aus einem werkstoffabhängigen ($F_{c,c}$ und $F_{cn,c}$) und einem werkzeugabhängigen Anteil ($F_{c,e}$ und $F_{cn,e}$) zusammensetzen. Der werkstoffabhängige Anteil beschreibt den Widerstand des Werkstoffs gegenüber der mechanischen Bearbeitung und wird mit dem Index c (cutting) gekennzeichnet. Der werkzeugabhängige Anteil beschreibt hingegen den Einfluss der Schneidkantenverrundung sowie der Interaktion zwischen der Freifläche und der erzeugten Werkstückoberfläche. Dieser Anteil wird mit dem Index e (edge) ausgedrückt und gilt jeweils nur für eine fest definierte Werkzeuggeometrie. Die beiden zuvor beschriebenen Anteile setzen sich ihrerseits aus spezifischen Kraftkoeffizienten $K_{c,i}$ bzw. $K_{cn,i}$ und der Werkstückdicke b (Laminatdicke) sowie der Spanungsdicke h_{sp} gemäß der Gleichungen (2.4) und (2.5) zusammen:

Mit Hilfe der Grundgleichungen und der Kenntnis der spezifischen Kraftkoeffizienten lassen sich sowohl die Schnittkraft als auch die Schnittnormalkraft in Abhängigkeit von der lokalen Spanungsdicke berechnen. Um den Einfluss der beiden anderen Kenngrößen Schnittgeschwindigkeit und Fasertrennwinkel beschreiben zu können, werden die spezifischen Kraftkoeffizienten zusätzlich als Funktion von v_c sowie Φ ausgedrückt. Die Bestimmung dieser Funktionen erfolgt anhand von empirischen Zerspanuntersuchungen am Analogie-Prüfstand.

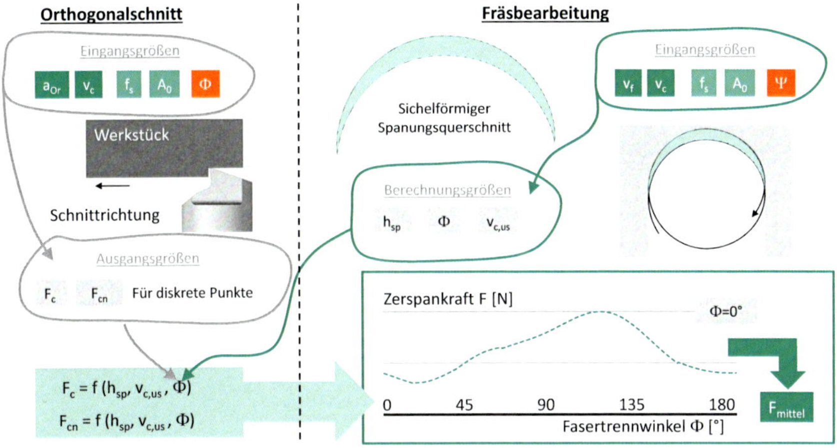

Abbildung 7.14: Vom Orthogonalschnitt zur Zerspankraft bei der Fräsbearbeitung
From orthogonal cutting to process force in milling

7.4.1 Kraftkoeffizienten aus Orthogonalschnittversuchen

Im Folgenden wird die Bestimmung der Kraftkoeffizienten für die spätere Anwendung des Kraftmodells auf die konventionelle und ultraschallunterstützte Fräsbearbeitung vorgestellt. Zur Ermittlung der relevanten Kraftkoeffizienten ist ein vollfaktorieller Versuchsplan unter Betrachtung diskreter Fasertrennwinkel aufgestellt worden. Im Rahmen der empirischen Untersuchungen fanden Versuche mit insgesamt acht verschiedenen Fasertrennwinkeln sowie sechs Schnittgeschwindigkeiten und Spanungsdicken statt. Als Werkzeug kam der Standardstichel mit einer Schneidkantenverrundung von r_β = 20 µm zum Einsatz. Tabelle 7.1 enthält die Übersicht die einzelnen Parameterstufen der aufgestellten Versuchsmatrix.

Tabelle 7.1 Versuchsmatrix zur Bestimmung der spezifischen Kraftkoeffizienten

Prozessparameter	Faktorstufen							
Fasertrennwinkel Φ [°]	0	22,5	45	67,5	90	112,5	135	157,5
Spanungsdicke $h_{sp,or}$ [µm]	10	20	40	60	90	120	-	-
Schnittgeschwindigkeit v_c [m/min]	1	10	40	70	100	140	-	-

Für jede Parametervariation sind insgesamt drei Einzelschnitte durchgeführt worden. Anhand der Durchschnittswerte der drei Messungen für die Schnitt- und Schnittnormalkraft fand anschließend die Bestimmung der für einen Parametersatz geltenden Mittelwerte statt. Abbildung 7.15 zeigt die hierdurch generierten Kraftwerte für die Schnittkraft jeweils in Abhängigkeit vom Fasertrennwinkel und der eingestellten Schnittgeschwindigkeit.

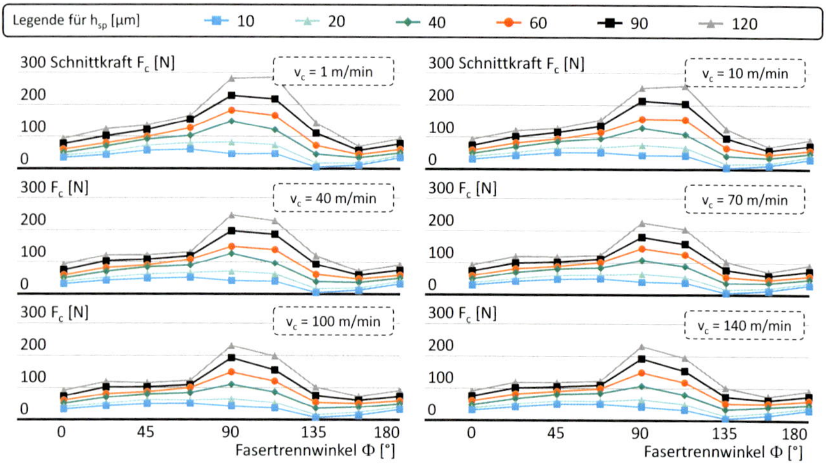

Abbildung 7.15: F_c in Abhängigkeit vom Fasertrennwinkel Φ bei unterschiedlichen v_c
Principle force F_c depending on Φ for different cutting speeds v_c

Der grundsätzliche Verlauf der Kurven ist für alle untersuchten Schnittgeschwindigkeiten vergleichbar. Ausgehend von einem Schnitt parallel zur Faserorientierung (Φ = 0°) steigt die mittlere Schnittkraft bis zu einem Fasertrennwinkel von Φ = 67,5° moderat an. Hierbei gilt wie für alle anderen Bereiche auch, dass das Niveau der Schnittkraft mit höherer Spanungsdicke ebenfalls ansteigt. Dieser Einfluss ist bis zum Fasertrennwinkel von Φ = 67,5° vergleichsweise gering, was sich in einer engen Kurvenanordnung widerspiegelt. Darüber hinaus durchläuft die Kurve der mittleren Schnittkraft bis zu Φ = 135° ein parabelförmiges Segment, dessen Scheitelpunkt in Form des Maximums im Fasertrennwinkelbereich von 90° bis 112,5° liegt. Die mittlere Schnittkraft befindet sich bei Φ = 135° in der Regel etwas unterhalb des Kraftniveaus von Φ = 67,5°. Der Einfluss der Spanungsdicke ist in diesem Bereich deutlich stärker ausgeprägt, was zu einer Aufweitung der Kurvenschar führt. Bei weiterer Steigerung des Fasertrennwinkels ziehen sich die Kurven wieder enger zusammen. Der Einfluss der Spanungsdicke auf das Niveau der Schnittkraft reduziert sich deutlich und das Kraftniveau sink erneut. Das absolute Kraftminimum befindet sich für kleine Spanungsdicken bei Φ = 135°. Ab einer Spanungsdicke von h_{sp} = 40 µm, was dem Doppelten der Schneidkantenverrundung entspricht, verschiebt sich das Minimum in den Bereich um Φ = 157,5°.

Der Verlauf der gemittelten Schnittnormalkraft weist in Abhängigkeit vom Fasertrennwinkel und der eingestellten Schnittgeschwindigkeit einen komplett anderen Verlauf auf. Wie aus Abbildung 7.16 zu entnehmen ist, verlaufen die resultierenden Kurven in Form einer sinusförmigen Welle.

Das Maximum der Schnittnormalkraft wird in einem Fasertrennwinkelbereich von $\Phi = 45°$ erreicht. Das Minimum, welches sich in der Nähe des Nullwertes bewegt und je nach Einstellung sogar in den negativen Bereich übergeht und somit zu einer Änderung der Kraftrichtung führt, befindet sich einheitlich bei $\Phi = 135°$. Insgesamt fällt zudem auf, dass sich die Kurven für kleine Spanungsdicken unterhalb der Schneidkantenverrundung von $r_\beta = 20$ µm insbesondere in der Nähe von $\Phi = 45°$ deutlich vom Rest abgrenzen. In diesem Zusammenhang sei auf den signifikanten Einfluss der verrundeten Schneidkante verwiesen, der insbesondere im Bereich der höheren Schnittnormalkraft zum Tragen kommt.

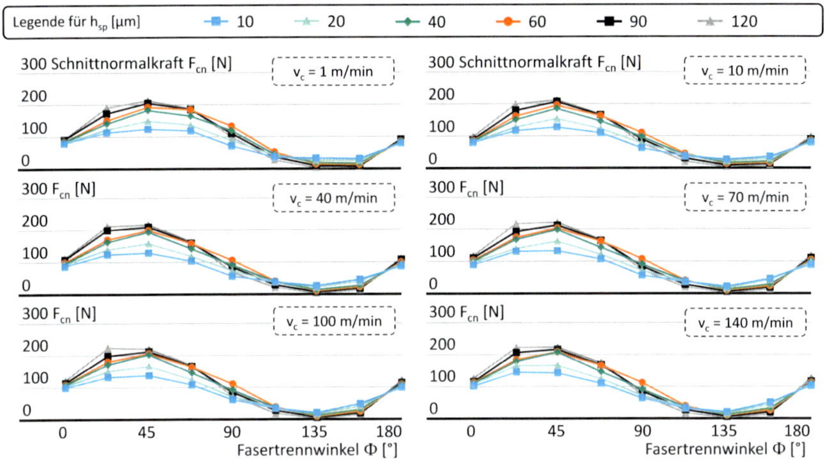

Abbildung 7.16: F_{cn} in Abhängigkeit vom Fasertrennwinkel Φ bei unterschiedlichen v_c
Thrust force F_{cn} depending on Φ for different cutting speeds v_c

Werden die gemessenen Kraftwerte für die Schnitt- und Schnittnormalkraft für eine konstante Schnittgeschwindigkeit und diskrete Fasertrennwinkel über der Spanungsdicke aufgetragen, ergeben sich Bereichsweise lineare Zusammenhänge zwischen beiden Größen. Je nach Faserorientierung reicht hierbei eine Annäherung über eine oder maximal zwei lineare Gleichungen aus, um die beiden Zerspankraftkomponenten hinreichend genau beschreiben zu können. Abbildung 7.17 zeigt diesen Zusammenhang für eine fest eingestellte Schnittgeschwindigkeit von $v_c = 70$ m/min.

Sowohl die Schnittkraft als auch die Schnittnormalkraft lassen sich bei einem Fasertrennwinkel von $\Phi = 0°$ jeweils mit Hilfe der Spanungsdicke über eine Geradengleichung beschreiben. Die Steigungen der Näherungsgeraden stellen die spezifischen Kraftkoeffizienten $K_{c,c}$ bzw. $K_{cn,c}$ dar, wohingegen $K_{c,e}$ und $K_{cn,e}$ über den y-Achsenabschnitt festgelegt werden. Für die übrigen Fasertrennwinkel erfolgt die Bestimmung der spezifischen Kraftkoeffizienten in analoger Weise, wobei die Geraden aufgrund eines Knicks bereichsweise definiert werden müssen. Der Kurvenknick liegt dabei entweder bei $h_{sp} = 40$ µm oder $h_{sp} = 60$ µm. Sollen beide Zerspankraftkomponenten einheitlich beschrieben werden, ergeben sich hierdurch drei zu betrachtende Bereiche (I bis III). Der

Erste reicht bis zum zweifachen Radius der Schneidkantenverrundung r_β (0 - 40 µm), der Zweite liegt zwischen dem zwei- und dreifachen Wert (40 - 60 µm) und der Dritte darüber hinaus (> 60 µm).

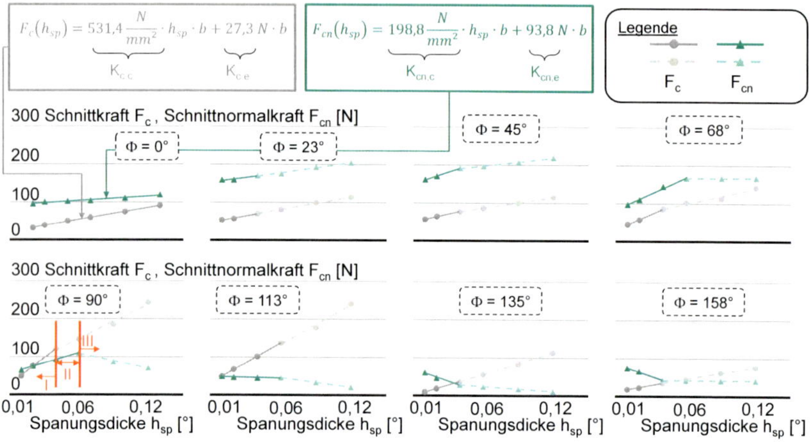

Abbildung 7.17: Ermittlung der spez. Kraftkoeffizienten in Abhängigkeit von der Spanungsdicke bei v_c = 70 m/min und diskreten Fasertrennwinkeln

Determination of spec. force coefficients depending on cutting depth at v_c = 70 m/min and discrete fiber cutting angles

Insgesamt weisen die Approximationsgeraden für die Schnittkraft bei allen Fasertrennwinkeln außer Φ = 0° eine höhere Steigung unterhalb einer Spanungsdicke von h_{sp} = 40 µm auf und laufen anschließen flacher weiter. Dieser Umstand deutet auf die höhere Sensibilität aufgrund des erhöhten Einflusses durch die Schneidkantenverrundung hin. Die hohe Sensibilität bei kleinen Spanungsdicken ist insbesondere im Fasertrennwinkelbereich von 45° bis 90° zu beobachten. Diese Region zeichnet sich durch eine immer stärker werdende Druckbelastung quer zur Verstärkungsfaser aus. Wird der zweifache Wert der Schneidkantenverrundung überschritten nimmt der Einfluss der Schneidkante entsprechend ab und die Auswirkung auf die Schnittkraft reduziert sich.

Der Verlauf der Näherungsgeraden für die Schnittnormalkraft ähnelt bis zu einem Fasertrennwinkel von Φ = 45° stark dem der Schnittkraft. Die Kurven laufen in diesem Bereich parallel zueinander und unterscheiden sich lediglich durch deren Niveaus, wobei die Schnittnormalkraft durchgehend höhere Werte aufweist. Ab einem Fasertrennwinkel von Φ = 67,5° nähern sich die Kraftwerte im Bereich höherer Spanungsdicken einander an. Das Niveau der Schnittnormalkraft bleibt hierbei immer noch oberhalb der Schnittkraft.

Für einen Fasertrennwinkel von Φ = 90° gilt dieses Verhältnis nur noch bis zu einer Spanungsdicke von h_{sp} = 20 µm, was dem Schneidkantenradius r_β entspricht. Wird die Spanungsdicke darüber hinaus gesteigert, erhöht sich die Schnittkraft deutlich stärker als die Schnittnormalkraft. Das Verhältnis beider Kraftkomponenten ändert sich und die Kurvenzüge entfernen sich anschließend immer stärker voneinander. Dies gilt insbesondere ab einer Spanungsdicke von h_{sp} = 60 µm, da es hier zu einer Reduzierung der Schnittnormalkraft trotz steigender Zustellung in Richtung des Werkstücks kommt.

Die Änderung der Kurvensteigung lässt sich durch den zunehmenden Druck des abzutrennenden Materials auf die Spanfläche des Werkzeuges erklären, wodurch es zu einer immer stärkeren, entgegengesetzt zur Freiflächenbelastung des Werkzeuges orientierten, Kraftwirkung kommt. Hierdurch wird das Werkzeug durch das Material selbst immer stärker in Richtung des Werkstücks gezogen. Mit weiter steigendem Fasertrennwinkel oberhalb von 90° stehen die Fasern entgegengesetzt zur Werkzeugvorschubrichtung, so dass das zuvor beschriebene Hineinziehen der Werkzeugschneide in Richtung des Werkstücks und die damit einhergehende Reduzierung der Schnittnormalkraft mit steigender Spanungsdicke für alle Zustellung beobachtet werden kann. Bis auf die höhere Sensibilität der Schnittnormalkraft im Bereich kleiner Spanungsdicken bleibt der qualitative Verlauf der Approximationskurven bis zu einem Fasertrennwinkel von Φ = 180° bzw. 0° erhalten.

Bei den anderen untersuchten Schnittgeschwindigkeiten ergeben sich grundsätzlich die gleichen Zusammenhänge zwischen den Zerspankraftkomponenten und der Spanungsdicke, jedoch ändern sich Steigung und y-Achsenabschnitt der jeweiligen Geraden, wodurch sich entsprechend unterschiedliche spezifische Kraftkoeffizienten ergeben. Für die Übersicht der Approximationskurven der restlichen Schnittgeschwindigkeiten sei an dieser Stelle auf den Anhang (A2) verwiesen.

Im zweiten Schritt der Zerspankraftmodellierung werden die innerhalb der drei Bereiche definierten Kraftkoeffizienten zusätzlich als Funktion des Fasertrennwinkels ausgedrückt. Aufgrund der hierbei entstehenden Prozesskomplexität, welche hauptsächlich in der Änderung der Fasertrennmechanismen begründet liegt, werden bei Bedarf auch an dieser Stelle mehrere Abschnitte zur Optimierung der Modellierungsgüte eingeführt.

Bestimmung der spezifischen Kraftkoeffizienten

Werden die für diskrete Fasertrennwinkel ermittelten $K_{c,c}$-Werte für alle drei Bereiche über dem Fasertrennwinkel aufgetragen, wie in Abbildung 7.18 anhand einer Schnittgeschwindigkeit von v_c = 70 m/min exemplarisch aufgeführt, ergeben sich drei Kurvenzüge, die allesamt in guter Näherung über eine Gaußfunktion beschrieben werden können. Die sich hierbei ergebenden Unterkraftkoeffizienten (Kraftkoeffizienten der spezifischen Kraftkoeffizienten $K_{c,c}$, $K_{cn,c}$, $K_{c,e}$ sowie $K_{cn,e}$) sind entweder konstant oder lassen sich mit Hilfe linearer bzw. quadratischer Funktionen der Schnittgeschwindigkeit bestimmen.

Die Approximation der übrigen Kraftkoeffizienten erfolgt in analoger Weise zu $K_{c,c}$, wobei unterschiedliche und möglichst einfache mathematische Funktionen (Lineare, Quadratische, Gauß- und Sinusfunktionen) bereichsweise für bestimmte Fasertrennwinkelabschnitte zur Anwendung kommen. Die Berechnung der Unterkraftkoeffizienten erfolgt ebenfalls über unterschiedliche Funktionen, wobei diese in der Regel über den gesamten untersuchten Schnittgeschwindigkeitsbereich bis v_c = 140 m/min gelten. Lediglich bei der Kalkulation von $K_{cn,e}$ mussten die Unterkraftkoeffizienten (segmentweise für bestimmte Schnittgeschwindigkeiten definiert werden, um eine ausreichend genaue Approximation für die Modellierung der Zerspankraft realisieren zu können.

Sämtliche Funktionen zur Beschreibung der Kraft- sowie Unterkraftkoeffizienten sind übersichtlich im Anhang (A3) dargelegt.

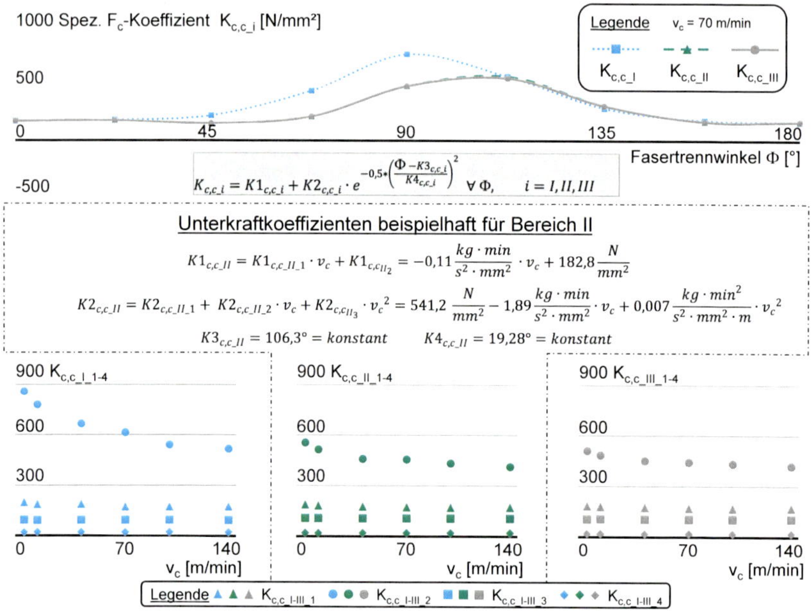

Abbildung 7.18: Kc,c in Abhängigkeit von Φ und v_c

Kc,c depending on fiber cutting angle Φ an cutting speed v_c

7.4.2 Verifizierung des Kraftmodells

Nachdem alle Kraft- und Unterkraftkoeffizienten ermittelt wurden, soll zum Abschluss ein Abgleich zwischen den unter Verwendung des Modells berechneten Werten und den Messungen beim Orthogonalschnitt am Analogie-Prüfstand stattfinden. Abbildung 7.19 zeigt auszugsweise alle Mess- und Berechnungspunkte für die untersuchten Spanungsdicken und Fasertrennwinkel und die beiden Schnittgeschwindigkeiten v_c = 10 m/min sowie v_c = 70 m/min. Darüber hinaus veranschaulicht die Abbildung die relativen Berechnungsfehler der Gesamtzahl aller Messpunkte. Hierzu gehören auch die Messungen bei den restlichen Schnittgeschwindigkeiten, deren Kurvenverläufe der Vollständigkeit halber im Anhang aufgeführt sind.

Insgesamt liegt die mittlere relative Abweichung bei Betrachtung aller Messpunkte unterhalb von drei Prozent, wobei das Modell dazu tendiert etwas höhere Werte im Vergleich zu den gemessenen Größen auszugeben. Die größten Abweichungen im Bereich von bis zu 15 % resultieren primär bei einem Fasertrennwinkeln von Φ = 135° und sind mit der vergleichsweise hohen Prozessdynamik durch die paketweise Faserdeformation beim Makrofaserbruch zu erklären. Darüber hinaus ist der Fasertrennwinkel von Φ = 157,5° etwas auffälliger in Bezug auf die relative Abweichung, was mit dem insgesamt geringsten Kraftniveau begründet werden kann.

Zusammenfassend lässt sich festhalten, dass 87 % der kalkulierten Werte einen relativen Berechnungsfehler von weniger als fünf Prozent aufweisen, wodurch eine ausreichend hohe Übereinstimmung zwischen dem Modell und den Versuchsergebnissen sichergestellt ist.

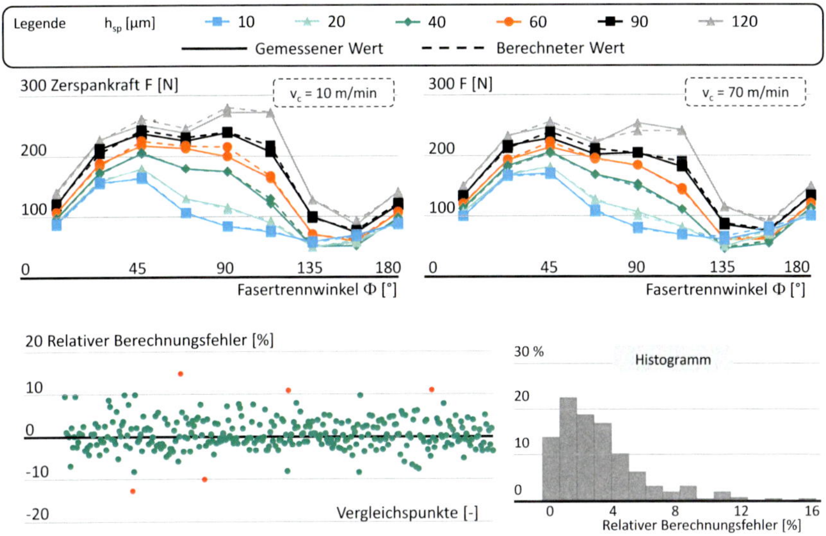

Abbildung 7.19: Vergleich von berechneter und gemessener Zerspankraft am GLP
Comparison of calculated and measured force on the test bench

7.5 Anwendung des Kraftmodells auf die Fräsbearbeitung

Application of Force Model on Milling Process

Nachdem eine hohe Modellierungsgüte für die Nachbildung der Kraftverhältnisse am Analogie-Prüfstand nachgewiesen werden konnte, soll im nachfolgenden Schritt untersucht werden, ob das gleiche Zerspankraftmodell für die Vorhersage der Zerspankraft bei der realen Fräsbearbeitung eingesetzt werden kann.

7.5.1 Anwendung auf konventionellen Prozess

Zur modellbasierten Ermittlung der Zerspankraft beim Fräsen sind die zerspankraftrelevanten Prozesskenngrößen h_{sp}, Φ und $v_{c,us}$ für die im Fräsprozess untersuchten Faserorientierungswinkel an den jeweils lokal vorliegenden Spindelrotationswinkeln φ_n ermittelt worden. Dabei erfolgte die Berechnung der Zerspankraftwerte für eine Werkzeugumdrehung anhand der Analyse von insgesamt 10.000 einzelnen Bahnpunkten. Diese wurden für einen qualitativen Vergleich des Kraftverlaufs als auch der quantitativen Gegenüberstellung der arithmetischen Kraftmittelwerte herangezogen.

Als Vergleichsbasis für das Modell diente die Fräsbearbeitung bei einem konstanten Faserorientierungswinkel Ψ. Hierbei ist jeder Schnitt unter exakt gleichen Prozessbedingungen insgesamt zwei Mal wiederholt worden, wobei aus den jeweiligen Kraftmessschrieben zehn ganze Werkzeugumdrehungen ausgeschnitten und anschließend alle positionsgleichen Punkte übereinandergelegt und gemittelt wurden, um den Einfluss des Werkstücks zu reduzieren. Auf diese Weise wurde auch für die Fräsbearbeitung die Basis zur Durchführung der qualitativen und quantitativen Bewertung geschaffen.

Abbildung 7.20 und Abbildung 7.21 zeigen den direkten Vergleich der gemessenen und modellierten Kraftverläufe über dem Spindelrotationswinkel für vier Faserorientierungswinkel Ψ (0°, 45°, 90° und 135°) und drei Schnittgeschwindigkeiten v_c (10, 70 und 140 m/min) bei einem Zahnvorschub von f_z = 60 µm bzw. f_z = 120 µm. Die Randbereiche im Ein- und Austritt des Werkzeuges aus dem Werkstück sind jeweils um 20° abgeschnitten, da dort vergleichsweise niedrige Spanungsdicken und damit Kraftwerte erreicht werden und so lediglich ein geringer Beitrag zur Gesamtkraft geleistet wird. Gleichzeitig ist die Abweichung zum Modell an diesen Stellen am größten, weil aufgrund der geringen Spanungsdicke maßgeblich die schwer beschreibbaren Quetscheffekte für das Kraftniveau sorgen. Damit wird der Zerspankraftverlauf im Folgenden über die Spannweite von 20 bis 160° beim Spindelrotationswinkel φ_n beschrieben.

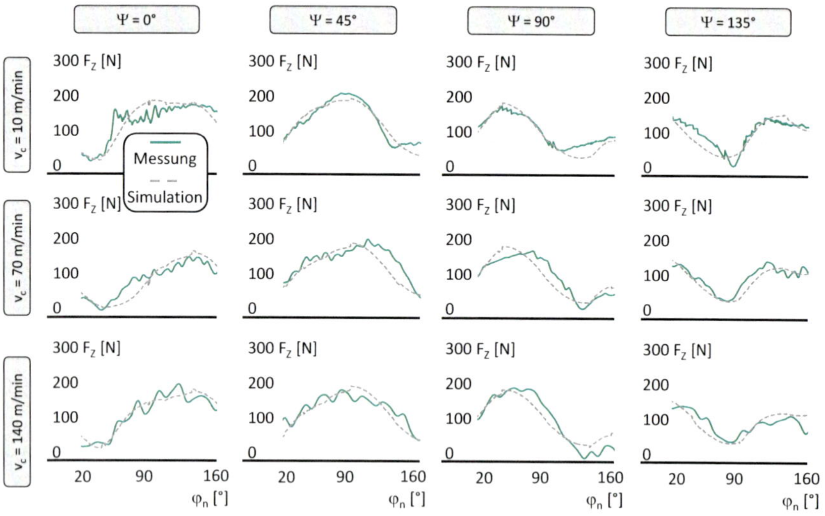

Abbildung 7.20: Gemessene und simulierte Zerspankraftverläufe für f_z = 60 µm

Measured and simulated forces for cutting depth of 60 µm

Insgesamt lässt sich an Abbildung 7.20 erkennen, dass der tatsächliche Kraftverlauf unabhängig vom Faserorientierungswinkel und der eingestellten Schnittgeschwindigkeit im Großen und Ganzen ausreichend genau über die Zusammensetzung der Kraftwerte aus dem Analogie-Prüfstand vorhergesagt werden kann.

Dies gilt im gleichen Maße auch beim Verdoppeln des Zahnvorschubs wie aus Abbildung 7.21 ersichtlich wird. Die höhere Prozessdynamik beim gemessenen Kraftmessschrieb ist dabei voraussichtlich auf die lokalen Schwankungen der Faserverteilung im Werkstück zurückzuführen, auf die bereits in Abbildung 4.2 hingewiesen wurde. Da bei der Fräsbearbeitung größere Bereiche eines Werkstücks bearbeitet werden, erfolgt die Zerspanung über dem gesamten Bearbeitungspfad an Regionen mit partiell unterschiedlichen Faserkonstellationen, wohingegen die Bearbeitung am Analogie-Prüfstand nur an kleinen Werkstückproben mit vergleichsweise gleichmäßiger Struktur stattfand.

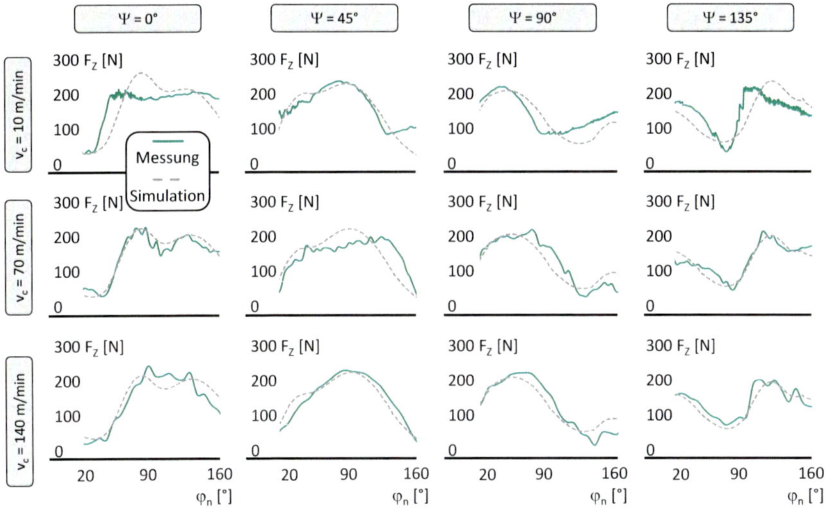

Abbildung 7.21: Gemessene und simulierte Zerspankraftverläufe für f_z = 120 µm
Measured and simulated forces for cutting depth of 120 µm

Die Anwendung des Zerspankraftmodells erfolgte in den beiden oberen Abbildungen anhand von Zustellungen und Schnittgeschwindigkeiten, welche explizit in dieser Form auch am Analogie-Prüfstand untersucht wurden. Im weiteren Schritt soll das Modell zusätzlich auf Zwischenparameter angewendet werden, welche nicht zur Versuchsmatrix der Orthogonalschnittversuche gehörten.

Abbildung 7.22 zeigt diesen Aspekt anhand der beiden Faserorientierungswinkel Φ = 30° und Φ = 150°, den Schnittgeschwindigkeiten v_c = 85 m/min und v_c = 100 m/min sowie diversen von 0,045 bis 0,1 mm reichenden Zahnvorschüben f_z. Auch hier zeigt sich das gleiche Bild von oben.

Unabhängig von den untersuchten Prozessbedingungen, lässt sich eine gute Übereinstimmung zwischen den gemessenen und den berechneten Zerspankraftwerten identifizieren.

Als Fazit lässt sich damit an dieser Stelle festhalten, dass die aus dem Orthogonalschnitt hergeleitete Kraftmodellierung für eine ausreichend genaue Vorhersage der Zerspankraftniveaus bei der prozesskinematisch deutlich komplexeren Fräsbearbeitung eines unidirektional faserverstärkten Laminats herangezogen werden kann.

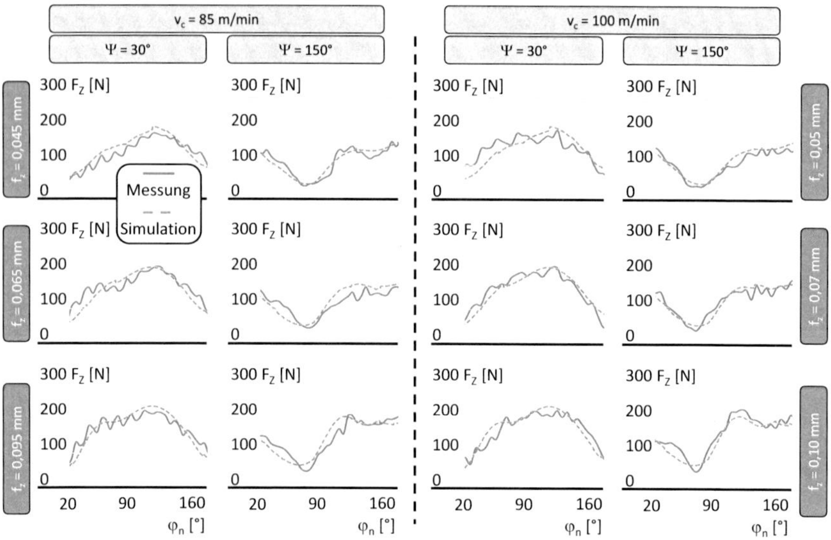

Abbildung 7.22: Gemessene und berechnete Zerspankraftverläufe für Zwischenwerte
Measured and calculated forces for intermediate values

Für die quantitative Bewertung des Kraftmodells werden abschließend die Mittelwerte der zuvor betrachteten Prozesseinstellungen gegenübergestellt. Abbildung 7.23 zeigt hierzu den direkten Vergleich anhand verschiedener Balkendiagramme. Der grüne obere Balken stellt das gemittelte Zerspankraftniveau, welches sich aus den Einzelschnitten der real gemessenen Kraftwerte zusammensetzt. Der graue untere Balken steht dagegen für die berechnete und damit unter Nutzung des erarbeite Kraftmodells ermittelte mittlere Zerspankraft.

Grundsätzlich bewegen sich beide Kraftwerte auf sehr ähnlichen Niveaus. Es lässt sich kein klarer Trend erkennen, ob die gemessene oder berechnete Kraft höher bzw. niedriger liegt. Das Verhältnis ist vielmehr ausgeglichen und bei der ohnehin geringen Abweichung nicht von hoher Relevanz. Die maximale prozentuale Abweichung für alle betrachteten Prozessvariationen liegt bei lediglich 8 %. Der Wert gilt dabei für beide Richtungen, unabhängig davon, ob die berechnete Zerspankraft unter- oder oberhalb der gemessenen Werte liegt.

Zusammenfassend kann an dieser Stelle die Aussage getroffen werden, dass das Zerspankraftmodell eine starke Übereinstimmung mit den realen Verhältnissen der Zerspankraft beim Fräsen aufweist. Dies gilt gleichermaßen für den Verlauf der Kraft über dem Spindelrotationswinkel als auch das für eine Werkzeugumdrehung gemittelte Zerspankraftniveau.

Die gleiche Vorgehensweise zur modellbasierten Bestimmung der Zerspankraft über die Analyse diskreter Punkte der Werkzeugbahn kann in analoger Weise auf die schwingungsunterstützte Fräsbearbeitung übertragen werden. Hierbei muss lediglich die hochfrequente Variation der relevanten Zustandsgrößen Schnittgeschwindigkeit, Spanungsdicke und Fasertrennwinkel über die bereits vorgestellte kinematische Prozessmodellierung Berücksichtigung finden und im Falle einer Schnittunterbrechung die kontakt- und damit kraftfreie Bearbeitungszeit in die Zerspankraftbetrachtung integriert werden.

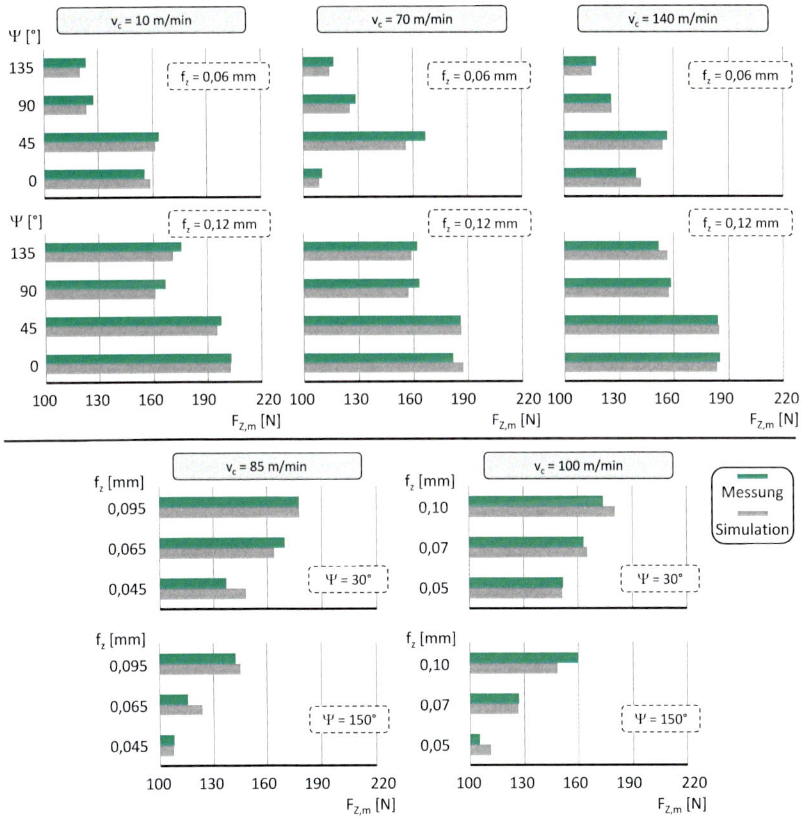

Abbildung 7.23: Qualitativer Vergleich der mittleren Zerspankraft

Qualitative comparison of average process force

7.5.2 Anwendung auf ultraschallunterstützten Prozess

In Anlehnung an die Ergebnisse der Unterkapitel 7.2 und 7.3 werden sowohl die Spanungsdicke als auch der Fasertrennwinkel bei der ultraschallunterstützten Fräsbearbeitung über die Werte aus der konventionellen Bearbeitung beschrieben und lediglich im Falle einer Schnittunterbrechung mit Aussparungen versehen. Damit ist neben der Schnittunterbrechung, welche über die Kombination aus konventioneller Schnittgeschwindigkeit und den beiden Schwingungsparametern Amplitude und Frequenz bestimmt wird, nur noch die hochfrequent schwankende Gesamtschnittgeschwindigkeit für die Ausbildung der Zerspankraft relevant.

Werden diese Größen entsprechend im Zerspankraftmodell berücksichtigt, ergibt sich ein charakteristisches Zerspankraftfeld, welches beispielhaft für einen Faserorientierungswinkel von $\Phi = 90°$ und einen Zahnvorschub von $f_z = 120$ µm in Abbildung 7.24 aufgeführt ist.

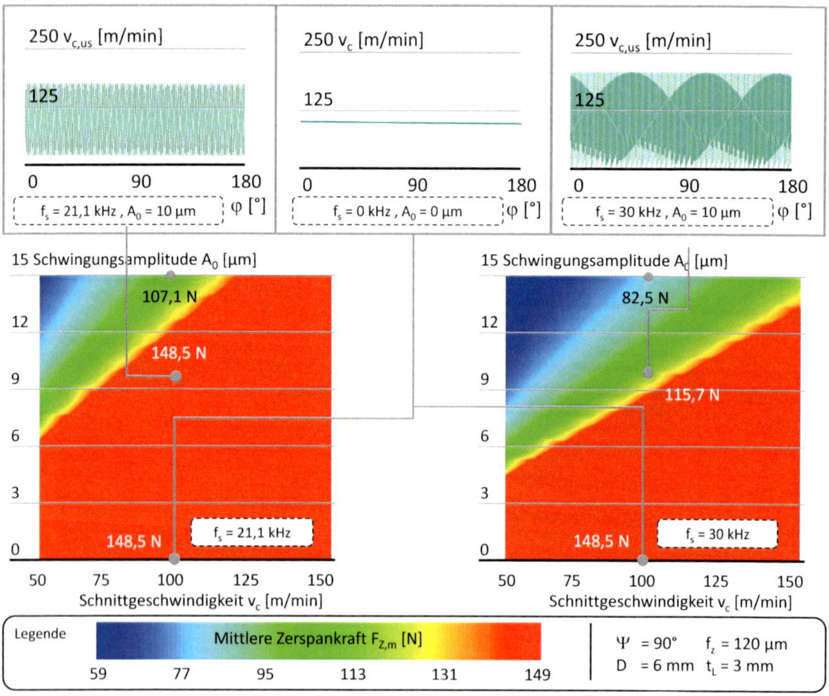

Abbildung 7.24: Beispielhafte Darstellung eines Zerspankraftfeldes beim US-Fräsen
Exemplary illustration of process force field for ultrasonic assisted milling

Demnach lässt sich eine geringe mittlere Zerspankraft über eine Kombination aus möglichst geringer konventioneller Schnittgeschwindigkeit und gleichzeitig großer Schwingungsamplitude erreichen, wobei der Reduzierungseffekt erst bei Realisierung einer Schnittkraftunterbrechung zum

Tragen kommt. Bei einer Schwingungsfrequenz von 21,1 kHz und einer Schwingungsamplitude von 15 µm wird demzufolge bei einer Schnittgeschwindigkeit von 100 m/min eine um 28 % geringere mittlere Zerspankraft erreicht, so dass der Vorschub angehoben werden könnte, um das gleiche Niveau der konventionellen Bearbeitung zu erreichen. Bei einer höheren Frequenz wäre das Potenzial zur Steigerung des Vorschubs entsprechend noch höher.

8 Technologische Richtlinien und Potentiale

Technological guide lines and potentials

Der schwingungsunterstützte Bearbeitungsprozess sprödharter Faserverbundwerkstoffe mit einer in Schnittrichtung orientierten Werkzeugschwingung weist grundsätzlich das Potenzial zur Steigerung der Prozessleistungsfähigkeit auf. Auf dem Weg zu einer zukunftsträchtigen und erfolgreichen Umsetzung der Ultraschalltechnologie ist jedoch neben der systemtechnischen Verfügbarkeit auch die Überführung der bisher erarbeiteten, grundlegenden Wirkmechanismen in eine anwendungsorientierte Darstellungsweise, zwingend erforderlich. Im Rahmen von Prozessgestaltungsrichtlinien gilt es praxisrelevante Parameterfenster bereitzustellen, Systemgrenzen zu erläutern und eine Abschätzung des wirtschaftlichen und technologischen Potentials aufzuweisen sowie abschließend mögliche Ansätze für die zukünftige Verfahrensentwicklung zu erarbeiten.

8.1 Erkenntnisse und abgeleitete Richtlinien für die Prozessgestaltung

Bereits aus dem Stand der Technik wird die unzureichende Prozesswirtschaftlichkeit der mechanischen Bearbeitung von Faserverbundwerkstoffen ersichtlich. Dieser Umstand resultiert aus der Kombination eines hohen abrasiven Werkzeugverschleißes und der gleichzeitigen Hauptanforderungen an die Schädigungsfreiheit des Laminats. Die Einhaltung schädigungsfreier Laminate wird hierbei durch die signifikant schwächere und zugleich temperaturempfindliche Polymermatrix stark erschwert, da sich mit Zunahme des thermo-mechanischen Belastungskollektivs die Schichthaftung zwischen den einzelnen Faserlagen massiv verschlechtert. Bei Überschreitung der lokalen Matrixfestigkeit kommt es zu einem Zwischenfaserbruch innerhalb der Matrix und schließlich zu unkontrollierten Ablösevorgängen, welche in unterschiedlichen prozessinduzierten Bauteilschädigungen münden.

Zur Begrenzung der thermo-mechanischen Belastung im Zerspanprozess wird heutzutage eine hohe Schnittgeschwindigkeit v_c mit einer niedrigen bis moderaten Vorschubgeschwindigkeit v_f kombiniert. Dabei trägt diese Prozesseinstellung zu einem verstärkten Verschleißfortschritt am Werkzeug bei, weil die hohe Rotationsgeschwindigkeit bei gleichzeitig geringem Zahnvorschub zu einer höheren Schnittlänge des Werkzeuges im Bauteil führt. Aufgrund des proportionalen Zusammenhangs zwischen der Schnittlänge und dem Niveau des abrasiven Werkzeugverschleißes, müssen die kostenintensiven Werkzeuge entsprechend häufig getauscht werden, um die für eine ausreichende Bearbeitungsqualität erforderliche Schneidenschärfe über der gesamten Lebensdauer des Werkzeuges sicherstellen zu können. Folglich tragen die hohen Werkzeugkosten maßgeblich zur aktuell unzureichenden Prozesswirtschaftlichkeit der mechanischen Bearbeitung von faserbasierten Verbundwerkstoffen bei.

Eine effiziente Reduzierung der Werkzeugkosten wäre möglich, sofern es gelingt einwandfreie Schnittkanten bei zumindest gleichbleibender Bearbeitungszeit, jedoch geringeren Schnittgeschwindigkeiten und gleichzeitig höheren Vorschüben zu erzeugen. Darüber hinaus würde dieser Schritt auch gelingen, falls der abrasive Werkzeugverschleiß bei gleichbleibenden Schnittbedingungen reduziert oder die Lebensdauer des Werkzeuges über die Tolerierung höherer Verschleißzustände gesteigert werden könnte. Hierbei stellt sich unweigerlich die Frage inwieweit die hochfrequente Ultraschallschwingung des Werkzeuges zur Umsetzung der oben genannten Punkte beitragen kann. Dieser Aspekt soll im Folgenden anhand der in Kapitel 6 generierten Prozesserkenntnisse näher durchleuchtet werden.

Das Verständnis der erarbeiteten Wirkmechanismen und die Kenntnis der sich daraus ergebenden Haupteinflussparameter auf die wichtigsten Prozessausgangsgrößen stellen die Voraussetzung zur Ableitung prozessrelevanter Gestaltungsrichtlinien dar. Aus diesem Grund sollen im ersten Schritt die wichtigsten Erkenntnisse zum Spanbildungsvorgang, der Ausprägung der Zerspankraft und der Auswirkung auf der Bearbeitungsqualität dargelegt und gegenüber der konventionellen Prozessgestaltung abgegrenzt werden.

Zusammenfassend lassen sich im Zusammenhang mit der überlagerten Ultraschallschwingung folgende Erkenntnisse zum Spanbildungsvorgang festhalten:

- Mit Zunahme der Schnittgeschwindigkeit kommt es zu einer stärkeren lokalen Faserbiegung bei allen Fasertrennwinkeln. Die Verstärkungsfasern werden dabei in kürzere Fasersegmente aufgetrennt, wodurch eine Reduzierung der Randzonenbeeinflussung erreicht werden kann und weniger Schädigungen im Laminatinneren entstehen.
- Die Überlagerung der Ultraschallschwingung, welche zu einer hochfrequenten und zeitlich stark begrenzten Beschleunigung und Abbremsung der Werkzeugschneide führt, hat einen ähnlichen Effekt in Bezug auf die Fasertrennung wie eine zeitlich unbegrenzte Steigerung der Schnittgeschwindigkeit, nur ist der erzielte Effekt stärker.
- Beim ultraschallunterstützten Prozess erfolgt ein impulsinduzierter und damit örtlich deutlich stärker lokalisierter Faserbruch. Mit Zunahme der Schwingungsamplitude kann die Verformung der Randzone und damit die Schädigung laminatinterner Faserschichten effizient reduziert werden. Dies gilt insbesondere bei gleichzeitiger Anwendung höherer Schnittgeschwindigkeiten und im Falle eines Fasertrennwinkels von 90°, bei dem jede einzelne Faser senkrecht zur Achse und damit vergleichsweise energieintensiv getrennt werden muss.
- Bei Werkzeugen mit größerer Schneidkantenverrundung, welche einen höheren Verschleißzustand der Werkzeugschneide widerspiegeln, steigt der Bereiche der Randzonenbeeinflussung in Form von verbogenen bzw. geschädigten Fasern an. Durch die Überlagerung der Ultraschallschwingung kann die Verformung der Randzone auch bei diesen Werkzeugen sichtbar reduziert werden.

Neben dem Spanbildungsvorgang beeinflusst die zusätzlich überlagerte Ultraschallschwingung auch die mechanische Belastung des Laminats. In Abhängigkeit von der relativen Eingriffsdauer ED_{rel}, welche über das Verhältnis zwischen der konventionellen Schnittgeschwindigkeit und der maximal generierten Werkzeuggeschwindigkeit durch die Anwendung der Ultraschalltechnologie bestimmt wird, lassen sich folgende Aussagen im Zusammenhang mit der über piezoelektrische Kraftaufnehmer aufgezeichneten Zerspankraft tätigen:

Bedingung: $ED_{rel} = 100$ %

- Kommt es durch die Ultraschallschwingung zu keiner Unterbrechung des Schnittprozesses und damit auch nicht zu einem impulsartigen Wiedereintritt des Werkzeuges in das Werkstück, lässt sich keine Reduzierung der gemittelten Zerspankraft messtechnisch erfassen. Das Ergebnis ist in diesem Fall unabhängig von der eingestellten Höhe der Schwingungsamplitude und gilt gleichermaßen für alle Fasertrennwinkel, Spanungsdicken und Verschleißzustände des Werkzeuges.

Bedingung: $ED_{rel} < 100$ %

- Konventioneller und ultraschallunterstützter Prozess weisen unterschiedliche Niveaus bei der mittleren Zerspankraft auf. Die Reduzierung der Kraft bei überlagerter Werkzeugschwingung verhält sich dabei proportional zur relativen Eingriffsdauer und kann somit bei konstanter Schwingungsfrequenz über die Anpassung der Amplitude in direkter Weise beeinflusst werden.
- Bei dezidierter Betrachtung der Kraftniveaus für diskrete Fasertrennwinkel lässt sich eine nahezu gleiche prozentuale Reduktion bei beiden Zerspankraftkomponenten über den gesamten Versuchsumfang beobachten. Dies gilt grundsätzlich auch bei stärker verschlissenen Werkzeugen mit größerer Schneidkantenverrundung.
- Die Kraftunterschiede zwischen den verschiedenen Fasertrennwinkeln mit entsprechend unterschiedlichen Fasertrennmechanismen sind bei der schwingungsunterstützten Zerspanung signifikant kleiner, so dass die Anisotropie des Werkstoffes weniger stark zum Vorschein kommt.
- Mit steigender Spanungsdicke kommt der Unterschied zwischen der konventionellen und ultraschallunterstützten Bearbeitung immer stärker zum Vorschein, so dass im Hinblick auf die mittlere Zerspankraft eine möglichst große Spanungsdicke eingestellt werden sollte, um die Vorteilhaftigkeit der Ultraschalltechnologie maximal auszunutzen.
- Obwohl der Einfluss einer höheren Schwingungsfrequenz auf die Ausbildung der mittleren Zerspankraft nicht im Rahmen dieser Arbeit untersucht wurde, liegt die Vermutung nahe, dass hierdurch der praktisch nutzbare Schnittgeschwindigkeitsbereich ausgeweitet werden könnte, da es in diesem Fall bereits bei niedrigeren Schwingungsamplituden zur zerspankraftreduzierenden Schnittunterbrechung kommt.

Als dritte von der Ultraschallschwingung beeinflusste Größe soll an dieser Stelle die Werkstückqualität angeführt und die in deren Zusammenhang erlangten Erkenntnisse zusammenfassend dargelegt werden:

- Die Flächenrauheit wird bei allen Prozessvarianten mit steigender Schnittgeschwindigkeit verbessert, wobei die Verbesserung bei stechender Faseranordnung mit $\Phi \geq 90°$ höher ausfällt. Damit rücken alle Rauheitswerte mit steigender Schnittgeschwindigkeit stärker zusammen.

- Eine überlagerte Ultraschallschwingung reduziert grundsätzlich den während des Schnitts von Faserverformungen beeinflussten Randbereich, so dass unerwünschte in die Werkstückoberfläche hineinreichende Faserschädigungen nicht so tief ins Innere des Werkstücks reichen wie bei der konventionellen Bearbeitung. Dies gilt insbesondere für Bearbeitungsprozesse mit auftretender Schnittunterbrechung, aber auch in abgemilderter Form bei einer Zerspanung mit ED_{rel} =100 % des Werkzeuges mit dem Werkstück.
- Bei Prozessen mit Schnittunterbrechung wird die Flächenrauheit, mit Ausnahme eines Schnitts unter einem Fasertrennwinkel von 0°, sichtbar verbessert. Ähnlich wie bei der Faserverformung gilt diese Aussage insbesondere für die stechende Faseranordnung, bei der auch eine Verbesserung für den ultraschallunterstützten Prozess ohne Schnittunterbrechung messtechnisch nachgewiesen werden kann. In diesem Zusammenhang wirkt sich die hochfrequente Werkzeugbewegung mit den zeitlich begrenzten Be- und Entlastungsvorgängen an der Werkstückkante positiv auf die Ausbildung von prozessinduzierten Bauteilschädigungen aus.
- Beim Einsatz eines höher verschlissenen Werkzeuges, verstärken sich die prozessinduzierten Schädigungen beim konventionellen Prozess. Über die zusätzliche Überlagerung der hochfrequenten Werkzeugschwingung lassen sich die Schädigungen reduzieren, aber im Gegensatz zum scharfkantigen Werkzeug nicht mehr komplett unterbinden.

Aus der Gesamtheit der zuvor aufgeführten Erkenntnisse lassen sich nun folgende Richtlinien zur Prozessauslegung einer ultraschallunterstützten Zerspanung von endlosfaserverstärkten Kunststoffen ableiten. Als Maßgabe für die Prozessführung gilt an dieser Stelle das Ziel der im Vergleich zur konventionellen Bearbeitung höheren Prozesswirtschaftlichkeit:

- Zur Reduzierung der Randzonenverformung als auch anderen in das Werkstück hineinreichenden Laminatschädigungen sollte eine möglichst große Schwingungsamplitude eingestellt werden. Die Höhe der Amplitude ist dabei systemtechnisch beschränkt und sollte so gewählt werden, dass die Fehlanteile anderer Schwingungsformen nicht zu groß ausfallen und das System die Schwingungsamplitude über die gesamte Bearbeitungsdauer hinweg ohne Probleme aufrechthalten kann.
- Der Vorteil der US-Technologie kommt insbesondere bei höheren Spanungsdicken zum Vorschein. Im Hinblick auf die Steigerung der Produktivität sollten damit unter Berücksichtigung der erzeugten Bauteilqualität möglichst hohe Spanungsdicken gewählt werden.
- Um die mittlere Belastung auf die Werkzeugschneide im Vergleich zur konventionellen Bearbeitung zu reduzieren, sollten die Schnittgeschwindigkeit und die Schwingungsamplitude bei gegebener Schwingungsfrequenz derart eingestellt werden, dass es zu einer Schnittunterbrechung kommt. Durch den Rückzug des Werkzeuges und die damit verbundene Verbesserung der Zugänglichkeit zur Zerspanzone werden vermutlich auch die Abtragspartikel mit Hilfe einer zielgerichteten Druckluftzufuhr effizienter ausgeblasen und damit die Kühlwirkung an der Werkzeugschneide gesteigert. Da der thermische Einfluss im Rahmen der Arbeit nicht explizit untersucht worden ist, soll der Punkt an dieser Stelle lediglich als Motivation für weitere Untersuchungen dienen.

- Beim Bearbeitungsprozess ohne Schnittunterbrechung ist die mittlere Werkzeugbelastung auf einem ähnlich hohen Niveau wie bei der konventionellen Zerspanung. Dennoch lässt sich durch die Anwendung der Ultraschalltechnologie auch an dieser Stelle eine Reduzierung der Tiefenschädigung im Laminat erzielen und damit Einfluss auf die Bearbeitungsqualität nehmen.

Unter Beachtung der aufgeführten Richtlinien und den beiden Bewertungskriterien der Bearbeitungsqualität und Zerspankraft lässt sich mit Hilfe der Ultraschallunterstützung grundsätzlich ein im Vergleich zur konventionellen Bearbeitung leistungsfähigerer Prozess auslegen. Der letzte zur prozesstechnologischen und wirtschaftlichen Bewertung des Verfahrens entscheidende Faktor in Form des Werkzeugverschleißes konnte jedoch bislang, aufgrund der Fokussierung auf den orthogonalen Schnittversuch, nicht untersucht werden. Dieser Punkt soll im nächsten Unterkapitel anhand einer abschließenden Analogieuntersuchung thematisiert und beurteilt werden, um ein gesamtheitliches Bild des Prozesses liefern zu können.

8.2 Anwendung der Erkenntnisse anhand eines Standzeitversuchs

Unter Berücksichtigung der in dieser Arbeit gewonnenen Erkenntnisse und Restriktionen für die Bearbeitung eines kohlenstofffaserverstärken Laminats ist in einem abschließenden Bearbeitungsversuch ein CFK-Ring mit quasiisotropem Laminataufbau, einem Durchmesser von 200 mm, einer Länge von 320 mm und einer Laminatdicke von 4 mm (je 1 mm mit Faserorientierung von 0°, 45°, 90° und 135°) bearbeitet worden (Abbildung 8.1).

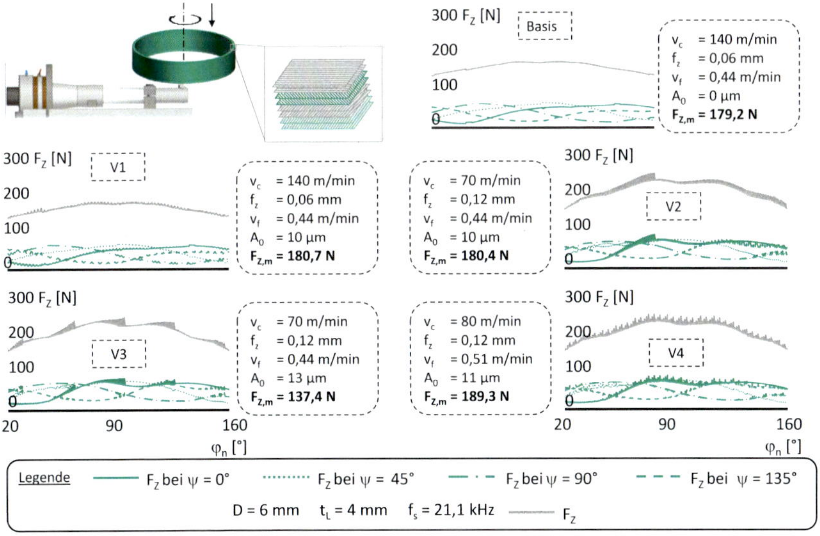

Abbildung 8.1: Zerspanbedingungen zur Verschleißermittlung bei US-Bearbeitung
Cutting conditions for tool wear detection of ultrasonic assisted machining

Das Ziel der Untersuchung lag in der Beurteilung des Werkzeugverschleißes nach einer bestimmten Bearbeitungslänge unter zuvor definierten Schnitt- und Schwingungsparametern. Der Versuchsaufbau bestand aus dem bereits vorgestellten Schwingungssystem des Analogie-Prüfstands, welcher an dieser Stelle starr an den Werkstücktisch der eingesetzten Fräsmaschine befestigt. Der CFK-Ring war über einen speziellen HSK-63-Halter an die Bearbeitungsspindel der beweglichen z-Achse der Maschine fixiert und während der Bearbeitung zur Rotation gebracht worden, um die erforderliche Schnittgeschwindigkeit zu realisieren. Über die lineare Bewegung der z-Achse in Richtung des Werkstücktisches ist schließlich die Einstellung der gewünschten Zustellung erfolgt, wobei jeder Ring über die Länge von 300 mm bearbeitet wurde. Auf diese Weise konnte ein ultraschallunterstützter Prozess mit der für eine Verschleißuntersuchung erforderlichen Bearbeitungslänge umgesetzt werden. Die Untersuchung fand über einen Analogieprozess statt, da zum Zeitpunkt der Dissertationserstellung noch keine einsatzfähigen Werkzeughalter zur Umsetzung einer rein in Schnittrichtung des Fräsers orientierten Ultraschallschwingung verfügbar waren.

Die untersuchten Parameter orientierten sich an einem konventionellen Prozess aus der industriellen Praxis mit einer Schnittgeschwindigkeit von $v_c = 140$ m/min und einem Zahnvorschub von $f_z = 0{,}06$ mm was bei einer Schneide zu einer Vorschubgeschwindigkeit von $v_f = 0{,}44$ m/min führt. Unter Verwendung des in Kapitel 7 erarbeiteten Zerspankraftmodells und der Annahme des Superpositionsprinzips, bei dem sich die Gesamtkraft aus den Kräften der vier im Werkstück vorliegenden Faserorientierungswinkel zusammensetzen lässt, ist für den Fräsprozess eine mittlere Zerspankraft von 179,2 N ermittelt worden (Versuch „Basis"). Ausgehend von dieser Basis ist ein ultraschallunterstützter Prozess mit einer Schwingungsamplitude von $A_0 = 10$ µm bei ansonsten unveränderten Schnittbedingungen untersucht worden, um den Einfluss der zusätzlichen Ultraschallschwingung auf den Werkzeugverschleiß untersuchen zu können (Versuch „V1"). Darüber hinaus sind zwei Prozesse mit halbierter Schnittgeschwindigkeit ($v_c = 70$ m/min) und verdoppeltem Zahnvorschub ($f_z = 0{,}12$ mm) sowie zwei unterschiedlichen Schwingungsamplituden berücksichtigt worden. Während die Schwingungsamplitude von $A_0 = 10$ µm zu einem ähnlichen Zerspankraftniveau wie bei der konventionellen Bearbeitung führt (Versuch „V2"), wird bei $A_0 = 13$ µm ein deutlich geringeres Kraftniveau von etwas mehr als 137 N über das Kraftmodell ermittelt (Versuch „V3"). Die Vorschubgeschwindigkeit der beiden Prozesse ist dabei identisch mit der Ausgangssituation, so dass an dieser Stelle der Werkzeugverschleiß bei der für die Ultraschalltechnologie vorteilhafteren Kombination aus geringer Schnittgeschwindigkeit und hohem Zahnvorschub untersucht wird. Darüber hinaus wird ein weiterer Prozesspunkt (Versuch „V4") mit etwas höherer Schnittgeschwindigkeit von $v_c = 80$ m/min und dem gleichen Zahnvorschub von $f_z = 0{,}12$ mm untersucht. Hierbei sind sowohl die Vorschubgeschwindigkeit mit $v_f = 0{,}51$ m/min als auch die modellbasiert ermittelte mittlere Zerspankraft mit 189 N etwas höher als beim Basisprozess.

Bei allen in Abbildung 8.1 aufgeführten Versuchspunkten ist der Verschleißzustand der Werkzeugschneide jeweils nach der Bearbeitung von einem Ring mit einer Gesamtbearbeitungshöhe von 300 mm optisch gemessen und dokumentiert worden. Die Bearbeitungshöhe bezieht sich dabei auf die in z-Achsenrichtung zurückgelegte Strecke, die bei einem Werkstückdurchmesser von 200 mm mit einer im Laminat zurückgelegen Schnittlänge von 3.140 m bei einem Zahnvorschub von f_z = 0,06 mm und entsprechend der Hälfte bei Verdopplung des Zahnvorschubs korrespondiert. Wird diese Konstellation mit einem Fräsprozess beim Einsatz eines Werkzeuges mit 6 mm Durchmesser verglichen, wo pro Werkzeugumdrehung eine Schnittlänge von 9,4 mm bearbeitet wird, ergibt sich eine mehr als 67-fach höhere Schnittlänge bei Bewegung des Werkzeuges um die Dimension eines Zahnvorschubs. Die 300 mm Bearbeitungshöhe beim Analogieversuch ist damit gleichbedeutend mit einer Fräslänge von knapp 20 m.

Die Werkzeuge sind an dieser Stelle bis zum Erreichen der maximalen Verschleißmarkenbreite VB_{max} von 200 µm eingesetzt worden. Abbildung 8.2 zeigt die auf diese Weise ermittelten Verschleißkurven der jeweiligen Werkzeuge.

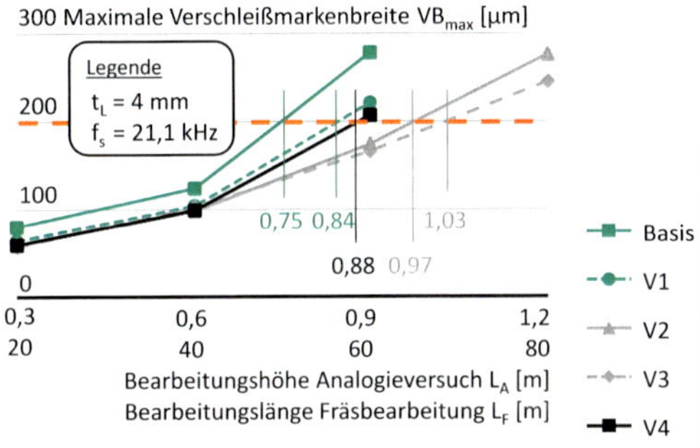

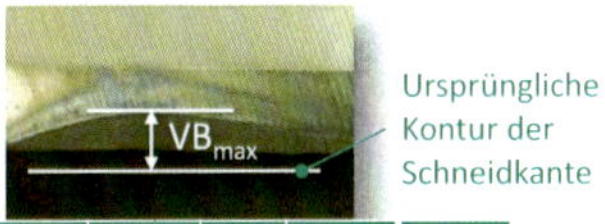

v_c m/min	f_z mm	A_0 µm	v_f m/min	L_F m	
140	0,06	0	0,44	50	-
140	0,06	10	0,44	56	+12%
70	0,12	10	0,44	65	+30%
70	0,12	13	0,44	69	+38%
80	0,12	11	0,51	59	+18%

Abbildung 8.2: Verschleißkurven bei verschiedenen Schwingungsbedingungen
Tool wear curves under different vibration conditions

Mit dem aus der Industrie übernommenen Bearbeitungsprozess konnte eine Bearbeitungshöhe von 0,75 m realisiert werden, bevor die maximale Verschleißmarkenbreite von 200 µm überschritten wurde. Der gleiche, jedoch mit zusätzlicher Ultraschallschwingung, durchgeführte Versuch lieferte mit 0,84 m eine um 12 % höhere Bearbeitungslänge, so dass sich an dieser Stelle zeigt, dass bereits die reine Überlagerung der hochfrequenten Schwingung ohne sonstige Prozessveränderungen einen positiven Einfluss auf den Werkzeugverschleiß nimmt. Erfolgt die Bearbeitung für die im Rahmen der Voruntersuchungen priorisierte Kombination aus möglichst geringer Schnittgeschwindigkeit bei gleichzeitiger Anwendung höherer Zahnvorschübe, kann das Voranschreiten des abrasiven Werkzeugverschleißes nochmals deutlich gesenkt werden. Dabei konnte die Bearbeitungshöhe auf 0,97 m bzw. 1,03 m gesteigert werden, bevor das Standzeitende der Werkzeuge erreicht wurde. Schließlich lieferte auch der ultraschallunterstützte Prozess mit einer im Vergleich zum Basisprozess höheren Vorschubgeschwindigkeit und einer Bearbeitungshöhe von 0,88 mm eine höhere Werkzeuglebensdauer.

An dieser Stelle sei darauf hingewiesen, dass zwischen allen durchgeführten Bearbeitungsversuchen keine nennenswerten Unterschiede bezüglich der Bearbeitungsqualität beobachtet werden konnten, so dass dieses Kriterium vernachlässigt und der Fokus rein auf den Werkzeugverschleiß gelegt wurde. Ein weiterer Versuch mit den in „V2" eingestellten Schnittparametern, jedoch ohne die Anwendung einer Ultraschallschwingung, musste dagegen aufgrund starker Laminatschäden nach kurzer Bearbeitungsdauer abgebrochen werden. Die konventionelle Bearbeitung ist bei dieser Einstellung als nicht zielführend erachtet worden und ist somit auch nicht in den Vergleich mit den anderen Prozesseinstellungen eingeflossen. Für die übrigen Bearbeitungsversuche fand abschließend eine wirtschaftliche Bewertung anhand eines fiktiven Bauteils aus dem industriellen Umfeld statt.

8.3 Wirtschaftliche Bewertung anhand der Standzeitversuche

Für die wirtschaftliche Bewertung der unterschiedlichen Prozesseinstellungen wird ein fiktives Bauteil mit einer zu fräsenden Konturlänge von 20 m angenommen. Das Laminat ist quasiisotrop aufgebaut und weist eine Dicke von $t_L = 4$ mm auf. Als Werkzeug kommt ein unbeschichtetes Hartmetallwerkzeug mit einer Schneide und einem Durchmesser von D = 6 mm zum Einsatz, welches an dieser Stelle mit einem Kaufpreis von 70 € angenommen wird. Der Kostensatz für die Werkzeugmaschine soll mit 90 €/h angesetzt werden. Insgesamt werden 5000 identische Bauteile komplett gefräst, so dass die gesamte Konturlänge 100 km entspricht.

Werden die in Abbildung 8.2 aufgeführten Prozesseinstellungen und Ergebnisse zugrunde gelegt, ergibt sich die in Tabelle 8.1 dargestellte Ausprägung der Bewertungsgrößen.

Tabelle 8.1 Wirtschaftliche Bewertung der analysierten Bearbeitungsprozesse

Prozess- und Bewertungsgrößen	Basis	V1	V2	V3	V4
Schnittgeschwindigkeit v_c [m/min]	140	140	70	70	80
Zahnvorschub f_z [mm]	0,06	0,06	0,12	0,12	0,12
Vorschubgeschwindigkeit v_f [m/min]	0,44	0,44	0,44	0,44	0,51
Amplitude A_0 [µm]	0	10	10	13	11
Bearbeitungszeit bei 100 km Länge [h]	3788	3788	3788	3788	3268
Bearbeitungskosten [€]	340.909	340.909	340.909	340.909	294.118
Reduzierung der Bearbeitungskosten	-	0	0	0	- 13,7%
Bearbeitungslänge bis Werkzeugwechsel [m]	50	56	65	69	59
Anzahl verschlissener Werkzeuge [-]	2000	1786	1539	1450	1695
Resultierende Werkzeugkosten [€]	140.000	125.020	107.730	101.500	118.650
Reduzierung der Werkzeugkosten	-	- 10,7%	- 23,1%	- 27,5%	- 15,3%
Gesamtkosten [€]	480.909	465.929	448.639	442.409	412.768
Reduzierung der Gesamtkosten	-	- 3,1%	- 6,7%	- 8,0%	- 14,1%

Je nach Einstellung der Schnitt- und Schwingungsparameter für die schwingungsunterstützte Zerspanung lässt sich anhand des fiktiven Beispiels und der Ergebnisse der Analogieuntersuchung eine Gesamtkostenreduzierung für die Endbearbeitung zwischen 3,1 und 14,1 % im Vergleich zum aktuellen Prozess aus dem industriellen Umfeld erzielen. Die höchste Ersparnis wird dabei erzielt, sofern durch die Ultraschallüberlagerung eine Steigerung der Bearbeitungsgeschwindigkeit realisiert werden kann.

8.4 Entwicklungspotenziale

Die Ergebnisse der Arbeit zeigen, dass der Einsatz der schwingungsunterstützten Zerspanung bei kohlenstofffaserverstärkten Polymerwerkstoffen die erhoffte Steigerung der Leistungsfähigkeit für die mechanische Bearbeitung realisieren kann. Die vorgestellten system- und prozessseitigen Ergebnisse decken aber auch den Bedarf für weitere wissenschaftliche und anwendungsorientierte Untersuchungen und Weiterentwicklungen auf. Insbesondere muss an dieser Stelle eine gesamtheitliche Betrachtung der Technologie stattfinden, welche vom Schwingungssystem ausgehend auch das Zerspanwerkzeug und dessen exakte Interaktion mit dem Werkstück in der Zerspanzone mitberücksichtigt. Nachfolgend sollen zum Abschluss dieser Arbeit einige ausgewählte Entwicklungspotenziale für die verschiedenen Felder aufgeführt werden.

Schwingungssysteme und Werkzeuge

Das im Rahmen dieser Arbeit betrachtete Schwingungssystem zur Untersuchung einer in Schnittrichtung orientierten Ultraschallschwingung wurde sowohl für den Analogie-Prüfstand als auch die Analogieuntersuchungen zur Ermittlung des Werkzeugverschleißes über ein vergleichsweise einfaches System mit Längsschwingung realisiert. Die primären Ziele lagen dabei einerseits in der grundlegenden Eruierung des Schwingungseinflusses für die ultraschallunterstützte Bearbeitung von Faserverbundwerkstoffen, andererseits aber auch in der Schaffung einer Motivationsgrundlage für die finale Entwicklung von serienfähigen Systemen zur Erzeugung der erforderlichen Torsionsschwingung bei rotierenden Werkzeugen mit geometrisch bestimmter Schneide.

Möglichkeiten zur kontaktlosen Energieübertragung vom stationären Hochfrequenzgenerator zu den Piezoelementen der rotierenden Werkzeughaltereinheit sind über induktive Lösungsansätze im Stand der Technik (Kapitel 2.4.1) bereits vorgestellt worden und könnten damit auch kurzfristig verfügbar gemacht werden. Für die entsprechenden Systeme zur Realisierung der Torsionsschwingung an der Werkzeugschneide existieren ebenfalls prototypische Konzeptansätze, jedoch fehlen derzeit noch jegliche für die Industrie nutzbare Schwingungssysteme dieser Art. Basierend auf den ersten Anlagenkonzepten sollten daher weitere wissenschaftliche Bemühungen zum besseren Verständnis der Ausbreitung von komplexen Schwingungsformen in festen Körpern unternommen werden, um in naher Zukunft einen ultraschallunterstützten Fräsprozess mit modulierter Schnittgeschwindigkeit anbieten zu können. Weil auch das rotierende Fräswerkzeug zur Gesamtheit des Schwingungssystems zählt, muss auch dieses über die geometrische Gestaltung und Wahl des Schneidstoffs entsprechend berücksichtigt werden.

An dieser Stelle sei auch an das vom Piezoeffekt abweichende System zur Erzeugung von Torsionsschwingungen über das Prinzip der Magnetostriktion, also der Deformation magnetischer Stoffe infolge eines extern angelegten magnetischen Feldes, hingewiesen. Hierbei wird der sogenannte Wiedemann-Effekt, welcher durch das Aufeinandertreffen zweier Magnetfelder die mechanische Verdrehung (Torsion) eines magnetischen Stabes bewirkt, ausgenutzt, um einen hochfrequent schwingenden Körper zu realisieren. Dieses System zeichnet sich durch die Erzeugung reiner Torsionsschwingungen aus, ist jedoch derzeit von der technischen Umsetzung noch nicht weit genug entwickelt, um in anwendungsfreundliche und serienfähige Prozesse integriert zu werden, so dass es in diesem Zusammenhang ebenfalls noch weiterer wissenschaftlicher Vorarbeiten bedarf.

Optimierte Prozessparameter und –randbedingungen

Aus den Ergebnissen sämtlicher Untersuchungen zeigen sich die Vorteile der schwingungsunterstützten Bearbeitung insbesondere bei Realisierung einer Schnittunterbrechung. Dabei gilt je größer die Kontaktunterbrechung und damit geringer die relative Eingriffsdauer, desto stärker kommt die Vorteilhaftigkeit der Ultraschalltechnologie zum Tragen. Über die beiden Schwingungsparameter Amplitude A_0 und Frequenz f_s lässt sich die relative Eingriffsdauer bei gegebener Schnittgeschwindigkeit im Rahmen der systemtechnischen Grenzen einstellen. Da sich das identische Niveau der maximalen durch die Schwingung hervorgehobenen Werkzeuggeschwindigkeit bei Steigerung der Schwingungsfrequenz mit kleineren Schwingungsamplituden realisieren lässt, kann sowohl stärker auf die Reduzierung der mittleren Zerspankraft eingewirkt als auch eine vorteilhafte Schnittunterbrechung bei höheren Schnittgeschwindigkeiten erwirkt werden. Die Steigerung der Systemfrequenz, für die noch final zu entwickelnden Schwingungssysteme, würde demnach eine weitere Möglichkeit zur positiven Einflussnahme auf das Arbeitsergebnis der mechanischen Bearbeitung bieten.

Durch die Schnittunterbrechung und die damit einhergehende Verbesserung der Zugänglichkeit zur Zerspanzone können darüber hinaus auch Vorteile im Hinblick auf die Reduzierung des Werkzeugverschleißes erzielt werden. Zur Realisierung einer effizienteren Späneabfuhr als auch stärkeren Kühlwirkung durch den üblicherweise eingesetzten Druckluftstrom, könnte sowohl die Erhöhung des Zuführdrucks als auch der Einsatz von unterkühlter Luft bzw. kryogenen Medien herangezogen werden. Bei geeigneter Auslegung wären diese zeitgleich für die Kühlung der hochfrequent schwingenden Systemkomponenten nutzbar, so dass im Sinne der Ressourcenschonung eine zweifache Nutzung des Kühlmediums möglich wäre.

Bearbeitung weiterer Werkstoffgruppen

Mit Hilfe der ultraschallunterstützten Drehbearbeitung von Stahlwerkstoffen lassen sich beim Einsatz von scharfkantigen Diamantschneiden spiegelglatte und für optische Zwecke nutzbare Oberflächen in einem Arbeitsgang erzeugen. Ein ähnliches Anwendungsgebiet lässt sich auch für die Fräsbearbeitung mit rotierenden Werkzeugen vermuten, sofern es gelingt mit gesteigerten Werkzeugfrequenzen das nutzbare Parameterspektrum auszuweiten und die prozesssicher bearbeitbare Werkstoffhärte zu steigern. Dies gilt auch für die Bearbeitung von harten Gläsern, welche bei der konventionellen Bearbeitung zum spröden Werkstoffabtrag und verminderter Oberflächenqualität neigen und bislang nur über die Anwendung von Schleif- und Polierprozessen mechanisch bearbeitet werden. Die Steigerung des Duktilisierungspotenzials über hohe Systemfrequenzen könnte diese Lücke schließen und eine mechanische Bearbeitung mit geometrisch bestimmter Schneide prozesssicher und wirtschaftlich machen. Eine weitere Ausweitung der Technologie auf die Bearbeitung von Hartmetallen und keramischen Werkstoffen ist ebenfalls denkbar.

9 Zusammenfassung und Ausblick

Summary and Outlook

Die ultraschallunterstützte Bearbeitung mit geometrisch definierter Schneide hat die Grenzen bei der Drehbearbeitung von sprödharten Werkstoffen und unterschiedlichen Stahllegierungen bereits erweitert und ist insbesondere in der Optikindustrie fester Bestandteil zukunftsträchtiger Prozessentwicklungen. Im Unterschied hierzu steckt die schwingungsunterstützte Bearbeitung mit rotierenden Fräswerkzeugen noch am Anfang ihrer Entwicklung. Als Hauptgründe für diesen Umstand kann die bisherige Nichtverfügbarkeit der zur Realisierung einer Kontaktunterbrechung erforderlichen Schwingungssysteme mit torsional gerichteter Ultraschallschwingung und damit das Fehlen grundlegender Prozesskenntnisse angeführt werden.

Erste prototypische Systeme befinden sich aktuell in der Erforschungsphase, konnten bislang aber noch nicht zur industriell nutzbaren Reife gebracht werden. Als mögliches zukünftiges Anwendungsgebiet für diese spezielle Bearbeitungstechnologie gilt die mechanische Zerspanung von kohlenstofffaserverstärkten Polymerwerkstoffen. Auf Basis dieser Voraussetzungen ist im Rahmen dieser Arbeit ein CFK-Werkstoff mit einer in Schnittrichtung orientierten Schwingung bearbeitet und fundamental untersucht worden, um die grundlegenden Wirkungsmechanismen durch die hochfrequente Wechselbelastung der Kohlenstofffasern und die damit zusammenhängende Änderung des Prozessverhaltens zu erarbeiten und das Potenzial zur Steigerung der Leistungsfähigkeit für die ultraschallunterstützte Fräsbearbeitung abzuschätzen.

Als erster Schritt zur ganzheitlichen Prozessanalyse diente die Beschreibung der kinematischen Verhältnisse beim ultraschallunterstützten Orthogonalschnitt am Analogie-Prüfstand und die anschließende Übertragung auf die Fräsbearbeitung. Die Analyse der Wirkungsmechanismen ist im zweiten Schritt anhand der Werkstoffabnahme bei unterschiedlichen Fasertrennwinkeln erfolgt, wobei zur Beurteilung der Spanbildungsprozess, die Zerspankraft und die generierte Oberflächenqualität herangezogen wurden. Hierbei sind die Möglichkeiten und Grenzen des Prozesses identifiziert als auch der Einfluss der einzelnen Stellgrößen auf die Zerspanmechanismen herausgearbeitet worden. Über die Ableitung eines mechanistischen Zerspankraftmodells und die Verknüpfung mit dem kinematischen Modell sowie den zuvor erarbeiteten Wirkzusammenhängen ist eine umfassende Basis zur Definition gezielter Richtlinien für die Prozessauslegung geschaffen worden, welche nachfolgend kurz zusammengefasst werden.

Wenn es um die mechanische Bearbeitung von faserverstärkten Polymerwerkstoffen geht, sollte eine möglichst geringe Krafteinwirkung auf das Laminat ausgeübt werden. Um dieses Ziel zu erreichen, werden scharfkantige Zerspanwerkzeuge in Kombination mit einer hohen Schnittgeschwindigkeit eingesetzt und der Zahnvorschub entsprechend so eingestellt, dass eine zufriedenstellende Oberflächenqualität erzielt wird. Bedingt durch die hohe Schnittgeschwindigkeit kommt es hierbei zu einer Erweichung des temperatursensiblen Matrixwerkstoffs, gleichzeitig haben die Verstärkungsfasern vergleichsweise wenig Zeit, um der Schneide auszuweichen, so dass die Gefahr für in das Werkstückinnere wachsende Zwischenfaserbrüche reduziert wird. Unvorteilhaft ist bei dieser Prozesseinstellung der hohe Abrasivverschleiß am Werkzeug, da durch die hohe Drehzahl viele Werkzeugumdrehungen und damit eine hohe Schnittlänge zur Bearbeitung benötigt werden und der Verschleiß sich proportional zur Schnittlänge im Werkstück verhält. Entsprechend häufig muss das Werkzeug getauscht werden, um eine gleichbleibend zufriedenstellende Werkstückqualität sicherzustellen.

Eine Verringerung der Randzonenbeeinflussung bzw. Verbesserung der Oberflächenqualität wie bei der Anwendung von höheren Schnittgeschwindigkeiten lässt sich in ähnlicher Weise über die Aufbringung einer zusätzlichen Ultraschallschwingung erzielen. Basierend auf der hochfrequenten Werkzeugbewegung wird das Werkstückmaterial stärker in seine Einzelkomponenten zerlegt, so dass die im Werkstück verbleibenden Fasern weniger stark verformt werden. Bei ausreichend hoher Schwingungsamplitude erfolgt ein impulsinduzierter Faserbruch, wodurch die Fasertrennung in unmittelbarer Nähe zum Schneidkeil erfolgt und eine unerwünschte Faserablösung im Werkstück unterbunden wird. Die zwangsläufig während der mechanischen Bearbeitung induzierten Zwischenfaserbrüche können sich dadurch nicht in weiter von der Werkzeugschneide befindliche Bereiche fortpflanzen, weil die zum Wachstum des Bruchs zur Verfügung stehende Zeit zwischen mehreren aufeinanderfolgenden mechanischen Impulsen, nicht ausreicht.

Der positive Einfluss der Ultraschallschwingung auf die Zerspankraft und die Bearbeitungsqualität lässt sich insbesondere bei höheren Zahnvorschüben und bei Realisierung einer Schnittunterbrechung, d.h. wenn die aus der reinen Schwingungsbewegung resultierende Maximalgeschwindigkeit höher ist als die eingestellte Schnittgeschwindigkeit des Werkzeuges, aufzeigen. Um eine Schnittunterbrechung realisieren zu können, muss bei Anwendung der Ultraschalltechnologie, die aus der reinen Werkzeugdrehung resultierende Schnittgeschwindigkeit gemäß der innerhalb der kinematischen Prozessmodellierung erarbeiteten Zusammenhänge gesenkt werden. Die bislang praktizierte, sich auf den Werkzeugverschleiß negativ auswirkende Prozesseinstellung mit hoher Schnittgeschwindigkeit bei vergleichsweise geringem Zahnvorschub, wird damit umgekehrt.

Mit Hilfe der kinematischen Prozess- und der darauf aufbauenden Zerspankraftmodellierung können auf Basis der konventionellen Bearbeitung Prozesseinstellungen für die ultraschallunterstützte Bearbeitung mit gleichbleibender Bearbeitungsgeschwindigkeit, jedoch bei Anwendung von höheren Zahnvorschüben und geringeren Schnittgeschwindigkeiten gefunden werden. Die im Werkstück zurückgelegte Schnittlänge und der daraus resultierende Abrasivverschleiß an der Werkzeugschneide werden dadurch reduziert. Der Effekt der Verschleißreduzierung wird zusätzlich durch die Schnittunterbrechung verstärkt, da hierdurch die Späne- bzw. Staubabfuhr aus der Zerspanzone verbessert werden kann. Gleichzeitig wird die Lebensdauer des Werkzeuges über die Tolerierung höherer Verschleißzustände gesteigert, weil die Randzonenverformung bei überlagerter Ultraschallschwingung auch bei stärker verschlissenen Werkzeugen reduziert wird und diese hierdurch länger eingesetzt werden können.

Insgesamt konnten im Rahmen der vorliegenden Arbeit anhand von Grundlagenuntersuchungen für eine adäquate Auslegung von Schnitt- und Schwingungsparametern zahlreiche durch die Überlagerung der Ultraschalltechnologie hervorgerufene Vorzüge im Vergleich zum konventionellen Prozess aufgezeigt werden. Die anvisierte Steigerung der Prozesswirtschaftlichkeit über die Reduzierung des Werkzeugverschleißes und damit die Senkung der Werkzeugkosten ist anhand von Analogieuntersuchungen nachgewiesen worden, muss jedoch im nächsten Schritt anhand der schwingungsunterstützten Fräsbearbeitung überprüft werden. Somit ist die finale Entwicklung der zur Umsetzung dieser Technologie erforderlichen Systeme zwingend erforderlich und sollte in diesem Zusammenhang primär im Fokus stehen. Sobald das anlagentechnische System einsatzbereit vorliegt, kann das im Rahmen dieser Arbeit aufgestellte Prozessmodell auf andere Bearbeitungsprozesse übertragen und damit für weitere Anwendungen nutzbar gemacht werden.

Summary and Outlook

Ultrasonic assisted machining with geometrically defined cutting edge has already expanded the limits for turning of brittle materials and different steel alloys and in particular is an integral part of the optical industry. In contrast vibration assisted machining with rotating milling tools is still at the beginning of its development. As the main reasons for this circumstance the previous unavailability of the required vibrating system with torsional oriented ultrasonic movement and therefore the lack of fundamental process knowledge can be stated.

First prototypical systems are currently in the research phase, but could not be brought to industrial maturity so far. As a possible future application field for this special machining technology, mechanical machining of carbon fiber reinforced polymers can be considered. Based on these requirements in the frame of this work a CFRP material was machined with the assistance of superimposed tool vibration and analyzed fundamentally to elaborate the basical operating mechanisms and the related change of the process behavior caused by high-frequency alternating loading of the carbon fibers. The aim of this investigation was the estimation of the potential for increasing the processing performance applying the ultrasonic assisted milling process.

As the first step to a comprehensive process analysis the description of kinematics for ultrasonic assisted orthogonal cutting using a fundamental test bench and the following transmission to the milling process was used. The analysis of the operating mechanisms has been made on the basis of material removal at different fiber cutting angles, while the chip formation process, the process force and the generated surface quality were used for the evaluation. In this context the process possibilities and limits were identified, but also the influence of single control variables on the machining mechanisms were worked out. By the derivation of a mechanistic force model and the linkage to the kinematics and the previously identified interdependencies a comprehensive basis for the definition of guide lines for the process design was created, which will be shortly summarized in the following.

Considering mechanical machining of fiber-reinforced polymers, the laminate exerting force should be kept as low as possible. To reach this target, sharp-edged cutting tools in combination with a high cutting speed are used, while the feed per tooth is set accordingly, so that a satisfying surface quality is generated. Due to the high cutting speed the temperature sensible matrix is softened, at the same time the reinforcement fibers have comparatively little time to evade the cutting edge, so the risk for interfiber breakage, that might propagate into the inside of the workpiece, is reduced. However, under these circumstances the abrasive tool wear is high, because a high cutting length is needed to cut the workpiece due to the increased rotational speed of the tool. Correspondingly the tools need to be changed frequently to maintain a consistent satisfying workpiece quality.

A reduction of the influenced surface zone respectively an improvement of the surface quality like for the application of higher cutting speeds can be also reached in a similar way by applying an additional ultrasonic vibration to the cutting tool. Based on the high-frequent tool movement the workpiece material is stronger breaked down into his individual components, so fibers which maintain in the workpiece are less deformed. At sufficient high vibration amplitudes an impulse induced fiber breakage occurs, by which the fiber separation takes place in the close proximity of the cutting wedge and unwanted fiber detachments in the workpiece are prevented. The inevitably induced interfiber breakages are not able to propagate into areas farther from the cutting edge, because the time, needed for the growth of the fracture, is not available between several consecutive mechanical impulses.

The positive influence of the ultrasonic vibration on cutting force and workpiece quality can be pointed out in particular for higher values of feed per tooth and if a cut interruption is realized, means the maximum velocity coming from the pure vibration movement is higher than the adjusted cutting speed of the tool. To realize a cut interruption, applying the ultrasonic technology, the cutting speed has to be reduced according to the relationship shown in the kinematic process modelling section. The previously practiced process setting with high cutting speed at comparatively low feed per tooth, which has a negative effect in terms of tool wear, is thus reversed.

With the help of the kinematic process and the following cutting force modelling, the basic conventional machining parameters can be used to find a different set-up using the ultrasonic assisted machining with constant machining speed, but the application of higher feed per tooth values and lower cutting speeds. By this the cutting length and as a result the abrasive tool wear can be reduced. The effect of tool wear reduction is additionally strengthened by the cut interruption, due to the improved chip and dust removal from the cutting zone. Simultaneously tool life can be increased by tolerating higher tool wear conditions, because the deformation of the surface area is also reduce for stronger worn tools if ultrasonic assistance is used.

In total the present work has illustrated numerous through the superposition of ultrasonic technology evoked benefits if compared to the conventional process using fundamental investigations with adequate design of cutting and vibration parameters. However, the targeted increase of the processing performance through the reduction of tool wear and therefore the reduction of tooling costs was illustrated by the use of analogy test and has to be verified by means of the ultrasonic assisted milling process in the next step. Thus, the final development of the required system for the implementation of this technology is absolutely necessary and should be primary forced in this context. Once the system is operational, the developed process model can be transferred to other machining process and therefore being utilized for other applications.

Quellenverzeichnis

[AHME07] Ahmed, N.; Mitrofanov, A.V.; Babitsky, V.I.; Silberschmidt, V.V.: Analysis of forces in ultrasonically assisted turning. Journal of Sound and Vibration, Volume 308, 2007, S. 845-854.

[ALAM11] Alam, K.; Mitrofanov, A.V; Silberschmidt, V.V.: Experimental investigations of forces and torque in conventional and ultrasonically-assisted drilling of cortical bone. Medical Engineering & Physics, Volume 33, 2011, S. 234-239.

[ALBU13] Al-Budairi, H.; Lucas, M.; Harkness, P.: A design approach for longitudinal–torsional ultrasonic transducers. Sensors and Actuators A, Volume 198, 2013, S. 99-106.

[ALTI00] Altintas, Y.: Manufacturing Automation - Metal Cutting Mechanics, Machine Tool Vibrations and CNC Design. Cambridge University Press, 2000.

[AMIN16] Amini, S. et al.: Effect of Longitudinal-Torsional Vibration in Ultrasonic Assisted Drilling. Materials and Manufacturing Processes, 2016.

[AN15A] An, Q.; Ming, W.; Cai, X.; Chen, M.: Effects of tool parameters on cutting force in orthogonal machining of T700/LT03A unidirectional carbon fiber reinforced polymer laminates, Journal of Reinforced Plastics and Composites, Volume 34, 2015, S. 591-602.

[AN15B] An, Q.; Ming, W.; Cai, X.; Chen, M.: Study on the cutting mechanics characteristics of high-strength UD-CFRP laminates based on orthogonal cutting method. Composite Structures, Volume 131, 2015, S. 374-383.

[AROL96] Arola, D.; Ramulu, M.; Wang, D.H.: Chip formation in orthogonal trimming of graphite/epoxy composite. Composites Part A, Volume 27A, 1996, S. 121-133.

[AROL02] Arola, D.; Ramulu, M.; Sultan, M.B.: Finite Element Modeling of Edge Trimming Fiber Reinforced Plastics. Journal of Manufacturing Science and Engineering, Volume 124, 2002, S. 32-41.

[ASAM11] Asami, T.; Miura, H.: Vibrator Development for Hole Machining by Ultrasonic Longitudinal and Torsional Vibration. Japanese Journal of Applied Physics, Volume 50, 2011.

[ASTA07] Astashev, V.K.; Babitsky, V.I.: Ultrasonic processes and machines – Dynamics, Control and Applications. Springer Verlag Berlin Heidelberg, 1. Auflage, 2007.

[AVK10] AVK – Industrievereinigung Verstärkte Kunststoffe e.V.: Handbuch Faserverbundkunststoffe – Grundlagen, Verarbeitung, Anwendungen. Vieweg + Teubner Verlag, Wiesbaden, 3. Auflage, 2010.

[AZMI13A] Azmi, A. I.; Lin, R.J.T.; Bhattacharyya, D.: Machinability study of glass fibre-reinforced polymer composites during end milling. International Journal of Advanced Production Technology, Volume 46, 2013, S. 247-261.

[AZMI13B] Azmi, A. I.: Chip formation studies in machining fibre reinforced polymer composites. International Journal of Materials and Product Technology, Volume 46, 2013, S. 32-46.

[BAGH16] Baghlani, V. et al.: An optimization technique on ultrasonic and cutting parameters for drilling and deep drilling of nickel-based high-strength Inconel 738LC superalloy with deeper and higher hole quality. International Journal of Manufacturing Technology, Volume 82, 2016, S. 877-888.

[BARA14] Barani, A.; Amini, S.; Paktinat, H.; Fadaei Tehrani, A.: Built-up edge investigation in vibration drilling of Al2024-T6. Ultrasonics, Volume 54, 2014, S. 1300-1310.

[BHAT95] Bhatnagar, N.; Ramakrishnan, N.; Naik, N.K.; Komanduri, R.: On the machining of fiber reinforced plastic (FRP) composite laminates. International Journal of Machine Tools and Manufacture, Volume 35, 1995, S. 701-716.

[BHAT04] Bhatnagar, N.; Nayak, D.; Singh, I.; Chouhan, H.; Mahajan, P.: Determination of Machining-Induced Damage Characteristics of Fiber Reinforced Plastic Composite Laminates. Materials and Manufacturing Processes, Volume 19, 2004, S. 1009-1023.

[BREH08] Brehl, D.E.; Dow, T.A.: Review of vibration-assisted machining. Precision Engineering, Volume 32, 2008, S. 153-172.

[BUDA96] Budak, E.; Altintas, Y.; Armarego, E.J.A.: Prediction of Milling Force Coefficients From Orthogonal Cutting Data. Journal of Manufacturing Science and Engineering, Volume 118, 1996, S. 216-224.

[BULL13] Bulla, B.: Ultrapräzisionszerspanung von Nanokorn-Hartmetall mit monokristallinen Diamantwerkzeugen, Dissertation, RWTH Aachen, 2013.

[BUSC13] Busch, M.: Methodische Fräsprozessauslegung für die Bearbeitung hochwarmfester Werkstoffe, Dissertation, RWTH Aachen, 2013.

[CABR15] Cabral, G.F.: Modeling and Simulation of Tool Engagement and Prediction of Process Forces in Milling, Dissertation, RWTH Aachen, 2015.

[CAPR96] Caprino, G.; De Iorio, I.; Nele, L.; Santo, L.: Effect of tool wear on cutting forces in the orthogonal cutting of unidirectional glass fibre-reinforced plastics. Composites Part A, Volume 27A, 1996, S. 409-415.

[CAPR12] Caprino, G.; Langella, A.: Analysing cutting forces in machining processes for polymer-based composites. Chapter 4 in Machining technology for composite materials – Principles and practice, Hocheng, H., Woodhead Publishing, Cornwall, 2012, S. 75-153.

[CHAN05] Chang, S.S.F.; Bone, G.M.: Burr size reduction in drilling by ultrasonic assistance. Robotics and Computer-Integrated Manufacturing, Volume 21, 2005, S. 442-450.

[CHE14] Che, D. et al.: Machining of Carbon Fiber Reinforced Plastics/Polymers: A Literature Review. Journal of Manufacturing Science and Engineering, Volume 136, 2014, S. 1-22.

[CHEN17] Chen, T. et al.: Study on a longitudinal–torsional ultrasonic vibration system with diagonal slits. Advances in Mechanical Engineering, Volume 9, 2017, S. 1-10.

[CHEW18] Chen, W. et al.: State-of-the-art review on vibration-assisted milling: principle, system design, and application. International Journal of Advanced Manufacturing Technology, Volume 97, 2018, S. 2033-2049.

[CHIB13] Chibane, H. et al.: Optimal milling conditions for carbon/epoxy composite material using damage and vibration analysis. International Journal of Advanced Manufacturing Technology, Volume 68, 2013, S. 1111-1121.

[CLAU05] Clausen, M.: Zerspankraftprognose und -simulation für Dreh- und Fräsprozesse, Dissertation, Universität Hannover, 2005.

[COLL92] Colligan, K.; Ramulu, M.: The Effect of Edge Trimming on Composite Surface Plies, Manufacturing Review, Volume 5, No. 4, 1992, S. 274-283.

[DAND12] Dandekar, C.R.; Shin, Y.C.: Modeling of machining of composite materials: A review. International Journal of Machine Tools & Manufacture, Volume 57, 2012, S. 102-121.

[DAHN16] Dahnel, A.N.; Ascroft, H.; Barnes, S.: The effect of varying cutting speeds on tool wear during conventional and Ultrasonic Assisted Drilling (UAD) of Carbon Fibre Composite (CFC) and titanium alloy stacks. 7th HPC Conference. Procedia CIRP, Volume 46, 2016, S. 420-423.

[DAVI05] Davim J.P., Reis, P.: Damage and dimensional precision on milling carbon fiber-reinforced plastics using design experiments. Journal of Materials Processing Technology, Volume 160, 2005, S. 160-167.

[DAVI10] Davim, J.P.: Machining composite materials, ISTE Ltd, 2010.

[DENK11] Denkena, B.; Tönshoff, H.K.: Spanen - Grundlagen. Springer Verlag, Berlin, 2011.

[DOHM64] Dohmen, H.G.: Zerspanungsuntersuchungen beim Drehen mit periodisch bewegtem Schneidwerkzeug , Dissertation RWTH Aachen, 1964.

[DUCO16] Ducobu, F.; Riviere-Lorphevre, E.; Filippi, E.: Material constitutive model and chip separation criterion influence on the modeling of Ti6Al4V machining with experimental validation in strictly orthogonal cutting condition. International Journal of Mechanical Sciences, Volume 107, 2016, S. 136-149.

[ELHO12] El-Hofy, M.H.; Soo, S.L.; Aspinwall, D.K.; Sim, W.M.; Pearson, D.; Harden, P.: Factors affecting workpiece surface integrity in slotting of CFRP; 1st CIRP Conference on Surface Integrity (CSI); Procedia Engineering 19, 2011, S. 94 – 99.

[ELMA15] Elmarakbi, A.M.; Azoti, W.L.: Novel Composite Materials For Automotive Applications: Concepts And Challanges For Energy-Efficient And Safe Vehicles. 10th International Conference on Composite Science and Technology (ICCST). Conference paper, 2015 S.01-10.

[FARA09] Faraz, A.; Biermann, D.; Weinert, K. Cutting edge rounding: An innovative tool wear criterion in drilling CFRP composite laminates. International Journal of-Machine Tools & Manufacture. Volume 49, 2009, S. 1185-1196.

[FARA10] Faraz, A.: Experimental study on delamination, mechanical loads and tool wear in drilling woven composite laminates. Dissertation TU Dortmund, 2010.

[FERR99] Ferreira, J.R.; Coppini, N.L.; Miranda, G.W.A.: Machining optimisation in carbon fibre reinforced composite materials. Journal of Materials Processing Technology, Volume 92-93, 1999, S. 135-140.

[FEUC13] Feucht, F.: Hocheffiziente Bearbeitung von Composites mit doppelten Vorschüben und reduzierten Prozesskräften durch Ultrasonic. Vortrag bei 3. IfW-Tagung: Bearbeitung von Verbundwerkstoffen – Spanende Bearbeitung von CFK. 2013.

[FEUC14] Feucht, F.; Ketelaer, J.; Wolff, A.; Mori, M.; Fujishima, M.: Latest Machining Technologies of Hard-to-cut Materials by Ultrasonic Machine Tool. 6th CIRP International Conference on High Performance Cutting. HPC2014, S. 148-152.

[FRIT10] Fritz, A.H.; Schulze, G.: Fertigungstechnik. Springer Verlag, Heidelberg, 2010.

[GAO12] Gao, G.; Zhao, Y.; Ma, X.: Research on Tool Wear and Surface Characteristics in Ultrasonic Milling Carbon Fibre Reinforced Carbon Composite. Advanced Materials Research, 2012, S. 299-303.

[GERL98] Gerloff, S.: Analyse des Drehens duktiler Werkstoffe mit der Finite-Elemente-Methode. Dissertation, TU Berlin, 1998.

[GIRO10] Girot, F.; López de Lacalle, L.N.; Lamikiz, A.; Iliescu, D.; Gutiérrez, E.: Machinability aspects of polymer matrix composites: Chapter 2 in Machining Composite Materials, Davim, J.P., ISTE Ltd, London, 2010, S.39-112.

[GUPT14] Gupta, A. et al.: Study of Cutting Speed Variation in the Ultrasonic Assisted Drilling of Carbon Fibre Composites. Proceedings of the ASME 2014 International Mechanical Engineering Congress & Exposition IMECE, 2014.

[HALI17] Halim, N.F.H.A.; Ascroft, H.; Barnes, S.: Analysis of Tool Wear, Cutting Force, Surface Roughness and Machining Temperature During Finishing Operation of Ultrasonic Assisted Milling (UAM) of Carbon Fibre Reinforced Plastic (CFRP). Procedia Engineering, Volume 184, 2017, S. 185-191

[HANN14] Hannig, S.: Auslegung von komplexen Werkzeugen zur spanenden Bearbeitung mit Ultraschall, Dissertation, RWTH Aachen, 2014.

[HART12] Hartmann, D.: Delamination an Bauteilkanten beim Umrissfräsen kohlenstofffaserverstärkter Kunststoffe, Dissertation, TU Hamburg-Harburg, 2012.

[HESE09] Heselhaus, M.: Unidirektionale schwingungsunterstützte Ultrapräzisionszerspanung eisenhaltiger Werkstoffe mit definierter Schneidteilgeometrie, Dissertation, RWTH Aachen, 2009.

[HOCH12] Hocheng, H.: Machining technology for composite materials – Principles and practice. Woodhead Publishing Limited, 2012.

[HUDA16] Huda, A.H.; Ascroft, H.; Barnes, S.: Machinability study of ultrasonic assisted machining (UAM) of carbon fibre reinforced plastic (CFRP) with multifaceted tool. 7th HPC Conference. Procedia CIRP, Volume 46, 2016, S. 488-491.

[HOHE92] Hohensee, V.: Umrissbearbeitung faserverstärkter Kunststoffe durch Fräsen und Laserschneiden, Dissertation, Universität Hannover, 1992.

[HINT12] Hintze, W.; Hartmann, D.; Großmann, U.: Kantenqualität beim Umrissfräsen von CFK verbessern. Beitrag VDI-Z, Jahrgang 154, Nr. 1/2 Januar/Februar, 2012.

[HINT13] Hintze, W.; Hartmann, D.: Modeling of delamination during milling of unidirectional CFRP. 14th CIRP Conference on Modelling of Machining Operations (CMMO), Volume 8, 2013, S. 444-449.

[ILIE10] Iliescu, D.; Gehin, D.; Gutierrez, M.E.; Girot, F.: Modeling and Tool Wear in Drilling CFRP. International Journal of Machine Tools Manufacturing, Volume 50, 2010, S. 204-213.

[KAHW15] Kahwash, F.; Shyha, I.; Maheri, A.: Machining Unidirectional Composites using Single-Point Tools: Analysis of cutting forces, chip formation and surface integrity. Procedia Engineering, Volume 132, 2015, S. 569-576.

[KANE89] Kaneeda, T.: CFRP Cutting Mechanism. Proceedings of the 16th North American Manufacturing Research Conference, Columbus, Ohio, 1989, S. 216-221.

[KARA13] Karafi, M.R.; Hojjat, Y.; Sassani, F.; Ghosdi, M.: A novel magnetostrictive torsional resonant transducer. Sensors and Actuators A, Volume 195, 2013, S. 71-78.

[KARA19] Karafi, M.R.; Korivand, S.: Design and fabrication of a novel vibration-assisted drilling tool using a torsional magnetostrictive transducer. The International Journal of Advanced Manufacturing Technology, Volume 102, 2019, Issue 5-8, S. 2095-2106.

[KARP12A] Karpat, Y.; Bahtiyar, O.; Deger, B.: Mechanistic force modeling for milling of unidirectional carbon fiber reinforced polymer laminates. International Journal of Machine Tools & Manufacture, Volume 56, 2012, S. 79-93.

[KARP12B] Karpat, Y.; Bahtiyar, O.; Deger, B.: Milling Force Modelling of Multidirectional Carbon Fiber Reinforced Polymer Laminates. 5th CIRP Conference on High Performance Cutting, 2012, S. 460-465.

[KHAJ14] Khajehzadeh, M. et al.: Finite element simulation and experimental investigation of tool temperature during ultrasonically assisted turning of aerospace aluminum using multicoated carbide inserts. International Conference of Advanced Manufacturing Technology, Volume 75, 2014, S. 1163-1175.

[KIEN52] Kienzle, O.: Die Bestimmung von Kräften und Leistungen an spanenden Werkzeugen und Werkzeugmaschinen. VDI-Z, Band 94, 1952, Nr. 11/12, S. 299-305.

[KIM96] Kim, J.D.; Lee, E.S.: A Study of Ultrasonic Vibration Cutting of Carbon Fibre Reinforced Plastics. International Journal of Advanced Manufacturing Technology, Volume 12, 1996, S. 78-86.

[KIND10] Kindler, J.: Werkstückqualität und Standzeitoptimierung von Zerspanwerkzeugen bei der Umrissbearbeitung von kohlenstofffaserverstärkten Kunststoffen. Dissertation, TU Hamburg-Harburg, 2010.

[KLOC17] Klocke, F.: Fertigungsverfahren 1 – Zerspanung mit geometrisch bestimmter Schneide. 9. Auflage, Springer Vieweg Verlag, Berlin, 2017.

[KOEH10] Köhler, J.: **Berechnung der Zerspankräfte bei variierenden Spanungsquerschnittsformen**, Dissertation, Universität Hannover, 2010.

[KOEN85] König, W.; Wulf, C.; Graß, P.; Willerscheid, H.: Machining of fibre reinforced plastis. Keynote paper, Annals of the CIRP, Volume 34, 1985, S. 537-548.

[KOEN93] König, W.; Rummenhöller, S.: Technological and industrial safety aspects in milling frps. In: Machining of adavanced composites, ASME, MD-Vol. 54, PED-Vol.66, 1993, S. 1-14.

[KOPL80] Koplev, A.: Cutting of CFRP with Single Edge Tool. Proceedings of 3rd International Conference on Composite Materials, Paris, 1980, S. 1597-1605.

[KOPL83] Koplev, A.; Lystrup, A.; Vorm, T.: The cutting process, chips, and cutting forces in machining CFRP. Composites, Volumen 14, 1983, S. 371-376.

[KRIS92] Krishnamurthy, R.: Machining of Polymeric Composites. Machining of Composite Materials, Proceedings of the Machining of Composite Materials Symposium, Chicago, 1992, S. 139-148.

[KUMA14] Kumar, M.N. et al.: Vibration Assisted Conventional and Advanced Machining – A Review. Procedia Engineering, Volume 97, 2014, S. 1577-1586.

[KUTT88] Kuttruff, H.: Physik und Technik des Ultraschalls, S. Hirzel Verlag Stuttgart, 1988.

[LAES12] Lässig, R. et al.: Serienproduktion von hochfesten Faserverbundbauteilen – Perspektiven für deutsche Maschinen- und Anlagenbauer. VDMA, Roland Berger Studie, 2012.

[LI12] Li, Z.; Wang, X.; Zhao, B.: An Experiment Study on Milling Forces in the Ultrasonic Milling of CFRP. Advanced Materials Research, 2012, S. 1028-1031.

[LI16] Li, H.; Qin, X.; He, G.; Jin, Y.; Sun, D.; Price, M.: Investigation of chip formation and fracture toughness in orthogonal cutting of UD-CFRP. International Journal of Advanced Manufacturing Technology, Volume 82, 2016, S. 1079-1088.

[LONG17] Long, Z. et al.: Design for Torsional Transducer in Ultrasonic machining Based on Equivalent Circuit. International Conference on Information and Automation (ICIA). Proceedings of IEEE, 2017, S. 953-958.

[MART41] Martellotti, M.E.: An analysis of the milling process, Transactions of the ASME, Volume 63, 1941, S. 677 - 700.

[MART45] Martellotti, M.E.: An analysis of the milling process: part 2 – Down milling Transactions of the ASME, Volume 67, 1945, S. 233 - 251.

[MERC45] Merchant, M.E.: Mechanics of the metal cutting process I, Orthogonal cutting and a type II chip. Journal of Applied Physics, Volume, 16/5, 1945, S. 267 - 276.

[NAYA05] Nayak, D; Bhatnagar, N; Mahajan, P.: Machining studies of unidirectional glass fiber reinforced plastic (UD-GFRP) composites part 1: Effect of geometrical and process parameters, Machining Science and Technology, Volume 9, 2005, S. 481-501.

[OHNI93] Ohnishi, O. et al Piezoelectric ultrasonic motor using longitudinal–torsional composite resonance vibration, IEEE Transactions on Ultrasonics, Ferroelectrics and Frequency Control, Volume 40, 1993, S. 687-693.

[PAUC08] Paucksch, E.; Holsten, S.; Linß, M.; Tikal, F.: Zerspantechnik – Prozesse, Werkzeuge, Technologien. Vieweg + Teubner Verlag, Wiesbaden, 2008.

[PATI14] Patil, S. et al.: Modelling and simulation of effect of ultrasonic vibrations on machining of Ti6Al4V. Ultrasonics, Volume 54, 2014, S. 694-705.

[PHAD12] Phadnis, V.A. et al.: Experimental and numerical investigations in conventional and ultrasonically assisted drilling of CFRP laminate. 5th CIRP Conference on High Performance Cutting, 2012, S. 472-476.

[POPO13] Popov, A.; Dugin, A.: A comparison of experimental estimation methods of the ploughing force in orthogonal cutting. International Journal of Machine Tools and Manufacture, Volume 65, 2013, S. 37-40.

[PWU98] Pwu, H.Y.; Hocheng, H.: Chip Formation Model of Cutting Fiber-Reinforced Plastics Perpendicular to Fiber Axis. Transactions of the ASME, Volume 120, 1998, S. 192-196.

[RAMU97] Ramulu, M.: Machining and surface integrity of fibre-reinforced plastic composites. Sadhana, Volume 22, Part 3, June 1997, pp. 449-472.

[RAMU03] Ramulu, M.; Kim, D.; Choi, G.: Frequency analysis and characterization in orthogonal cutting of glass fiber reinforced composites. Composites: Part A, Volume 34, 2003, S. 949-962.

[RINC17] Rinck, P.M.; Sitzberger, S.; Zäh, M.F.: Actuator design for vibration assisted machining of high performance. 4th European Seminar on Precision Optics Manufacturing, 2017, Teisnach, Germany

[ROES12] Rösler, J.; Harders, H.; Bäker, M.: Mechanisches Verhalten der Werkstoffe, Springer Vieweg, 4. Auflage, 2012.

[RUEB01] Rübenach, O.: Schwingungsunterstützte Ultrapräzisionsbearbeitung optischer Gläser mit monokristallinen Diamantwerkzeugen, Dissertation, RWTH Aachen, 2001.

[RUMM96] Rummenhöller, S.: Werkstofforientierte Prozeßauslegung für das Fräsen kohlenstofffaserverstärkter Kunststoffe, Dissertation, RWTH Aachen, 1996.

[SAHR10] Sahraie Jahromi A.; Bahr, B.: An analytical method for predicting cutting forces in orthogonal machining of unidirectional composites, Composites Science and Technology, Volume 70, 2010, S. 2290-2297.

[SAND16] Sanda, A.: Ultrasonically assisted drilling of carbon fibre reinforced plastics and Ti6Al4V. Journal of Manufacturing Processes, Volume 22, 2016, S. 169-176.

[SAUE22] Sauer, M.; Schüppel, D.: Marktbericht 2021 – Der globale Markt für Carbonfasern und Carbon Composites, Composites United e.V., April 2022

[SCHU14] Schütte, C.: Bohren und Hobeln von kohlenstofffaserverstärkten Kunststoffen unter besonderer Berücksichtigung der Schneide-Faser-Lage, Dissertation, TU Hamburg-Harburg, 2013.

[SCHR07] Schürmann, H.: Konstruieren mit Faser-Kunststoff-Verbunden. Springer Verlag, 2. Auflage, 2007.

[SHEI02] Sheikh-Ahmad, J.; Sridhar, G.: Edge Trimming of CFRP Composites with Diamond Coated Tools: Edge Wear and Surface Characteristics. Article in SAE Technical Papers, 2002.

[SHEI09] Sheikh-Ahmad, J.: Machining of Polymer Composites. Springer Science+Business Media, New York, 2009.

[SHEI12] Sheikh-Ahmad, J.; Davim, J.P.: Tool wear in machining processes for composites. Chapter 5 in Machining technology for composite materials – Principles and practice, Hocheng, H., Woodhead Publishing, Cornwall, 2012, S. 75-153.

[SIEB14] Siebenpfeiffer, W.: Leichtbautechnologien im Automobilbau – Werkstoffe, Fertigung, Konzepte. Springer Vieweg Verlag, Wiesbaden, 2014.

[SORR14] Sorrentino, L.; Turchetta, S.: Cutting Forces in Milling of Carbon Fibre Reinforced Plastics. International Journal of Manufacturing Engineering, 2014.

[TABA13] Tabatabaei, S.M.K. et al.: Analysis of ultrasonic assisted machining (UAM) on regenerative chatter in turning. Journal of Materials Processing Technology, Volume 213, 2013, S. 418-425.

[TAKE88] Takeyama, H.; Iijima, N.: Machinability of Glassfiber Reinforced Plastics and Application of Ultrasonic Machining. Annals of the CIRP, Volume 37, No.1, 1988, S. 93-96.

[TAYL07] Taylor, F.W.: On the art of cutting metals. In: Transactions of the ASME, Volume 28, 1907, S. 31ff.

[TOOZ18] Toozandehjani, M. et al.: Conventional and Advanced Composites in Aerospace Industry: Technologies Revisited. American Journal of Aerospace Engineering, Volume 5, 2018, S. 9-15.

[TSCH09] Tschätsch, H.: Applied Machining Technology. Springer Verlag, Heidelberg, 2009.

[VIBR19] https://www.vibrocool-project.eu , Internetauftritt des Forschungsprojektes VibroCool "Vibration assisted drilling of fiber reinforced polymers (FRP) and FRP metal stacks using special cooling and lubrication strategies", Stand Dezember 2019

[VICT56] Victor, H.: Beitrag zur Kenntnis der Schnittkräfte beim Drehen, Hobeln und Bohren, Dissertation, TH Hannover, 1956.

[VOß14] Voß, R.; Henerichs, M.; Kuster, F., Wegener, K.: Chip Root Analysis after Machining Carbon Fiber Reinforced Plastics (CFRP) at Different Fiber Orientations, 6th CIRP International Conference on High Performance Cutting, Volume 14, 2014, S. 217-222.

[WANG95A] Wang, D.H.; Arola, D.; Ramulu, M.: Orthogonal cutting mechanisms of graphite/epoxy composites. Part I: Unidirectional laminate. International Journal of Machine Tools & Manufacture, Vol. 35, No.12, 1995, S. 1623-1638.

[WANG95B] Wang, D.H.; Arola, D.; Ramulu, M.: Orthogonal cutting mechanisms of graphite/epoxy composites. Part II: Multi-Directional laminate. International Journal of Machine Tools & Manufacture, Vol. 35, No.12, 1995, S. 1639-1648.

[WANI19] Wang, X. et al.: Development of a longitudinal–torsional ultrasonic vibration-aided drilling system for drilling carbon fiber-reinforced polymer materials. Journal of Mechanical Engineering Science, IMechE, 2019, S. 1-11.

[WANX03] Wang, X.M.; Zhang, L.C.: An experimental investigation into the orthogonal cutting of unidirectional fibre reinforced plastics. International Journal of Machine Tools & Manufacture, Volume 43, 2003, S. 1015-1022.

[WANY11] Wang, Y.G. et al.: Cutting Performance of Carbon Fiber Reinforced Plastics Using PDC Tool. Advanced Materials Research, Volume 215, 2011, S. 14-18.

[WEIN04] Weinert, K.; Kempmann, C.: Cutting temperatures and their effects on the machining behavior in drilling reinforced plastic composites. Advanced Engineering Materials, Volume 6, 2004, S. 684-689.

[WEST10] Westkämper, E.; Warnecke, H.J.: Einführung in die Fertigungstechnik. Vieweg + Teubner Verlag, Wiesbaden, 2010.

[WU19] Wu, C. et al.: Innovative design and analysis of a longitudinal-torsional transducer with the shared node plane applied for ultrasonic assisted milling. Proc IMechE Part C: J Mechanical Engineering Science, Volume 233, 2019, S. 4128-4139.

[WUER99] Würtz, C.: Beitrag zur Analyse der Staubemissionen bei der Fräsbearbeitung von Bauteilen aus kohlenstofffaserverstärkten Kunststoffen, Dissertation, RWTH Aachen, Shaker Verlag, 1999.

[XU15] Xu, W.X.; Zhang, L.C.: Ultrasonic vibration-assisted machining: principle, design and application. Advanced Manufacturing, Volume 3, 2015, S. 173-192.

[XU18] Xu, W.X.; Zhang, L.C.: Tool wear and its effect on the surface integrity in the machining of fibre-reinforced polymer composites. Composite Structures, Volume 188, 2018, S. 257-265.

[YAGI16] Yagishita, H.: Cutting Mechanism of Drilling CFRP Laminates - Effect of Ultrasonic Torsional Mode Vibration Cutting. Plastic and Polymer Technology (PAPT), Volume 4, 2016, S. 1-10.

[ZAGH12] Zaghbani, I. et al.: A comprehensive analysis of cutting forces during routing of multilayer carbon fiber-reinforced polymer laminates. Journal of Composite Materials, Volume 46, 2012, S. 1955-1971.

[ZHAN01] Zhang, L.C.; Wang, X.M.; Zhang, H.J.: A force prediction model for cutting unidirectional fibre-reinforced plastics. Machining science and technology, Volume 5, 2001, S. 293-305.

[ZHAN09] Zhang, L.C.: Cutting composites: A discussion on mechanics modelling. Journal of Materials Processing Technology, Volume 209, 2009, S. 4548-4552.

Appendix

A1) F_c und F_{cn} in Abhängigkeit vom Fasertrennwinkel und Schwingungsamplitude bei unterschiedlichen Spanungsdicken und Werkzeugverschleißzuständen

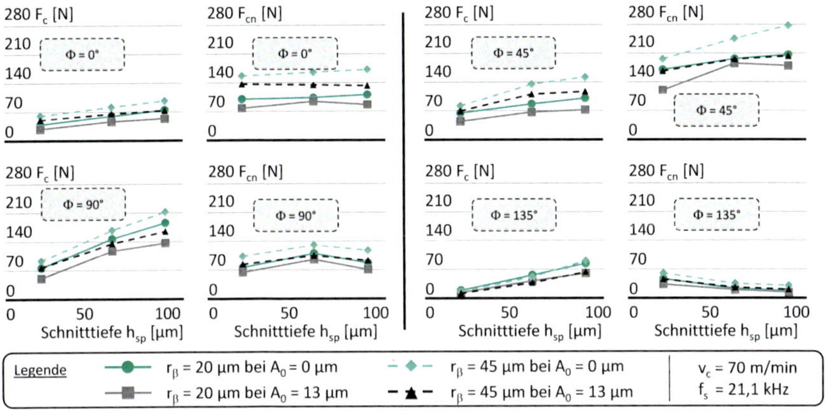

A2) F_c und F_{cn} als Funktion der Spanungsdicke für diskrete Schnittgeschwindigkeiten

$\Phi = 0°$

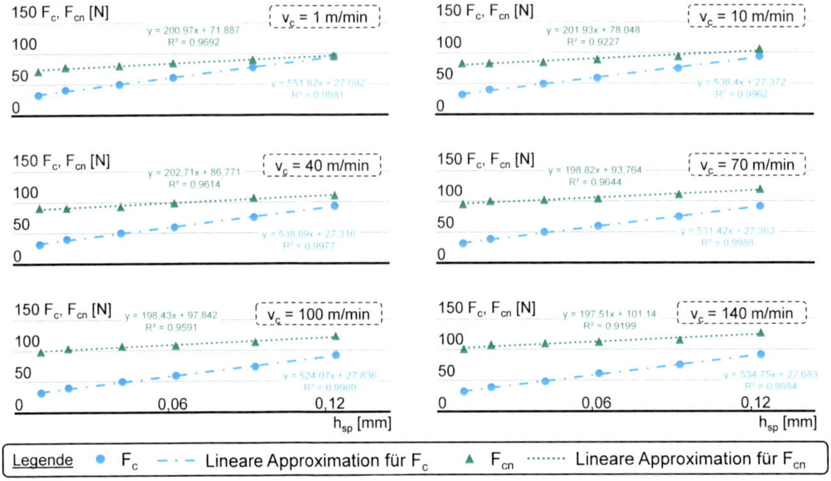

Φ = 22,5°

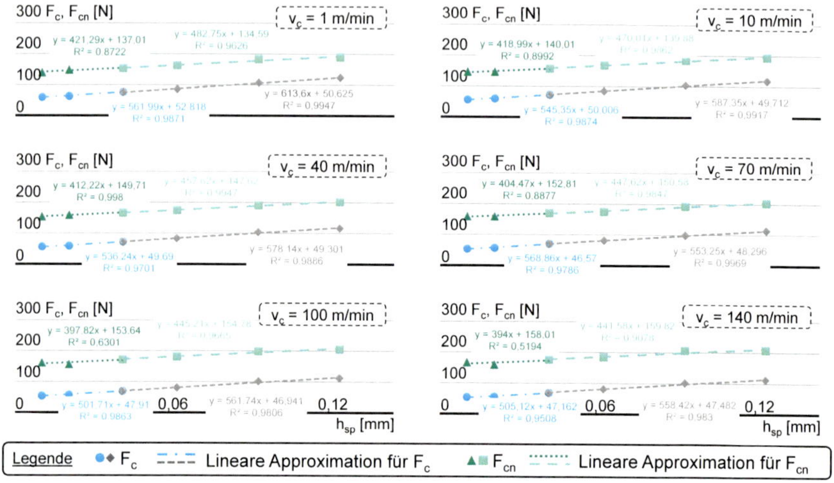

300 F$_c$, F$_{cn}$ [N]
200
100
0
0,06
0,12
h$_{sp}$ [mm]
v$_c$ = 1 m/min
v$_c$ = 10 m/min
v$_c$ = 40 m/min
v$_c$ = 70 m/min
v$_c$ = 100 m/min
v$_c$ = 140 m/min
Legende
F$_c$
Lineare Approximation für F$_c$
F$_{cn}$
Lineare Approximation für F$_{cn}$

Φ = 45°

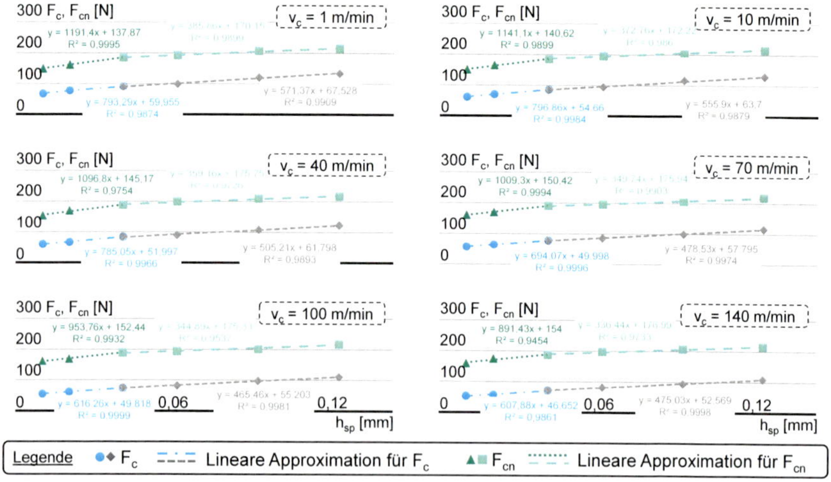

300 F$_c$, F$_{cn}$ [N]
200
100
0
0,06
0,12
h$_{sp}$ [mm]
v$_c$ = 1 m/min
v$_c$ = 10 m/min
v$_c$ = 40 m/min
v$_c$ = 70 m/min
v$_c$ = 100 m/min
v$_c$ = 140 m/min
Legende
F$_c$
Lineare Approximation für F$_c$
F$_{cn}$
Lineare Approximation für F$_{cn}$

Φ = 67,5°

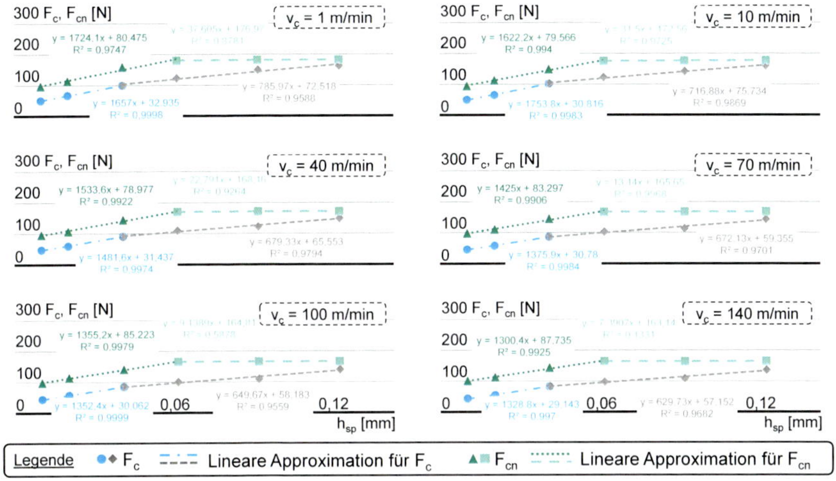
300 F_c, F_{cn} [N]
200
100
0
v_c = 1 m/min
y = 1724.1x + 80.475
R² = 0.9747
y = 785.97x + 72.518
R² = 0.9588
y = 1657x + 32.935
R² = 0.9998
v_c = 10 m/min
y = 1622.2x + 79.566
R² = 0.994
y = 716.88x + 75.734
R² = 0.9869
y = 1753.8x + 30.816
R² = 0.9983
v_c = 40 m/min
y = 1533.6x + 78.977
R² = 0.9922
y = 679.33x + 65.553
R² = 0.9794
y = 1481.6x + 31.437
R² = 0.9974
v_c = 70 m/min
y = 1425x + 83.297
R² = 0.9906
y = 672.13x + 59.355
R² = 0.9701
y = 1375.9x + 30.78
R² = 0.9984
v_c = 100 m/min
y = 1355.2x + 85.223
R² = 0.9979
y = 649.67x + 58.183
R² = 0.9559
y = 1352.4x + 30.062
R² = 0.9999
v_c = 140 m/min
y = 1300.4x + 87.735
R² = 0.9925
y = 629.73x + 57.152
R² = 0.9682
y = 1328.8x + 29.143
R² = 0.997
0,06
0,12
h_{sp} [mm]
Legende
F_c
Lineare Approximation für F_c
F_{cn}
Lineare Approximation für F_{cn}

Φ = 90°

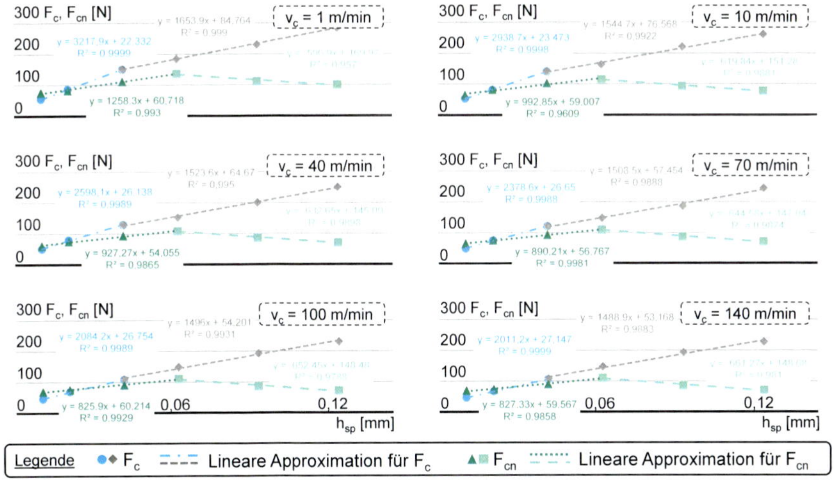
300 F_c, F_{cn} [N]
200
100
0
v_c = 1 m/min
y = 1653.9x + 84.764
R² = 0.999
y = 3217.9x + 22.332
R² = 0.9999
y = 1258.3x + 60.718
R² = 0.993
v_c = 10 m/min
y = 1544.7x + 76.568
R² = 0.9922
y = 2938.7x + 23.473
R² = 0.9998
y = 992.85x + 59.007
R² = 0.9609
v_c = 40 m/min
y = 1523.6x + 64.67
R² = 0.995
y = 2598.1x + 26.138
R² = 0.9989
y = 927.27x + 54.055
R² = 0.9865
v_c = 70 m/min
y = 1503.5x + 57.454
R² = 0.9888
y = 2378.6x + 26.65
R² = 0.9988
y = 890.21x + 56.767
R² = 0.9981
v_c = 100 m/min
y = 1496x + 54.201
R² = 0.9931
y = 2084.2x + 26.754
R² = 0.9989
y = 825.9x + 60.214
R² = 0.9929
v_c = 140 m/min
y = 1488.9x + 53.168
R² = 0.9883
y = 2011.2x + 27.147
R² = 0.9999
y = 827.33x + 59.567
R² = 0.9858
0,06
0,12
h_{sp} [mm]
Legende
F_c
Lineare Approximation für F_c
F_{cn}
Lineare Approximation für F_{cn}

Φ = 112,5°

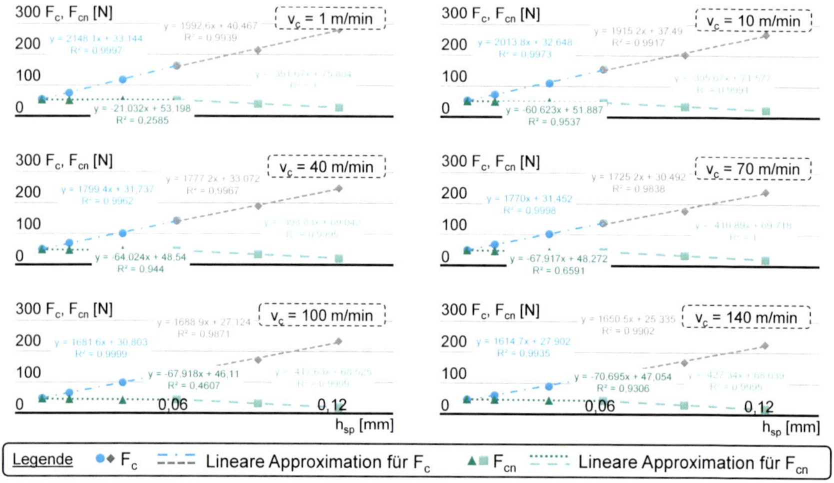
300 F$_c$, F$_{cn}$ [N]
200
100
0
v$_c$ = 1 m/min
y = -21,032x + 53,198
R² = 0,2585
v$_c$ = 10 m/min
y = -60,623x + 51,887
R² = 0,9537
v$_c$ = 40 m/min
y = -64,024x + 48,54
R² = 0,944
v$_c$ = 70 m/min
y = -67,917x + 48,272
R² = 0,6591
v$_c$ = 100 m/min
y = -67,918x + 46,11
R² = 0,4607
v$_c$ = 140 m/min
y = -70,695x + 47,054
R² = 0,9306
0,06
0,12
h$_{sp}$ [mm]
Legende
F$_c$
Lineare Approximation für F$_c$
F$_{cn}$
Lineare Approximation für F$_{cn}$

Φ = 135°

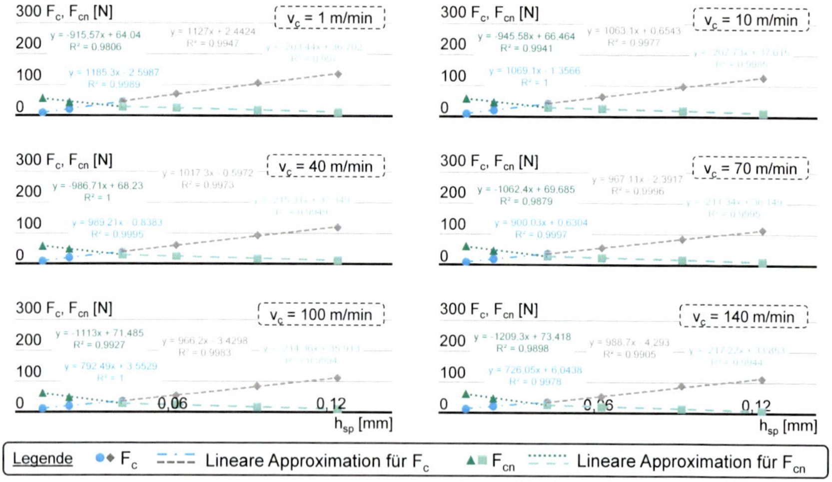
300 F$_c$, F$_{cn}$ [N]
200
100
0
v$_c$ = 1 m/min
y = -915,57x + 64,04
R² = 0,9806
v$_c$ = 10 m/min
y = -945,58x + 66,464
R² = 0,9941
v$_c$ = 40 m/min
y = -986,71x + 68,23
R² = 1
v$_c$ = 70 m/min
y = -1062,4x + 69,685
R² = 0,9879
v$_c$ = 100 m/min
y = -1113x + 71,485
R² = 0,9927
v$_c$ = 140 m/min
y = -1209,3x + 73,418
R² = 0,9898
0,06
0,12
h$_{sp}$ [mm]
Legende
F$_c$
Lineare Approximation für F$_c$
F$_{cn}$
Lineare Approximation für F$_{cn}$

Φ = 157,5°

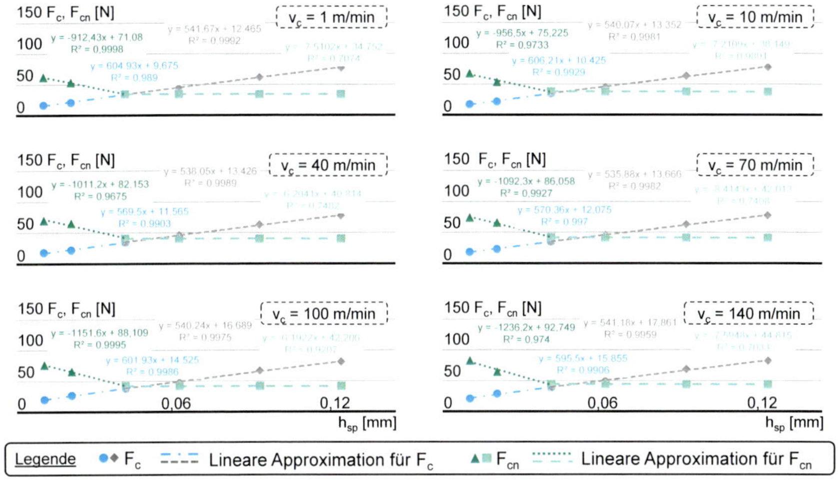
150 F_c, F_cn [N]
100
50
0
v_c = 1 m/min
y = -912,43x + 71,08
R² = 0,9998
y = 541,67x + 12,465
R² = 0,9992
y = 604,93x + 9,675
R² = 0,989
v_c = 10 m/min
y = -956,5x + 75,225
R² = 0,9733
y = 540,07x + 13,352
R² = 0,9981
y = 606,21x + 10,425
R² = 0,9929
v_c = 40 m/min
y = -1011,2x + 82,153
R² = 0,9675
y = 538,05x + 13,426
R² = 0,9989
y = 569,5x + 11,565
R² = 0,9903
v_c = 70 m/min
y = -1092,3x + 86,058
R² = 0,9927
y = 535,88x + 13,666
R² = 0,9982
y = 570,36x + 12,075
R² = 0,997
v_c = 100 m/min
y = -1151,6x + 88,109
R² = 0,9995
y = 540,24x + 16,689
R² = 0,9975
y = 601,93x + 14,525
R² = 0,9986
v_c = 140 m/min
y = -1236,2x + 92,749
R² = 0,974
y = 541,18x + 17,861
R² = 0,9959
y = 595,5x + 15,855
R² = 0,9906
0,06
0,12
h_sp [mm]
Legende
F_c
Lineare Approximation für F_c
F_cn
Lineare Approximation für F_cn

A3) Spezifische Kraftkoeffizienten in Abhängigkeit vom Fasertrennwinkel und der Schnittgeschwindigkeit

Kc,c_I (h_{sp} < 40 µm)

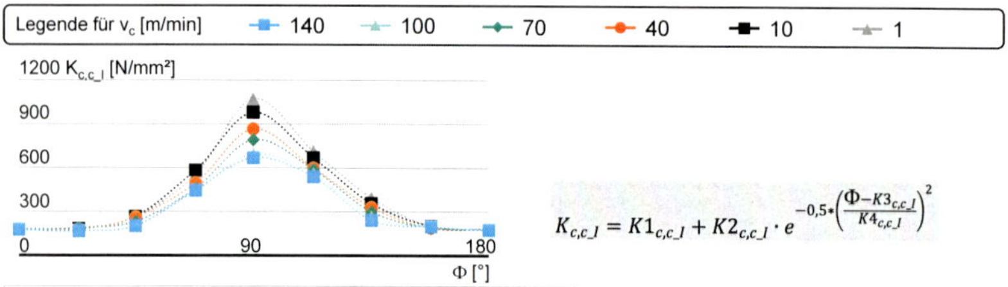

$$K_{c,c\_I} = K1_{c,c\_I} + K2_{c,c\_I} \cdot e^{-0{,}5 * \left(\frac{\Phi - K3_{c,c\_I}}{K4_{c,c\_I}}\right)^2}$$

$$K1_{c,c\_I} = K1_{c,c\_I\_1} \cdot v_c + K1_{c,c\_I\_2} = -0{,}17 \frac{kg \cdot min}{s^2 \cdot mm^2} \cdot v_c + 192{,}28 \frac{N}{mm^2}$$

$$K2_{c,c\_I} = K2_{c,c\_I\_1} + K2_{c,c\_I\_2} \cdot v_c + K2_{c,c\_I\_3} \cdot {v_c}^2 = 842{,}5 \frac{N}{mm^2} - 4{,}76 \frac{kg \cdot min}{s^2 \cdot mm^2} \cdot v_c + 0{,}0174 \frac{kg \cdot min^2}{s^2 \cdot mm^2 \cdot m} \cdot {v_c}^2$$

$$K3_{c,c\_I} = konstant = 93{,}87°$$

$$K4_{c,c\_I} = konstant = 21{,}61°$$

Kc,c_II (h_{sp} 40 - 60 µm)

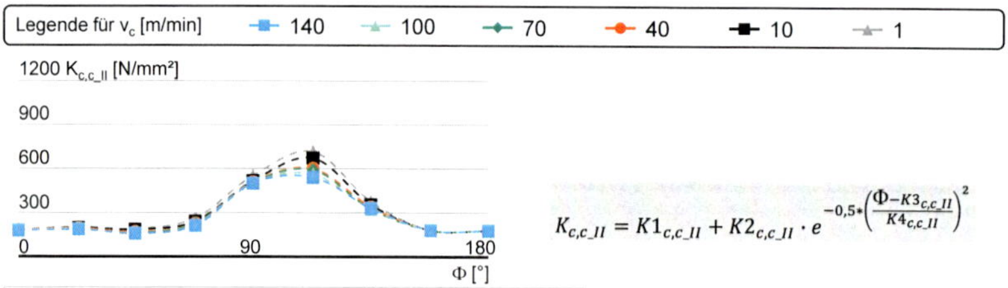

$$K_{c,c\_II} = K1_{c,c\_II} + K2_{c,c\_II} \cdot e^{-0{,}5 * \left(\frac{\Phi - K3_{c,c\_II}}{K4_{c,c\_II}}\right)^2}$$

$$K1_{c,c\_II} = K1_{c,c\_II\_1} \cdot v_c + K1_{c,c\_II\_2} = -0{,}11 \frac{kg \cdot min}{s^2 \cdot mm^2} \cdot v_c + 182{,}8 \frac{N}{mm^2}$$

$$K2_{c,c\_II} = K2_{c,c\_II\_1} + K2_{c,c\_II\_2} \cdot v_c + K2_{c,c\_II\_3} \cdot {v_c}^2 = 541{,}2 \frac{N}{mm^2} - 1{,}89 \frac{kg \cdot min}{s^2 \cdot mm^2} \cdot v_c + 0{,}007 \frac{kg \cdot min^2}{s^2 \cdot mm^2 \cdot m} \cdot {v_c}^2$$

$$K3_{c,c\_II} = konstant = 106{,}3°$$

$$K4_{c,c\_II} = konstant = 19{,}28°$$

Kc,c III (h_{sp} > 60 µm)

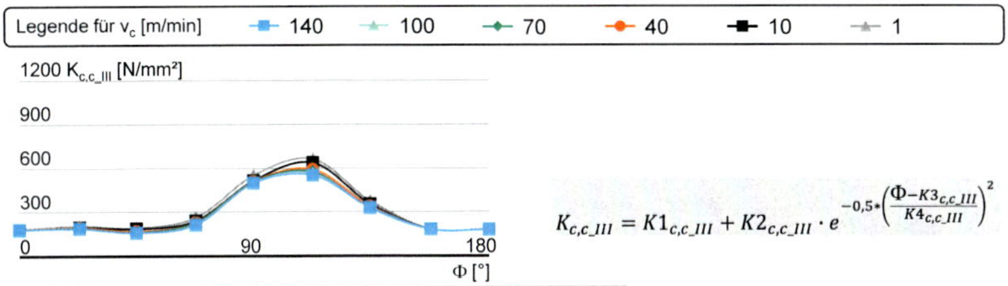

$$K_{c,c\_III} = K1_{c,c\_III} + K2_{c,c\_III} \cdot e^{-0,5*\left(\frac{\Phi - K3_{c,c\_III}}{K4_{c,c\_III}}\right)^2}$$

$$K1_{c,c\_III} = K1_{c,c\_III\_1} \cdot v_c + K1_{c,c\_III\_2} = -0{,}098 \frac{kg \cdot min}{s^2 \cdot mm^2} \cdot v_c + 181{,}44 \frac{N}{mm^2}$$

$$K2_{c,c\_III} = K2_{c,c\_III\_1} + K2_{c,c\_III\_2} \cdot v_c + K2_{c,c\_III\_3} \cdot {v_c}^2 = 503{,}1 \frac{N}{mm^2} - 1{,}24 \frac{kg \cdot min}{s^2 \cdot mm^2} \cdot v_c + 0{,}005 \frac{kg \cdot min^2}{s^2 \cdot mm^2 \cdot m} \cdot {v_c}^2$$

$$K3_{c,c\_II} = konstant = 106{,}1°$$

$$K4_{c,c\_II} = konstant = 19{,}6°$$

Kc,e I (h_{sp} < 40 µm)

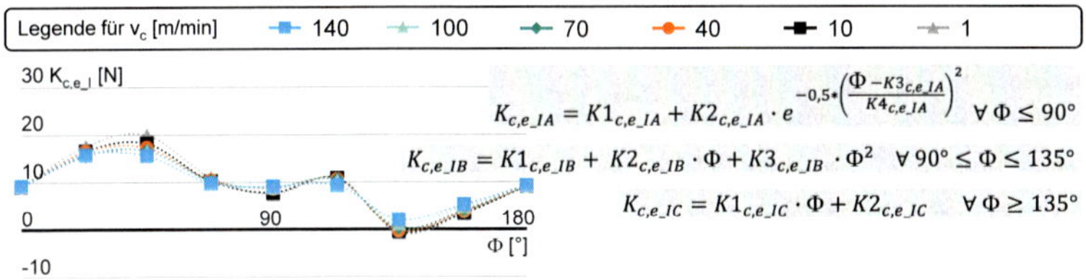

$$K_{c,e\_IA} = K1_{c,e\_IA} + K2_{c,e\_IA} \cdot e^{-0,5*\left(\frac{\Phi - K3_{c,e\_IA}}{K4_{c,e\_IA}}\right)^2} \quad \forall\, \Phi \leq 90°$$

$$K_{c,e\_IB} = K1_{c,e\_IB} + K2_{c,e\_IB} \cdot \Phi + K3_{c,e\_IB} \cdot \Phi^2 \quad \forall\, 90° \leq \Phi \leq 135°$$

$$K_{c,e\_IC} = K1_{c,e\_IC} \cdot \Phi + K2_{c,e\_IC} \quad \forall\, \Phi \geq 135°$$

$$K1_{c,e\_IA} = K1_{c,e\_IA\_1} \cdot v_c + K1_{c,e_{IA_2}} = 0{,}012 \cdot v_c + 7{,}55$$

$$K2_{c,e\_IA} = K2_{c,e\_IA\_1} + K2_{c,e\_IA\_2} \cdot e^{K2_{c,e\_IA\_3} \cdot v_c} = 9{,}34 + 4{,}56 \cdot e^{-0{,}046 \cdot v_c}$$

$$K3_{c,e\_IA} = K3_{c,e\_IA\_1} \cdot v_c + K3_{c,e\_IA\_2} = -0{,}02 \cdot v_c + 37{,}05$$

$$K4_{c,e\_IA} = K4_{c,e\_IA\_1} \cdot v_c + K4_{c,e\_IA\_2} = -0{,}035 \cdot v_c + 18{,}7$$

$$K1_{c,e\_IB} = K1_{c,e\_IB\_1} \cdot v_c + K1_{c,e\_IB\_2} = 0{,}62 \cdot v_c - 158{,}6$$

$$K2_{c,e\_IB} = K2_{c,e\_IB\_1} \cdot v_c + K2_{c,e\_IB\_2} = -0{,}01 \cdot v_c + 3{,}2$$

$$K3_{c,e\_IB} = K3_{c,e\_IB\_1} \cdot v_c + K3_{c,e\_IB\_2} = 5{,}2 \cdot 10^{-5} \cdot v_c - 0{,}015$$

$$K1_{c,e\_IC} = K1_{c,e\_IC\_1} \cdot v_c + K1_{c,e\_IC\_2} = -0{,}0004 \cdot v_c + 0{,}22$$

$$K2_{c,e\_IC} = K2_{c,e\_IC\_1} \cdot v_c + K2_{c,e\_IC\_2} = 0{,}079 \cdot v_c - 31{,}33$$

Kc,e II (h_{sp} 40 - 60 µm)

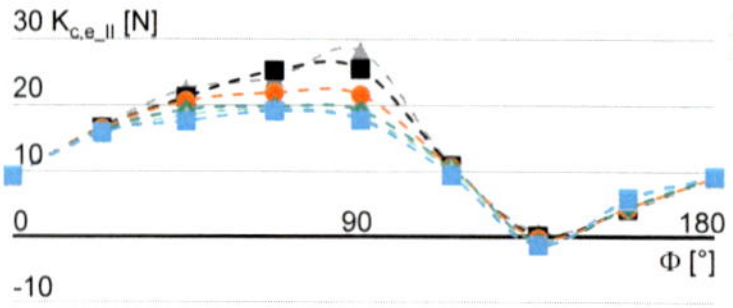

$$K_{c,e\_IIA} = K1_{c,e\_IIA} + K2_{c,e\_IIA} \cdot e^{K3_{c,e\_IIA} \cdot \Phi} \quad \forall\, \Phi \leq 90°$$

$$K_{c,e\_IIB} = K1_{c,e\_IIB} \cdot \Phi + K2_{c,e\_IIB} \quad \forall\, 90° \leq \Phi \leq 135°$$

$$K_{c,e\_IIC} = K1_{c,e\_IIC} \cdot \Phi + K2_{c,e\_IIC} \quad \forall\, \Phi \geq 135°$$

$$K1_{c,e\_IIA} = K1_{c,e\_IIA\_1} + K1_{c,e\_IIA\_2} \cdot e^{K1_{c,e\_IIA\_3} \cdot v_c} = 18{,}34 + 14{,}84 \cdot e^{-0{,}033 \cdot v_c}$$

$$K2_{c,e\_IIA} = K2_{c,e\_IIA\_1} + K2_{c,e\_IIA\_2} \cdot e^{K2_{c,e\_IIA\_3} \cdot v_c} = -9{,}03 - 14{,}86 \cdot e^{-0{,}031 \cdot v_c}$$

$$K3_{c,e\_IIA} = K3_{c,e\_IIA\_1} \cdot v_c + K3_{c,e\_IIA\_2} = -0{,}00029 \cdot v_c - 0{,}022$$

$$K1_{c,e\_IIB} = K1_{c,e\_IIB\_1} + K1_{c,e\_IIB\_2} \cdot e^{K1_{c,e\_IIB\_3} \cdot v_c} = -0{,}42 - 0{,}2 \cdot e^{-0{,}029 \cdot v_c}$$

$$K2_{c,e\_IIB} = K2_{c,e\_IIB\_1} + K2_{c,e\_IIB\_2} \cdot e^{K2_{c,e\_IIB\_3} \cdot v_c} = 55{,}5 + 27{,}5 \cdot e^{-0{,}027 \cdot v_c}$$

$$K1_{c,e\_IIC} = K1_{c,e\_IIC\_1} \cdot v_c + K1_{c,e\_IIC\_2} = 0{,}00036 \cdot v_c + 0{,}19$$

$$K2_{c,e\_IIC} = K2_{c,e\_IIC\_1} + K2_{c,e\_IIC\_2} \cdot e^{K2_{c,e\_IIC\_3} \cdot v_c} = -35{,}2 + 10{,}3 \cdot e^{-0{,}01 \cdot v_c}$$

Kc,e III (h_{sp} > 60 µm)

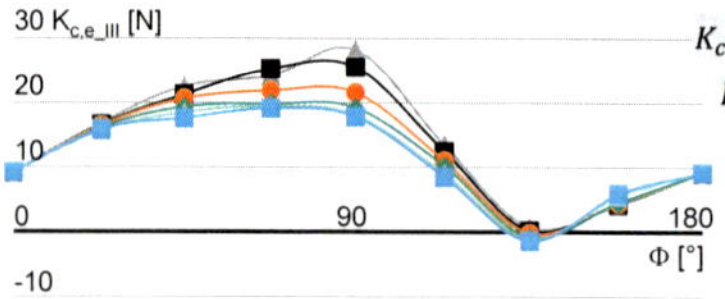

$$K_{c,e\_IIIA} = K1_{c,e\_IIIA} + K2_{c,e\_IIIA} \cdot e^{K3_{c,e\_IIIA} \cdot \Phi} \quad \forall\, \Phi \leq 90°$$

$$K_{c,e\_IIIB} = K1_{c,e\_IIIB} \cdot \Phi + K2_{c,e\_IIIB} \quad \forall\, 90° \leq \Phi \leq 135°$$

$$K_{c,e\_IIIC} = K1_{c,e\_IIIC} \cdot \Phi + K2_{c,e\_IIIC} \quad \forall\, \Phi \geq 135°$$

$$K1_{c,e\_IIIA} = K1_{c,e\_IIIA\_1} + K1_{c,e\_IIIA\_2} \cdot e^{K1_{c,e\_IIIA\_3} \cdot v_c} = 18{,}36 + 14{,}9 \cdot e^{-0{,}033 \cdot v_c}$$

$$K2_{c,e\_IIIA} = K2_{c,e\_IIIA\_1} + K2_{c,e\_IIIA\_2} \cdot e^{K2_{c,e\_IIIA\_3} \cdot v_c} = -9{,}03 - 14{,}8 \cdot e^{-0{,}031 \cdot v_c}$$

$$K3_{c,e\_IIIA} = K3_{c,e\_IIIA\_1} \cdot v_c + K3_{c,e\_IIIA\_2} = -0{,}00029 \cdot v_c - 0{,}022$$

$$K1_{c,e\_IIIB} = K1_{c,e\_IIIB\_1} + K1_{c,e\_IIIB\_2} \cdot e^{K1_{c,e\_IIIB\_3} \cdot v_c} = -0{,}42 - 0{,}2 \cdot e^{-0{,}03 \cdot v_c}$$

$$K2_{c,e\_IIIB} = K2_{c,e\_IIIB\_1} + K2_{c,e\_IIIB\_2} \cdot e^{K2_{c,e\_IIIB\_3} \cdot v_c} = 55{,}4 + 28{,}2 \cdot e^{-0{,}027 \cdot v_c}$$

$$K1_{c,e\_IIIC} = K1_{c,e\_IIIC\_1} \cdot v_c + K1_{c,e\_IIIC\_2} = 0{,}00036 \cdot v_c + 0{,}19$$

$$K2_{c,e\_IIIC} = K2_{c,e\_IIIC\_1} + K2_{c,e\_IIIC\_2} \cdot e^{K2_{c,e\_IIIC\_3} \cdot v_c} = -35{,}2 + 10{,}3 \cdot e^{-0{,}01 \cdot v_c}$$

Kcn,c I (h_{sp} < 40 µm)

Legende für v_c [m/min]: 140, 100, 70, 40, 10, 1

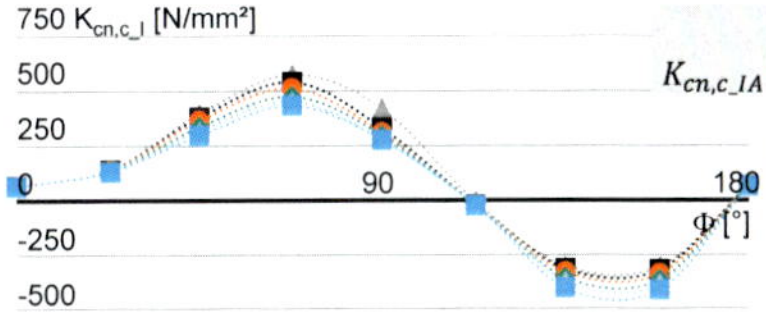

$$K_{cn,c\_IA} = K1_{cn,c\_IA} + K2_{cn,c\_IA} \cdot e^{-0{,}5*\left(\frac{\Phi - K3_{cn,c\_IA}}{K4_{cn,c\_IA}}\right)^2} \quad \forall\, \Phi \leq 90°$$

$$K_{cn,c\_IB} = K1_{cn,c\_IB} + K2_{cn,c\_IB} \cdot e^{-0{,}5*\left(\frac{\Phi - K3_{cn,c\_IB}}{K4_{cn,c\_IB}}\right)^2}, \quad \forall\, 90 \leq \Phi \leq 180°$$

$K1_{cn,c\_IA} = K1_{cn,c\_IA\_1} + K1_{cn,c\_IA\_2} \cdot e^{K1_{cn,c\_IA\_3} \cdot v_c} = 61{,}65 - 14{,}2 \cdot e^{-0{,}018 \cdot v_c}$

$K2_{cn,c\_IA} = K2_{cn,c\_IA\_1} + K2_{cn,c\_IA\_2} \cdot e^{K2_{cn,c\_IA\_3} \cdot v_c} = 331{,}9 - 189{,}6 \cdot e^{-0{,}012 \cdot v_c}$

$K3_{cn,c\_IA} = konstant = 66{,}1°$

$K4_{cn,c\_IA} = konstant = 23{,}05°$

$K1_{cn,c\_IB} = K1_{cn,c\_IB\_1} \cdot e^{K1_{cn,c\_IB\_2} \cdot v_c} + K1_{cn,c\_IB\_3} + K1_{cn,c\_IB\_4} \cdot v_c = 448{,}7 \cdot e^{4{,}67 \cdot v_c} + 478{,}1 - 1{,}07 \cdot v_c$

$K2_{cn,c\_IB} = K2_{cn,c\_IB\_1} + K2_{cn,c\_IB\_2} \cdot e^{K2_{cn,c\_IB\_3} \cdot v_c} = -831{,}4 - 443{,}7 \cdot e^{-0{,}19 \cdot v_c}$

$K3_{cn,c\_IB} = konstant = 144{,}9°$

$K4_{cn,c\_IB} = K4_{cn,c\_IB\_1} \cdot e^{K4_{cn,c\_IB\_2} \cdot v_c} + K4_{cn,c\_IB\_3} + K4_{cn,c\_IB\_4} \cdot v_c = 9{,}68 \cdot e^{5{,}07 \cdot v_c} + 29{,}96 - 0{,}04 \cdot v_c$

Kcn,c III (h_{sp} > 60 µm)

Legende für v_c [m/min]: 140, 100, 70, 40, 10, 1

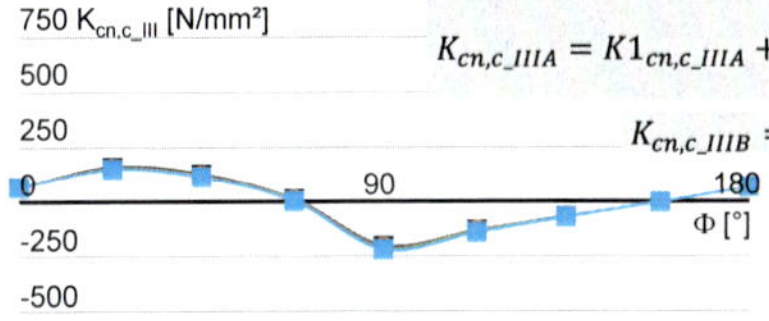

$$K_{cn,c\_IIIA} = K1_{cn,c\_IIIA} + K4_{cn,c\_IIIA} \cdot \sin\left(\pi \cdot \left(\frac{\Phi - K2_{cn,c\_IIIA}}{K3_{cn,c\_IIIA}}\right)\right) \quad \forall\, \Phi \leq 90°$$

$$K_{cn,c\_IIIB} = K1_{cn,c\_IIIB} \cdot FTW + K2_{cn,c\_IIIB} \quad \forall\, 90 \leq \Phi \leq 180°$$

$K1_{cn,c\_IIIA} = K1_{cn,c\_IIIA\_1} + K1_{cn,c\_IIIA\_2} \cdot e^{K1_{cn,c\_IIIA\_3} \cdot v_c} = -657{,}4 + 393{,}6 \cdot e^{-0{,}027 \cdot v_c}$

$K2_{cn,c\_IIIA} = K2_{cn,c\_IIIA\_1} + K2_{cn,c\_IIIA\_2} \cdot e^{K2_{cn,c\_IIIA\_3} \cdot v_c} = -69{,}6 + 30{,}9 \cdot e^{-0{,}032 \cdot v_c}$

$K3_{cn,c\_IIIA} = K3_{cn,c\_IIIA\_1} + K3_{cn,c\_IIIA\_2} \cdot e^{K3_{cn,c\_IIIA\_3} \cdot v_c} = 195{,}2 - 59{,}9 \cdot e^{-0{,}032 \cdot v_c}$

$K4_{cn,c\_IIIA} = K4_{cn,c\_IIIA\_1} + K4_{cn,c\_IIIA\_2} \cdot e^{K4_{cn,c\_IIIA\_3} \cdot v_c} = 806{,}4 - 378{,}7 \cdot e^{-0{,}027 \cdot v_c}$

$K1_{cn,c\_IIIB} = K1_{cn,c\_IIIB\_1} + K1_{cn,c\_IIIB\_2} \cdot e^{K1_{cn,c\_IIIB\_3} \cdot v_c} = -507{,}4 + 41{,}7 \cdot e^{-0{,}014 \cdot v_c}$

$K2_{cn,c\_IIIB} = K2_{cn,c\_IIIB\_1} + K2_{cn,c\_IIIB\_2} \cdot e^{K2_{cn,c\_IIIB\_3} \cdot v_c} = 3{,}2 - 0{,}24 \cdot e^{-0{,}015 \cdot v_c}$

Kcn,c II (h_{sp} 40 - 60 µm)

Legende für v_c [m/min]: 140, 100, 70, 40, 10, 1

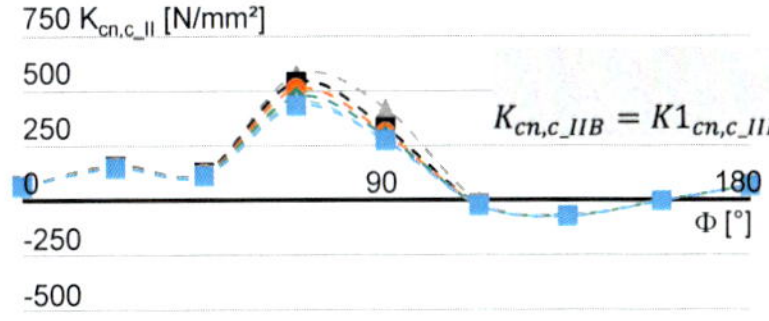

$$K_{cn,c\_IIA} = K_{cn,c\_IIIA} \quad \forall\, \Phi \leq 45°$$

$$K_{cn,c\_IIB} = K1_{cn,c\_IIB} + K2_{cn,c\_IIB} \cdot e^{-0{,}5*\left(\frac{\Phi - K3_{cn,c\_IIB}}{K4_{cn,c\_IIB}}\right)^2} \quad \forall\, 45 \leq \Phi \leq 135°$$

$$K_{cn,c\_IIC} = K_{cn,c\_IIIB} \quad \forall\, 135 \leq \Phi \leq 180°$$

$K1_{cn,c\_IIB} = konstant = -74{,}9°$

$K2_{cn,c\_IIB} = K2_{cn,c\_IIB\_1} + K2_{cn,c\_IIB\_2} \cdot e^{K2_{cn,c\_IIB\_3} \cdot v_c} = 517{,}1 + 167{,}5 \cdot e^{-0{,}019 \cdot v_c}$

$K3_{cn,c\_IIB} = konstant = 72{,}9°$

$K4_{cn,c\_IIB} = konstant = 18{,}6°$

Kcn,e I ($h_{sp} < 40\ \mu m$)

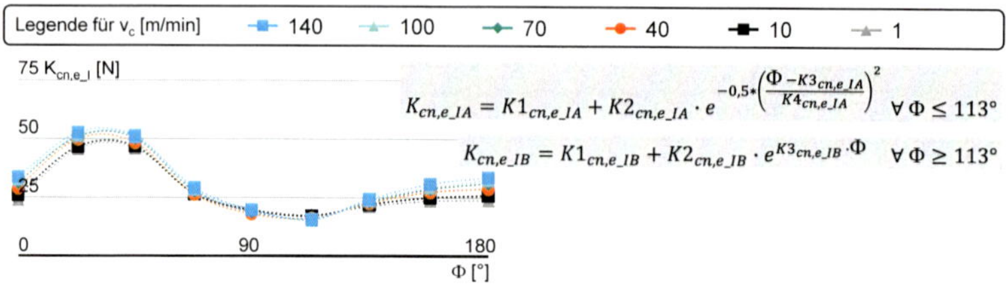

$$K_{cn,e\_IA} = K1_{cn,e\_IA} + K2_{cn,e\_IA} \cdot e^{-0,5*\left(\frac{\Phi - K3_{cn,e\_IA}}{K4_{cn,e\_IA}}\right)^2} \quad \forall\, \Phi \leq 113°$$

$$K_{cn,e\_IB} = K1_{cn,e\_IB} + K2_{cn,e\_IB} \cdot e^{K3_{cn,e\_IB} \cdot \Phi} \quad \forall\, \Phi \geq 113°$$

$$K1_{cn,e\_IA} = K1_{cn,e\_IA\_1} + K1_{cn,e\_IA\_2} \cdot e^{K1_{cn,e\_IA\_3} \cdot v_c} = 16{,}1 + 2{,}6 \cdot e^{-0{,}042 \cdot v_c}$$

$$K2_{cn,e\_IA} = K2_{cn,e\_IA\_1} \cdot v_c + K2_{cn,e\_IA\_2} = -0{,}019 \cdot v_c + 34{,}3$$

$$K3_{cn,e\_IA} = K3_{cn,e\_IA\_1} \cdot v_c + K3_{cn,e\_IA\_2} = 0{,}06 \cdot v_c + 19{,}7$$

$$K4_{cn,e\_IA} = K4_{cn,e\_IA\_1} + K4_{cn,e\_IA\_2} \cdot e^{K4_{cn,e\_IA\_3} \cdot v_c} = 39{,}4 - 7{,}8 \cdot e^{-0{,}027 \cdot v_c}$$

$$K1_{cn,e\_IB} = K1_{cn,e\_IB\_1} + K1_{cn,e\_IB\_2} \cdot e^{K1_{cn,e\_IB\_3} \cdot v_c} = 41{,}04 - 16{,}5 \cdot e^{-0{,}017 \cdot v_c}$$

$$K2_{cn,e\_IB} = K2_{cn,e\_IB\_1} \cdot v_c + K2_{cn,e\_IB\_2} = 2{,}45 \cdot v_c - 380{,}8 \quad \forall\, v_c \leq 70$$

$$K2_{cn,e\_IB} = -1{,}3 \cdot v_c - 115 \quad \forall\, v_c > 70$$

$$K3_{cn,e\_IB} = K3_{cn,e\_IB\_1} + K3_{cn,e\_IB\_2} \cdot e^{K3_{cn,e\_IB\_3} \cdot v_c} = -0{,}021 - 0{,}015 \cdot e^{-0{,}035 \cdot v_c}$$

Kcn,e III ($h_{sp} > 60\ \mu m$)

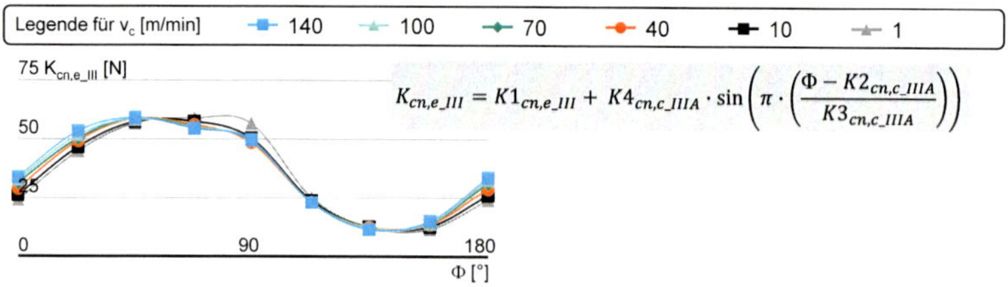

$$K_{cn,e\_III} = K1_{cn,e\_III} + K4_{cn,c\_IIIA} \cdot \sin\left(\pi \cdot \left(\frac{\Phi - K2_{cn,c\_IIIA}}{K3_{cn,c\_IIIA}}\right)\right)$$

$$K1_{cn,e\_III} = K1_{cn,e\_III\_1} \cdot v_c + K1_{cn,e\_III\_2} = 0{,}01 \cdot v_c + 36{,}1$$

$$K2_{cn,e\_III} = K2_{cn,e\_III\_1} + K2_{cn,e\_III\_2} \cdot e^{K2_{cn,e\_III\_3} \cdot v_c} = 5{,}7 + 9{,}3 \cdot e^{-0{,}028 \cdot v_c}$$

$$K3_{cn,e\_III} = K3_{cn,e\_III\_1} \cdot v_c + K3_{cn,e\_III\_2} = 0{,}086 \cdot v_c + 89{,}8$$

$$K4_{cn,e\_III} = K4_{cn,e\_III\_1} \cdot v_c + K4_{cn,e\_III\_2} = -0{,}009 \cdot v_c + 25{,}6$$

Kcn,e_II (h_{sp} 40 - 60 µm)

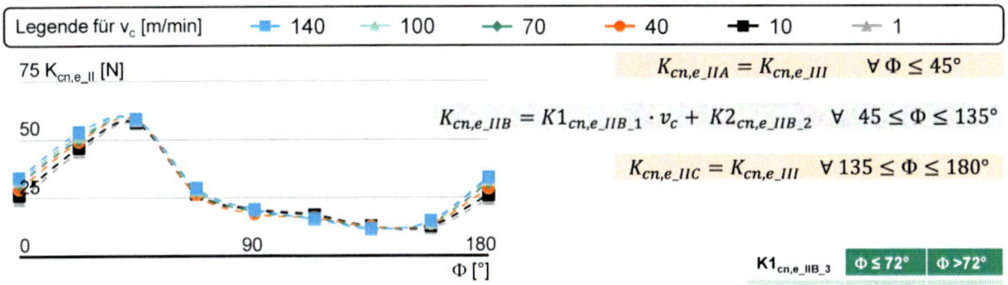

$$K_{cn,e\_IIA} = K_{cn,e\_III} \quad \forall\, \Phi \leq 45°$$

$$K_{cn,e\_IIB} = K1_{cn,e\_IIB\_1} \cdot v_c + K2_{cn,e\_IIB\_2} \quad \forall\; 45 \leq \Phi \leq 135°$$

$$K_{cn,e\_IIC} = K_{cn,e\_III} \quad \forall\, 135 \leq \Phi \leq 180°$$

$$K1_{cn,e\_IIB} = K1_{cn,e\_IIB\_1} + K1_{cn,e\_IIB\_2} \cdot e^{K1_{cn,e\_IIB\_3} \cdot v_c}$$

$$K2_{cn,e\_IIB} = K2_{cn,e\_IIB\_1} + K2_{cn,e\_IIB\_2} \cdot e^{K2_{cn,e\_IIB\_3} \cdot v_c}$$

$K1_{cn,e\_IIB\_1}$	Φ ≤ 72°	Φ >72°
$v_c \leq 40$	123,3	25,3
$v_c > 40$	116,7	38,9

$K1_{cn,e\_IIB\_2}$	Φ ≤ 72°	Φ >72°
$v_c \leq 40$	-8,35	11,72
$v_c > 40$	16,01	-19,33

$K1_{cn,e\_IIB\_3}$	Φ ≤ 72°	Φ >72°
$v_c \leq 40$	-0,043	-0,026
$v_c > 40$	-0,041	-0,026

$K2_{cn,e\_IIB\_1}$	Φ ≤ 72°	Φ >72°
$v_c \leq 40$	-1,43	-0,086
$v_c > 40$	-1,28	-0,21

$K2_{cn,e\_IIB\_2}$	Φ ≤ 72°	Φ >72°
$v_c \leq 40$	0,13	-0,096
$v_c > 40$	-0,297	0,173

$K2_{cn,e\_IIB\_3}$	Φ ≤ 72°	Φ >72°
$v_c \leq 40$	-0,029	-0,018
$v_c > 40$	-0,022	-0,016

A4) Vergleich von gemessener und berechneter Zerspankraft am Analogie-Prüfstand

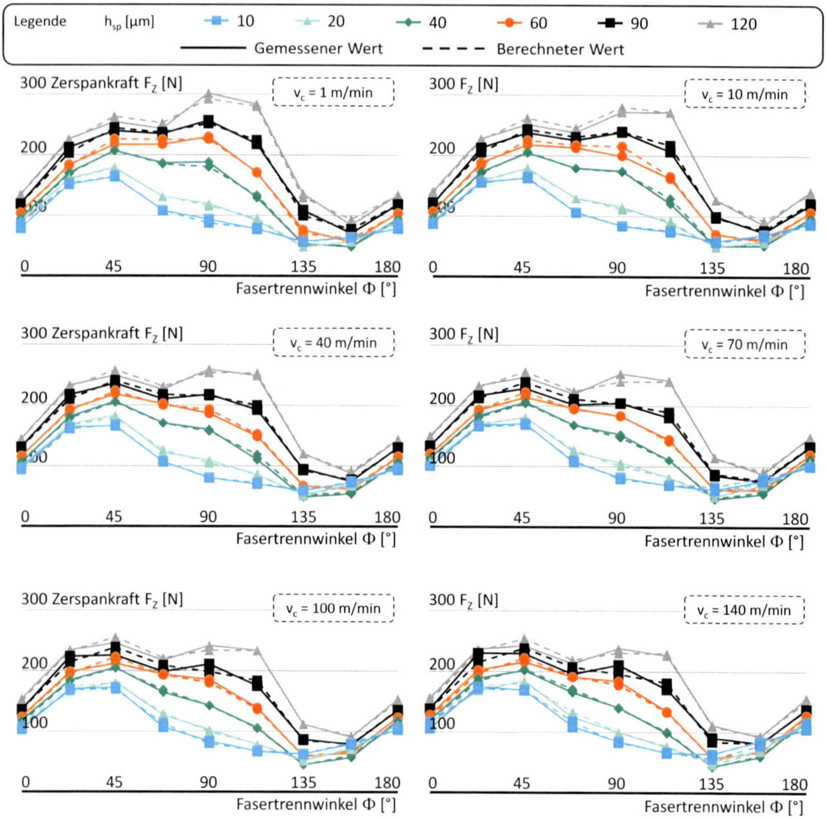

A5) REM-Aufnahmen der Werkstückoberfläche bei unterschiedlichen Schnittgeschwindigkeiten für die konventionelle und ultraschallunterstützte Zerspanung

$\Phi = 0°$

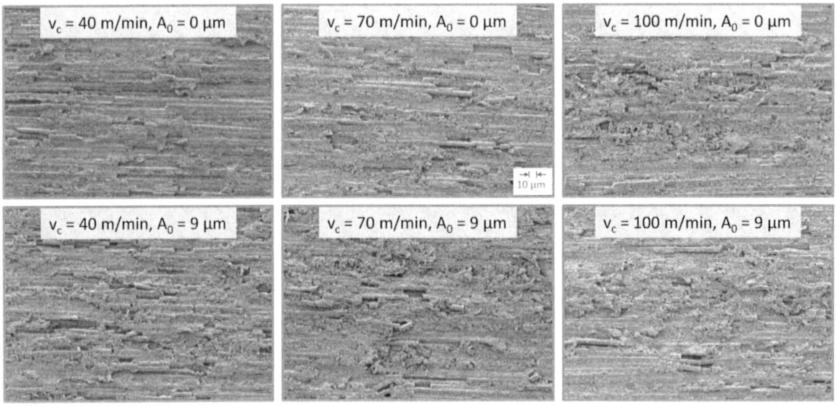

$\Phi = 45°$

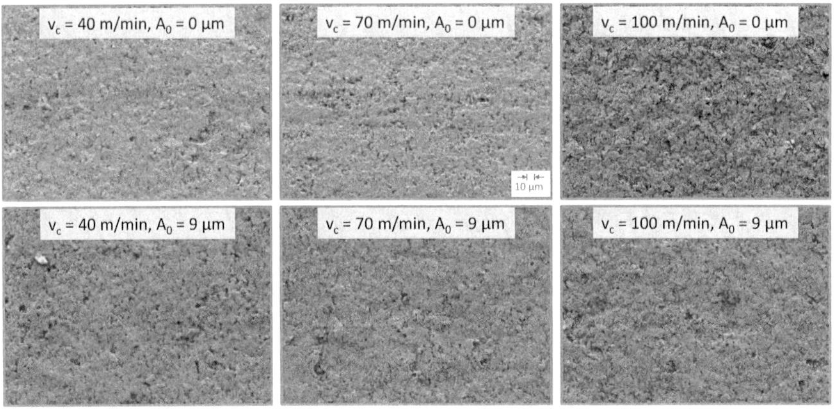

Φ = 90°

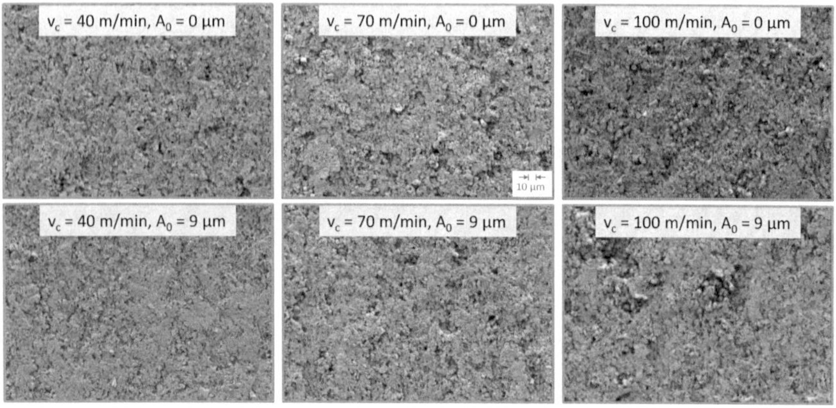
v_c = 40 m/min, A_0 = 0 µm
v_c = 70 m/min, A_0 = 0 µm
v_c = 100 m/min, A_0 = 0 µm
10 µm
v_c = 40 m/min, A_0 = 9 µm
v_c = 70 m/min, A_0 = 9 µm
v_c = 100 m/min, A_0 = 9 µm

Φ = 135°

v_c = 40 m/min, A_0 = 0 µm
v_c = 70 m/min, A_0 = 0 µm
v_c = 100 m/min, A_0 = 0 µm
10 µm
v_c = 40 m/min, A_0 = 9 µm
v_c = 70 m/min, A_0 = 9 µm
v_c = 100 m/min, A_0 = 9 µm

In der Reihe **Innovations in Manufacturing Technology** zuletzt erschienen:

Smyczek, Gregor Josef:
Schwingungsunterstützte Zerspanung von faserverstärkten Kunststoffen
ISBN 978-3-98555-301-3
Erscheinungsdatum: 06.10.2025

Prinz, Sebastian:
Material Removal Behavior during Grinding of Fiber-Reinforced Non-Oxide Ceramics
ISBN 978-3-98555-297-9
Erscheinungsdatum: 04.08.2025

Ganser, Philipp:
Adaptive Milling of Free-Form Surfaces with Circle Segment End Mills
ISBN 978-3-98555-274-0
Erscheinungsdatum: 02.06.2025

Meurer, Markus:
Modellgestützte Schätzung prozessinduzierter Rekristallisationsmechanismen in der Zerspanung
ISBN 978-3-98555-266-5
Erscheinungsdatum: 15.04.2025

Apelt, Sebastian:
Methodik zur Gestaltung agiler Serienanläufe
ISBN 978-3-98555-270-2
Erscheinungsdatum: 31.03.2025

Horstkotte, Rainer:
Methodik zur Automatisierung der additiven Prozesskette mit Pulverbettverfahren
ISBN 978-3-98555-258-0
Erscheinungsdatum: 24.03.2025

Holst, Carsten:
Automated Flank Wear Segmentation and Measurement with Deep Learning Image Processing
ISBN 978-3-98555-261-0
Erscheinungsdatum: 10.02.2025

Unterberg, Martin:
Data-driven Indirect Tool Condition Monitoring in Sheet-metal Stamping
ISBN 978-3-98555-259-7
Erscheinungsdatum: 27.01.2025

Edition Wissenschaft
Apprimus

FSC
www.fsc.org
MIX
Papier | Fördert gute Waldnutzung
FSC® C083411

Kolibri 360 GmbH
Ferdinand-Jühlke-Straße 7
99095 Erfurt, Deutschland
produktsicherheit@kolibri360.de